普通高等院校计算机基础教育“十三五”规划教材

计算机应用基础教程

李　潜◎编著

中国铁道出版社有限公司
CHINA RAILWAY PUBLISHING HOUSE CO., LTD.

内容简介

本书是根据教育部高等学校大学计算机课程教学指导委员会制定的教学基本要求，在第一版基础上编写而成，主要讲解了计算机基础知识、操作系统 Windows 10 的使用、计算机网络基础及应用、办公软件 Office 2016（文字处理、电子表格、演示文稿）操作、多媒体技术及应用等内容。

本书采用案例式教学法，以任务为导向，引导学生通过解决问题熟练掌握计算机操作技能，培养学生利用计算机技术发现问题、解决问题的计算思维能力，激发学生的学习兴趣和创新意识，语言简洁，概念清晰，注重实用性和可操作性。

本书适合作为普通高等院校非计算机专业“大学计算机基础”课程的教材，也可作为各类计算机培训班和成人教育同类课程的教材或自学读物。

图书在版编目（CIP）数据

计算机应用基础教程／李潜编著．—2 版．—北京：中国铁道出版社有限公司，2020.8

普通高等院校计算机基础教育“十三五”规划教材

ISBN 978-7-113-27196-1

Ⅰ.①计… Ⅱ.①李… Ⅲ.①电子计算机－高等学校－教材 Ⅳ.①TP3

中国版本图书馆 CIP 数据核字（2020）第 156448 号

书　　名：计算机应用基础教程
作　　者：李　潜

策　　划：魏　娜　　　　**编辑部电话：**（010）51873202
责任编辑：刘丽丽
封面设计：尚明龙
责任校对：张玉华
责任印制：樊启鹏

出版发行：中国铁道出版社有限公司（100054，北京市西城区右安门西街 8 号）
网　　址：http://www.tdpress.com/51eds/
印　　刷：中煤（北京）印务有限公司
版　　次：2017 年 8 月第 1 版　2020 年 8 月第 2 版　2020 年 8 月第 1 次印刷
开　　本：787 mm×1 092 mm 1/16　**印张：**15.25　**字数：**402 千
书　　号：ISBN 978-7-113-27196-1
定　　价：52.00 元

前言

随着信息技术和网络的快速发展，社会各行业对人才的信息素养要求也与日俱增。“大学计算机基础”是高等学校非计算机专业的公共必修课程，是学习其他计算机相关技术的基础，承担着培养学生的计算思维能力、提升其信息素养的重要责任。本书是根据教育部高等学校大学计算机课程教学指导委员会制定的教学基本要求，在第一版基础上编写而成。

操作系统和办公软件的基础应用与高级应用一直是计算机基础课程的重点和难点。Windows 10 操作系统已经占据了全球市场份额的 50% 以上，Office 2016 则是能够与 Windows 10 完美配合的云时代全方位办公软件。微软公司自 2020 年 1 月和 10 月将分别停止对 Windows 7 和 Office 2010 的技术支持、软件及安全更新。本书就是针对这一系列变化在第一版的基础上，结合日常学习和工作的需要，全面更新了各软件的版本，重点介绍了 Windows 10、Office 2016 等软件的应用，并更新了计算机基础和计算机网络的部分内容。

本书采用案例式教学法，以任务为导向，引导学生通过解决实际问题熟练掌握计算机操作技能，培养学生利用计算机技术发现问题、解决问题的计算思维能力，激发学生的学习兴趣和创新意识。全书采用“纸质教材 + 数字课程”的出版形式。纸质教材内容精炼适当，版式和内容编排新颖，语言简洁，概念清晰，注重实用性和可操作性；对大量操作类实例提供操作演示视频，读者可以在每个模块最后，通过扫描二维码直接观看精心制作的微视频，获取案例素材，方便学生学习与使用。

本书共分为 7 个模块。模块 1 介绍计算机基础知识；模块 2 介绍操作系统 Windows 10 基础操作、文件和文件夹管理、Windows10 操作系统设置、系统维护与附件等；模块 3 介绍计算机网络基础与 Internet 应用；模块 4 介绍 Word 2016 文字处理软件的操作；模块 5 介绍 Excel 2016 电子表格软件的操作；模块 6 介绍 PowerPoint 2016 演示文稿软件的操作；模块 7 介绍多媒体技术基础知识以及图片处理、音视频处理软件等。

本书由李潜编著。中央民族大学信息工程学院公共计算机教学部的全体教师对本书的编写提出许多宝贵的意见和建议，在此表示衷心的感谢。

由于作者水平有限，书中不足之处在所难免，恳请专家、教师及读者批评指正，提出宝贵意见。

编　者

2020 年 6 月

目　录

模块 1

计算机基础知识

模块导读

计算机是20世纪最伟大的科学发明之一，是当今信息化社会最不可或缺的应用工具。理解和掌握计算机的基本构成及工作原理，对于应用计算机解决实际问题至关重要。本章将从计算机的产生、发展、构成和工作原理出发，详细介绍微型计算机的基本组成、工作原理及计算机内部的信息表示。

单元 1　计算机的发展与应用

任务 1　了解计算机的发展史

电子计算机诞生于20世纪中叶，是人类最伟大的技术发明之一，是科学发展史上的里程碑。在当今的信息社会，计算机已经成为获取、处理、保存信息和与他人通信的必不可少的工具，成为人们工作和生活中的得力助手。

1. 计算机的诞生

20世纪上半叶，图灵机、ENIAC和冯·诺依曼体系结构的出现在理论、工作原理、体系结构上奠定了现代电子计算机的基础。

（1）图灵与图灵机

图 1–1　阿兰·图灵

阿兰·图灵（Alan Mathison Turing，1912—1954，见图1–1）是英国科学家，被视为计算机科学和人工智能之父。1936年，图灵发表了《可计算数字及其在判断性问题中的应用》，论文中图灵提出了一种抽象的计算模型——“图灵机”。图灵机的基本思想是用机器来模拟人们用纸笔进行数学运算的过程，可以描述为：有一条无限长的纸带，纸带分成了一个一个的小方格，每个方格有不同的颜色。有一个机器头在纸带上移来移去。机器头有一组内部状态，还有一些固定的程序。在每个时刻，机器头都要从当前纸带上读入一个方格信息，然后结合自己的内部状态查找程序表，根据程序输出信息到纸带方格上，并转换自己的内部状态，然后进行移动。为了纪念图灵，美国计算机学会于 1966 年创立了“图灵奖”，这是计算机科学领域的最高奖项。

（2）ENIAC

世界上第一台电子数字计算机于 1946 年 2 月在美国宾西法尼亚大学研制成功，名称为 ENIAC（Electronic Numerical Integrator And Computer），即“电子数字积分计算机”，如图 1–2 所示。第一台电子计算机解决了计算速度、计算准确性和复杂计算的问题，标志着计算机时代的到来。它用了 1.8 万多个电子管，质量约 30 t，占地 170 m^2，每小时耗电 140 kW，运算速度 5 000 次 /s。ENIAC 的成功是计算机发展史上的一座里程碑。

（3）冯 • 诺依曼体系结构

冯 • 诺依曼（John von Neumann，1903—1957，见图 1–3）是美籍匈牙利数学家，在现代计算机、博弈论等诸多领域具有杰出建树，有“现代计算机之父”和“博弈论之父”之称。

图 1–2　ENIAC

图 1–3　冯 • 诺依曼

在 ENIAC 的研制过程中，冯 • 诺依曼针对它存在的问题，提出了一个全新的存储程序通用电子数字计算机方案——EDVAC（Electronic Discrete Variable Automatic Computer，离散变量自动电子计算机），这就是人们通常所说的冯 • 诺依曼型计算机。该计算机采用“二进制”代码表示数据和指令，并提出了“程序存储”的概念，从而奠定了现代计算机的坚实基础。

冯 • 诺依曼体系结构计算机具有以下几个特点：

① 计算机硬件系统由运算器、控制器、存储器、输入设备和输出设备 5 个部分组成。

② 采用存储程序的方式，程序和数据存放在同一个存储器中，计算机按照程序控制执行。

③ 数据和程序以二进制表示。

冯 • 诺依曼体系结构是现代计算机的基础，虽然计算机制造技术发生了巨大变化，但冯 • 诺依曼体系结构仍沿用至今。

2. 计算机的发展

（1）计算机的分代

根据所用电子器件的不同，计算机的发展过程可分为四个阶段，对应四代计算机。

① 第一代电子计算机（1946—1953）。

第一代电子计算机是电子管计算机，时间为 1946—1953 年。其主要特征是采用电子管作为计算机的主要逻辑部件；用穿孔卡片机作为数据和指令的输入设备；主存储器采用汞延迟线和磁鼓，外存储器采用磁带机；使用机器语言或汇编语言编写程序；运算速度是每秒几千次至几万次。第一代电子计算机体积大、功耗高且价格昂贵，主要用于军事计算和科学研究工作。

② 第二代电子计算机（1954—1963）。

第二代电子计算机是晶体管计算机，时间为 1954 年—1963 年。其主要特征是采用晶体管作为计算机的主要逻辑部件；主存储器采用磁芯，外存储器开始使用硬磁盘；利用 I/O 处理机提高输入输出能力；开始有了系统软件，提出了操作系统概念，推出了 Fortran、Cobol 和 Algol 等高级程序设计语言及相应的编译程序；运算速度达每秒几十万次。与第一代电子计算机相比，第二代电子计算机体积小、功能强、可靠性高、成本低，除了用于军事计算和科学研究工作外，还用于数据处理和事务处理。

③ 第三代电子计算机（1964—1970）。

第三代电子计算机是集成电路计算机，时间为 1964 年—1970 年。其主要特征是采用中、小规模集成电路作为计算机的主要逻辑部件；主存储器采用半导体存储器；出现了分时操作系统，产生了标准化的高级程序设计语言和人机会话式语言；运算速度可达每秒几百万次。第三代电子计算机的速度和稳定性有了更大程度的提高，而体积、重量和功耗则大幅度下降。计算机开始广泛应用于企业管理、辅助设计和辅助系统等领域。

④ 第四代电子计算机（1971 年至今）。

第四代电子计算机是大规模、超大规模集成电路计算机，时间是 1971 年至今。其主要特征是采用大规模集成电路和超大规模集成电路作为计算机的主要逻辑部件；内存储器普遍采用半导体存储器；在操作系统方面，发展了并行处理技术和多机系统等，在软件方面发展了数据库系统、分布式系统、高效而可靠的高级语言等；运算速度可达每秒几百亿次到几百万亿次；微型计算机大量进入家庭，产品更新、升级速度加快；多媒体技术崛起，计算机技术与通信技术相结合，计算机网络把世界紧密联系在一起；应用领域更加广泛，计算机已经深入到办公自动化、数据库管理、图像处理、语音识别和专家系统等领域。

（2）各代计算机发展的主要特征

通常，根据计算机所使用的电子器件的不同，将计算机的发展划分为 4 个阶段，即 4 代。各代计算机的主要特征如表 1–1 所示。

表 1–1　各代计算机的主要特征

年代 特征	第一代	第二代	第三代	第四代
电子器件	电子管	晶体管	集成电路	大规模集成电路超大规模集成电路
存储器	磁芯、磁鼓 磁带、纸袋	磁芯、磁鼓 磁带、磁盘	半导体存储器、磁芯、磁鼓、 磁带、磁盘	半导体存储器、磁带、磁盘、光盘、U 盘等
运算速度	几千次 /s	几十万次 /s	几百万次 /s	千亿次 /s
典型机器	ENIAC、EDVAC IBM701	UNIVAC Ⅱ IBM7090	IBM360	微型计算机 高性能计算机
软件系统	机器语言、汇编语言	高级语言	操作系统	数据库、计算机网络、行业应用软件
应用领域	军事领域、科学计算	科学计算、数据处理、过程控制	科学计算、数据处理、系统与工程设计	社会各行各业，几乎全部领域

（3）计算机的发展趋势

近年来，计算机系统的结构日趋完善，硬件和软件技术的不断发展使计算机飞速发展。当前，计算机的发展表现为向巨型化、微型化、智能化、网络化和多媒体化发展。从目前的研究方向看，未来的计算机将向着以下几个方向发展。

① 第五代计算机。第五代计算机是指具有人工智能的新一代计算机，它具有推理、联想、判断、决策、学习等功能。计算机的发展将在什么时候进入第五代？什么是第五代计算机？对于这样的问题，并没有一个明确统一的说法。但有一点可以肯定，在未来社会中，计算机、网络和通信技术将会三位一体化。21 世纪的计算机将把人从重复、枯燥的信息处理中解脱出来，从而改变我们的工作、生活和学习方式，给人类和社会拓展更大的生存和发展空间。

② 能识别自然语言的计算机。未来的计算机将在模式识别、语言处理、句式分析和语义分析的综合处理能力上获得重大突破。它可以识别孤立单词、连续单词、连续语言和特定或非特定对象的自然语言（包括口语）。今后，人类将越来越多地同机器进行对话。他们将向个人计算机“口授”信件，同洗衣机“讨论”保护衣物的程序，或者用语言“制服”不听话的录音机。键盘和鼠标的时代将渐渐结束。

③ 高速超导计算机。高速超导计算机的耗电量仅为半导体器件计算机的几千分之一，它执行一条指令只需十亿分之一秒，比半导体元件快几十倍。以目前的技术制造出的超导计算机的集成电路芯片只有 3 ～ 5mm^2 大小。

④ 激光计算机。激光计算机是利用激光作为载体进行信息处理的计算机，又称光脑，其运算速度将比普通的电子计算机至少快 1 000 倍。它依靠激光束进入由反射镜和透镜组成的阵列中来对信息进行处理。它与电子计算机相似之处是，激光计算机也靠一系列逻辑操作来处理和解决问题。光束在一般条件下互不干扰的特性使得激光计算机能够在极小的空间内开辟很多平行的信息通道，密度大得惊人。一块截面等于 5 分硬币大小的棱镜，其通过能力超过全球现有全部电缆的许多倍。

⑤ 分子计算机。分子计算机正在酝酿。美国惠普公司和加州大学于 1999 年 7 月 16 日宣布，已成功地研制出分子计算机中的逻辑门电路，其线宽只有几个原子直径之和，分子计算机的运算速度是目前计算机的 1 000 亿倍，最终将取代硅芯片计算机。

⑥ 量子计算机。量子力学证明，个体光子通常不相互作用，但是当它们与光学谐腔内的原子聚在一起时，它们相互之间会产生强烈影响。光子的这种特性可以用来发展量子力学效应的信息处理器件——光学量子逻辑门，进而制造量子计算机。量子计算机利用原子的多重自旋进行。量子计算机可以在量子位上计算，可以在 0 和 1 之间计算。在理论方面，量子计算机的性能能够超过任何可以想象的标准计算机。

⑦ DNA 计算机。科学家通过研究发现，脱氧核糖核酸（DNA）有一种特性，能够携带生物体的大量基因物质。数学家、生物学家、化学家以及计算机专家从中得到启迪，正在合作研究制造未来的液体 DNA 计算机。这种 DNA 计算机的工作原理是以瞬间发生的化学反应为基础，通过和酶的相互作用，将发生过程进行分子编码，把二进制数翻译成遗传密码的片段，每个片段就是著名的双螺旋的一个链，然后对问题以新的 DNA 编码形式加以解答。和普通的计算机相比，DNA 计算机的优点是体积小，但存储的信息量却超过现在世界上所有的计算机。

⑧ 神经元计算机。人类神经网络的强大与神奇是人所共知的。将来，人们将制造能够完成类似人脑功能的计算机系统，即人造神经元网络。神经元计算机最有前途的应用领域是国防：它可以识别物体和目标，处理复杂的雷达信号，决定要击毁的目标。神经元计算机的联想式信息存储、对学习的自然适应性、数据处理中的平行重复现象等性能都将非常有效。

⑨ 生物计算机。生物计算机主要是以生物电子元件构建的计算机。它利用蛋白质的开关特性，

利用蛋白质分子作元件从而制成生物芯片。其性能是由元件与元件之间电流启闭的开关速度来决定的。用蛋白质制成的计算机芯片，它的一个存储点只有一个分子大小，所以它的存储容量可以达到普通计算机的十亿倍。由蛋白质构成的集成电路，其大小只相当于硅片集成电路的十万分之一。而且运行速度更快，大大超过人脑的思维速度。

视频资源

微视频1-1
计算机的
产生与发展

任务 2　了解计算机的分类及应用领域

1. 计算机的分类

人们按照计算机的运算速度、字长、存储容量、软件配置及用途等多方面的综合性能指标，将计算机分为超级计算机、大型计算机、小型计算机、微型计算机、工作站等几类。

（1）超级计算机

超级计算机（Supercomputer）又称巨型计算机，是目前功能最为强大的计算机。超级计算机可以极其迅速地处理大量的数据。由于规模和价格的原因，超级计算机比较少见，只是在需要拥有极大、极快计算机能力的组织和机构中才会使用。超级计算机主要被用于气象预报、核能研究、石油勘探、人类基因组分析，以及社会和经济现象模拟等新科技领域的研究。

（2）大型计算机

大型计算机（MainFrame）是被广泛应用于商业运作的一种通用型计算机。大型计算机运算速度快，存储容量大，可靠性高，通信联网功能完善，有丰富的系统软件和应用软件，能提供数据的集中处理和存储功能，可以支持几千个用户同时访问同样的数据。常用来为大中型企业的数据提供集中的存储、管理和处理，承担主服务器的功能，在信息系统中起着核心作用。大型计算机通常用来执行规模庞大的任务，例如，银行的交易服务与内部管理，航空公司的航班安排与管理，大型企业的生产、库存、客户业务等的管理，股票交易系统管理等。

（3）小型计算机

小型计算机（Minicomputer）是比大型计算机存储容量小、处理能力弱的中等规模的计算机。小型计算机结构简单，可靠性高，成本较低，它使用更加先进的大规模集成电路与制造技术，主要面向中小企业。小型计算机通常被用作网络环境中的服务器，在这里多台计算机被连接起来共享资源。

（4）微型计算机

微型计算机（Microcomputer）是基于微处理器（Microprocessor）技术的计算机，又称 PC（Personal Computer）或微机，或电脑，这是最常见的计算机，其特点是价格便宜，使用方便，适合办公室或家庭使用。微型计算机又可分为台式计算机和便携式计算机。两类微型计算机的性能相当，只不过后者体积小，重量轻，便于外出携带，例如笔记本电脑、掌上电脑等。

（5）工作站

工作站（Workstation）是一种中型的单用户计算机，它比小型计算机的处理能力弱，但是比个人用微型计算机拥有更强大的处理能力和较大的存储容量。工作站常用于需执行大量运算的特殊应用程序。例如，科学建模、设计工程图、动画制作以及软件开发排版印刷等。工作站和小型计算机一样，常被用作网络环境中的服务器。

2. 计算机的应用领域

（1）科学计算

科学计算也称“数值计算”。在近代科学技术工作中，科学计算量大而复杂。利用计算机的高速度、大容量存储和连续运算能力，可解决人工无法实现的各种科学计算问题。使用计算机后，由于运算速度可以提高成千上万倍，过去人工计算需要几年或几十年才能完成的，现在用几天甚至几小时、几分钟就可以得到满意的结果。目前，在整个计算机的应用领域中，从事科学计算的比重虽已不足 10%，但这部分工作的重要性依然存在。

（2）数据处理和信息管理

计算机中的“数据”指文字、声音、图像、视频等信息。数据处理是利用计算机对所获取的信息进行记录、整理、加工、存储和传输等。信息管理是指企业管理、统计、分析、资料管理等数据处理量比较大的加工、合并、分类等方面的工作。

计算机的应用从数值计算发展到非数值计算是计算机发展史上的一次巨大飞跃，数据处理和信息管理是计算机应用十分重要的一个方面。据统计，用于数据处理和信息管理的计算机在所有应用方面所占比例达 80% 以上。

（3）自动控制

自动控制就是由计算机控制各种自动装置、自动仪表、自动加工工具的工作过程。例如，在机械工业方面，用计算机控制机床、整个生产线、整个车间甚至整个工厂。利用计算机中的自动控制不仅可以实现精度高、形状复杂的零件加工自动化，而且还可以使整个生产线、整个车间甚至整个工厂实现完全自动化。

自动控制不但可以提高产品质量，而且可以增加产量、降低成本。近几年来，以计算机为中心的自动控制系统被广泛地应用于工业、农业、国防等部门的生产过程中，并取得了显著成效。

（4）计算机辅助系统

计算机辅助设计（Computer Aided Design，CAD）就是用计算机来帮助设计人员进行设计。例如，可以使用 CAD 技术进行建筑结构设计、建筑图纸绘制等。

计算机辅助教学（Computer Aided Instruction，CAI）是利用多媒体技术来辅助教学，可以使教学内容生动、形象，从而使教学收到良好的效果。

计算机辅助制造（Computer Aided Manufacture，CAM）就是用计算机来进行生产设备的管理、控制和操作的过程。例如，在产品的制造过程中，用计算机控制机器的运行，自动完成产品的加工、装配、检测和包装等制造过程；在生产过程中，利用 CAM 技术能提高产品质量，降低成本，缩短生产周期，改善劳动条件。

计算机辅助测试（Computer Aided Test，CAT）就是利用计算机进行产品测试。

（5）网络应用

利用计算机网络，可以使一个地区、一个国家甚至全世界范围内的计算机与计算机之间实现数据以及软硬件资源共享。有了信息高速公路，人们足不出户即可查阅资料，进行电子阅览；完成全球性的金融汇兑、结算等业务。

（6）人工智能

人工智能主要是指利用计算机模拟人类某些智能行为（如感知、思维、推理、学习、理解等）的理论、技术和应用。人工智能主要表现在以下三个方面：

① 机器人：主要分为工业机器人和智能机器人两类。前者用于完成重复性的规定操作，通常用于代替人进行某些作业（如海底、井下、高空作业等）；后者具有某些智能，具有感知和识别能力，能“说话”和“回答”问题。

② 专家系统：计算机具有某些领域专家的专门知识，并使用这些知识来处理该领域的问题。例如，医疗专家系统能模拟医生分析病情、开药方和假条。

③ 模式识别：重点研究图形识别和语音识别。例如，机器人的视觉器官和听觉器官、公安机关的指纹分析器、识别手写邮政编码的自动分信机等，都是模式识别的应用。

（7）电子商务

电子商务是指通过计算机网络以电子数据信息流通的方式在世界范围内进行并完成的各种商务活动、交易活动、金融活动和相关的综合服务活动。例如，在 Internet 上有虚拟商店和虚拟企业等提供商品，用户在家里通过计算机选购和订购商品，再由专人送到用户手中。

3. 计算机新热点

1）云计算

简单地说，云计算就是让用户通过互联网，随时随地快速方便地使用其提供的各种资源服务。这种服务模式提供可用的、便捷的、按需的网络访问，进入可配置的计算资源共享池（资源包括网络、服务器、存储、应用软件、服务），这些资源能够被快速提供，只需投入很少的管理工作，或与服务供应商进行很少的交互。

（1）云计算的特点

- 计算资源集成提高设备计算能力。
- 分布式数据中心保证系统容灾能力。
- 平台模块化设计体现高可扩展性。
- 虚拟资源池为用户提供弹性服务。
- 按需付费降低使用成本。

（2）云计算的典型应用

云计算提供的服务包括基础设施即服务（Infrastructure as a Service，IaaS）、平台即服务（Platform as a Service，PaaS）、软件即服务（Software as a Service，SaaS），如图 1-4 所示。

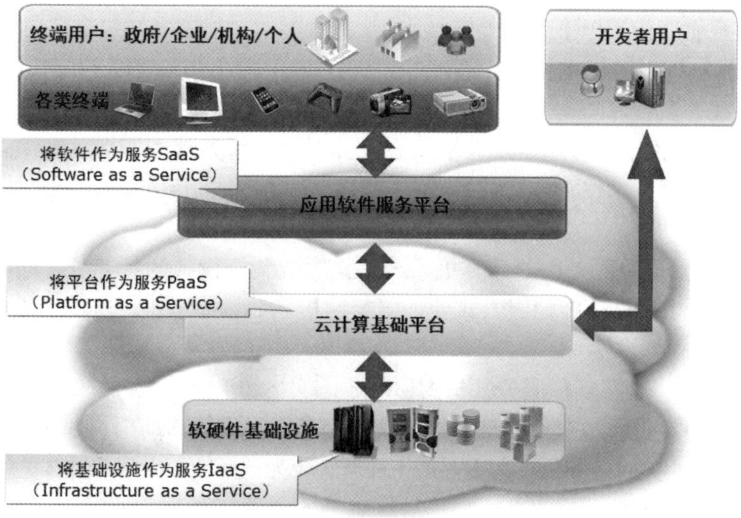

图 1-4　云计算应用模式示意图

云计算的典型应用领域有：

① 云教育。教育在云技术平台上的开发和应用，被称为“教育云”。云教育从信息技术的应用方面打破了传统教育的垄断和固有边界。通过教育走向信息化，使教育的不同参与者——教师、学生、家长、教育部门等在云技术平台上进行教育、教学、娱乐、沟通等功能。同时可以通过视频云计算的应用对学校特色教育课程进行直播和录播，并将信息存储至流存储服务器上，便于长时间和多渠道享受教育成果。

② 云社交。云社交是一种虚拟社交应用。它以资源分享作为主要目标，将物联网、云计算和移动互联网相结合，通过其交互作用创造新型社交方式。云社交把社会资源进行测试、分类和集成，并向有需求的用户提供相应的服务。用户流量越大，资源集成越多，云社交的价值就越大。目前云社交已经具备了初步模型。

③ 云安全。云安全是云计算在互联网安全领域的应用。云安全融合了并行处理、网络技术、未知病毒等新兴技术，通过分布在各领域的客户端对互联网中存在异常的情况进行监测，获取最新病毒程序信息，将信息发送至服务端进行处理并推送最便捷的解决建议。通过云计算技术使整个互联网变成了终极安全卫士。

④ 云存储。云存储是云计算的一个新的发展浪潮。云存储不是某一个具体的存储设备，而是互联网中大量的存储设备通过应用软件共同作用协同发展，进而带来的数据访问服务。云计算系统要运算和处理海量数据，为支持云计算系统需要配置大量的存储设备，这样云技术系统就自动转化为云存储系统。故而，云存储是云计算概念的延伸。

2）物联网

物联网是新一代信息技术的重要组成部分，其英文名称是“The Internet of things”。顾名思义，物联网就是物物相连的互联网。这有两层意思：其一，物联网的核心和基础仍然是互联网，是在互联网基础上延伸和扩展的网络；其二，其用户端延伸和扩展到了任何物品与物品之间，进行信息交换和通信。物联网就是“物物相连的互联网”。物联网通过智能感知、识别技术与普适计算，广泛应用于网络的融合中，也因此被称为继计算机、互联网之后世界信息产业发展的第三次浪潮。物联网是互联网的应用拓展，与其说物联网是网络，不如说物联网是业务和应用。物联网示意图如图 1–5 所示。

（1）物联网的关键技术

物联网的实现主要依赖以下几个关键技术：

① RFID 技术：即射频识别技术，通过射频信号自动识别目标对象，并对其信息进行标记、登记、存储和管理等。

② 传感技术：是关于从自然信源获取信息，并对之进行处理（变换）和识别的一门多学科交叉的现代科学与工程技术，它涉及传感器、信息处理和识别的规划设计、开发、建造、测试、应用及评价改进等活动。

③ 嵌入式技术：是一种专用的计算机系统，作为装置或设备的一部分。通常，嵌入式系统是一个控制程序存储在 ROM 中的嵌入式处理器控制板。如智能手机、PDA、数码照相机等都是嵌入式设备。

④ 位置服务技术：又称定位服务，是由移动通信网络和卫星定位系统结合在一起提供的一种增值业务，通过一组定位技术获得移动终端的位置信息，提供给移动用户本人或他人以及通信系统，实现各种与位置相关的业务。它实质上是一种概念较为宽泛的与空间位置有关的新型服务业务。

（2）物联网典型应用

物联网的应用广泛，下面介绍几个典型的应用案例。

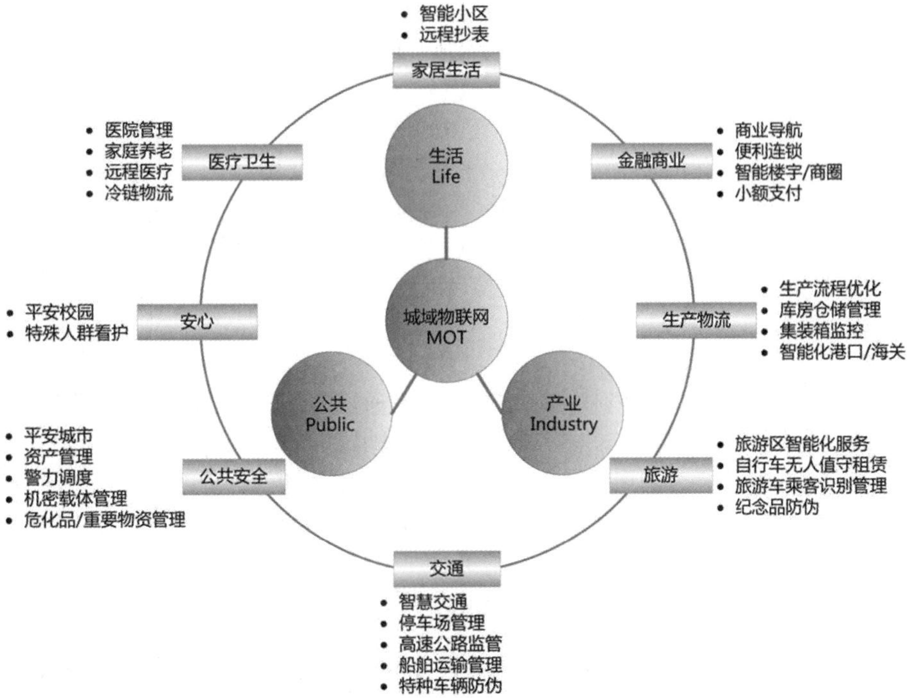

图 1-5　物联网示意图

① 物联网传感器产品已率先在上海浦东国际机场防入侵系统中得到应用。该系统铺设了 3 万多个传感节点，覆盖了地面、栅栏和低空探测，可以防止人员的翻越、偷渡、恐怖袭击等攻击性入侵。

② 首家手机物联网落户广州。移动终端与电子商务相结合的模式，让消费者可以与商家进行便捷的互动交流，随时随地体验品牌品质，传播分享信息，实现互联网向物联网的从容过渡，缔造出一种全新的零接触、高透明、无风险的市场模式。手机物联网购物其实就是闪购。这种智能手机和电子商务的结合，是“手机物联网”的一项重要功能。

③ 与门禁系统的结合。一个完整的门禁系统由读卡器、控制器、电锁、出门开关、门磁、电源、处理中心八个模块组成，无线物联网门禁将门的设备简化到了极致：一把电池供电的锁具。除了门上面要开孔装锁外，门的四周不需要任何辅助设备。整个系统简洁明了，大幅缩短施工工期，也能降低后期的维护成本。无线物联网门禁系统的安全与可靠体现在两个方面：无线数据通信的安全性和传输数据的稳定性。

④ 与云计算的结合。物联网的智能处理依靠先进的信息处理技术，如云计算、模式识别等技术。云计算可以从两个方面促进物联网和智慧地球的实现：首先，云计算是实现物联网的核心；其次，云计算促进物联网和互联网的智能融合。

⑤ 与移动互联结合。物联网的应用在与移动互联相结合后，发挥了巨大的作用，智能家居使得物联网的应用更加生活化，具有网络远程控制、摇控器控制、触摸开关控制、自动报警和自动定时等功能，普通电工即可安装，变更扩展和维护非常容易，开关面板颜色多样，图案个性，给每一个家庭带来不一样的生活体验。

⑥ 与指挥中心的结合。物联网在指挥中心已得到很好的应用，物联网智能控制系统可以指挥中心的大屏幕、窗帘、灯光、摄像头、DVD、电视机、电视机顶盒、电视电话会议；也可以

调度马路上的摄像头图像到指挥中心，同时也可以控制摄像头的转动。物联网智能控制系统还可以通过网络进行控制，可以多个指挥中心分级控制，也可以联网控制，还可以显示机房温度湿度，远程控制需要控制的各种设备开关电源。

⑦ 物联网助力食品溯源，肉类源头追溯系统。从 2003 年开始，中国已开始将先进的 RFID 射频识别技术运用于现代化的动物养殖加工企业，开发出了 RFID 实时生产监控管理系统。该系统能够实时监控生产的全过程，自动、实时、准确地采集主要生产工序与卫生检验、检疫等关键环节的有关数据，较好地满足质量监管要求，过去市场上常出现的肉质问题得到了妥善的解决。此外，政府监管部门可以通过该系统有效地监控产品质量安全，及时追踪、追溯问题产品的源头及流向，规范肉食品企业的生产操作过程，从而有效地提高肉食品的质量安全。

3）大数据

在互联网时代，人们热衷于利用网络进行社交、通信、获取生活信息，开展工作交流，建立起越来越复杂的基于电子数据的社会链接，数据量呈现爆炸式增长。随着计算机计算能力的进步和数据处理技术的发展，人们逐渐开发出管理和分析这些巨量数据的方法和工具，发现其中隐藏着巨大的机会和价值，将给许多领域带来变革性的发展。因此，大数据研究领域吸引了产业界、政府和学术界的广泛关注，大数据时代已经到来。

目前，大数据技术已经被广泛应用于金融、通信、电力、医疗、旅游等多个领域。

（1）金融大数据

大数据时代，“互联网+金融”已经成为最具潜力的大数据应用领域。移动支付、P2P 网贷产品、互联网基金、众筹、投资互联网保险等互联网金融新业态的蓬勃发展，塑造了“以客户为中心、满足客户消费体验”的新型金融服务模式。应用大数据挖掘和分析工具有效管理非结构化金融数据，进行多维实时分析和挖掘，可以获得关于客户消费习惯、资产负债、流动性状态、信用变化等信息的精准结论，从而为金融服务机构准确预测客户行为奠定基础。这些历史性变革已经加速推进了金融机构的业务和产品创新，实现了精准营销和加强风险管控，促使企业数据资产向战略资产转化。

（2）通信大数据

随着移动互联网业务的飞速发展和移动终端设备的普及，移动通信的数据的数量成倍增长且类型繁杂，所以运营商必须对这些数据进行科学地采集、清洗和存储，才能更好地分析数据的潜在价值，明确客户所需服务。大数据技术能够帮助移动通信运营商快速实现数据采集，建立跨域的统一数据模型，对各类数据进行分析整理，面向现有用户针对性细化各类通信业务，提升运营商在客户心中的信任度，增加用户黏性。

（3）电力大数据

电力大数据的有效应用可以面向行业内外提供大量的高附加值的增值服务业务，对于电力企业盈利与控制水平的提升有很高的价值。有电网专家分析称，每当数据利用率调高 10%，便可使电网提高 20% ～ 49% 的利润。电力行业的数据源主要来源于电力生产和电能使用的发电、输电、变电、配电、用电和调度各个环节，可大致分为三类：一是电网运行和设备检测或监测数据；二是电力企业营销数据，如交易电价、售电量、用电客户等方面数据；三是电力企业管理数据。通过使用智能电表等智能终端设备可采集整个电力系统的运行数据，再对采集的电力大数据进行系统的处理和分析，从而实现对电网的实时监控，进一步结合大数据分析与电力系统模型对电网运行进行诊断、优化和预测，为电网实现安全、可靠、经济、高效地运行提供保障。

（4）医疗大数据

2018 年 9 月，国家卫生健康委印发了《国家健康医疗大数据标准、安全和服务管理办法》（试行），简称《办法》，对医疗健康大数据行业从规范管理和开发利用的角度出发进行规范。

《办法》从医疗大数据标准、医疗大数据安全、医疗大数据服务、医疗大数据监督四个方面提出指导意见。目前，医疗大数据技术已被应用于慢性病管理、医疗保险、医药研发、医院管理、健康管理、智慧养老、基因测序等医疗健康领域。未来，深挖医疗大数据的价值将是医院升级，医疗健康相关企业发展的重要方向。

单元 2 计算机系统

任务 1 了解计算机系统组成

计算机的种类很多，尽管它们在规模、性能等方面存在很大的差别，但它们的基本结构和工作原理是相同的。下面的内容主要以微型计算机为背景进行介绍。

1. 计算机系统组成

计算机系统包括硬件系统和软件系统两大部分。硬件是计算机的躯体，软件是计算机的灵魂，两者缺一不可。硬件系统是指所有构成计算机的物理实体，它包括计算机系统中一切电子、机械、光电等设备。软件系统是指计算机运行时所需的各种程序、数据及其有关资料。微型计算机又称个人计算机（或 PC），其系统的主要组成如图 1–6 所示。

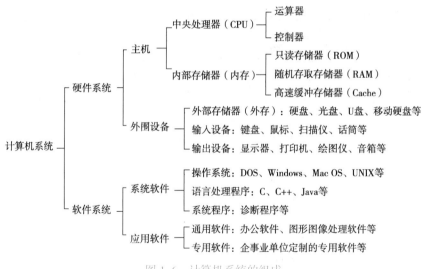

- 计算机系统
  - 硬件系统
    - 主机
      - 中央处理器（CPU）
        - 运算器
        - 控制器
      - 内部存储器（内存）
        - 只读存储器（ROM）
        - 随机存取存储器（RAM）
        - 高速缓冲存储器（Cache）
    - 外围设备
      - 外部存储器（外存）：硬盘、光盘、U盘、移动硬盘等
      - 输入设备：键盘、鼠标、扫描仪、话筒等
      - 输出设备：显示器、打印机、绘图仪、音箱等
  - 软件系统
    - 系统软件
      - 操作系统：DOS、Windows、Mac OS、UNIX等
      - 语言处理程序：C、C++、Java等
      - 系统程序：诊断程序等
    - 应用软件
      - 通用软件：办公软件、图形图像处理软件等
      - 专用软件：企事业单位定制的专用软件等

图 1–6 计算机系统的组成

1）硬件系统

现代计算机在体系结构方面依然沿用着冯 • 诺依曼的体系结构。计算机硬件系统由控制器、运算器、存储器、输入设备、输出设备五大部件构成，如图 1–7 所示。

（1）中央处理器

中央处理器（Central Processing Unit，CPU）是计算机进行数据处理和运算的地方，是整个计算机硬件系统的核心。目前许多微型计算机的 CPU 是由单个或两个处理器（甚至更多个）构成，有时又被称作微处理器（MicroProcessor）或双核处理器（或四核处理器等）。

在微型计算机上，CPU 和微处理器这两个名词是经常被互换使用的。CPU 位于计算机的主板上，它由两部分组成：

① 控制器（Control Unit，CU）。控制器是计算机的控制指挥中心，是计算机的神经中枢。

它的基本功能是从存储器中取出指令并对指令进行分析和判断，并根据指令发出控制信号，使计算机能自动、连续地工作。

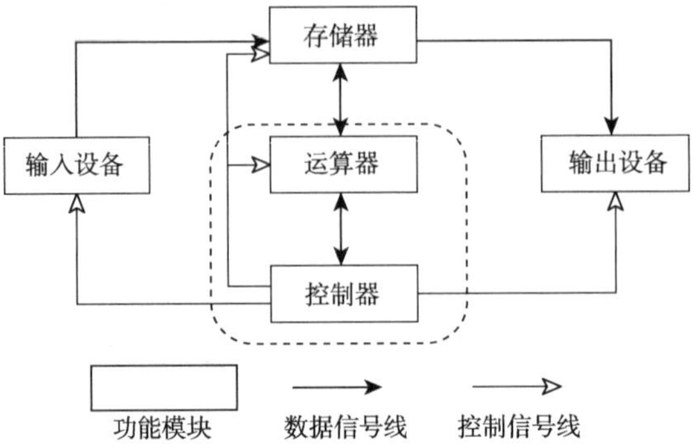

图 1–7　计算机硬件系统

② 运算器（Arithmetic & Logic Unit，ALU）。运算器又称算术逻辑单元，是进行算术运算和逻辑运算的部件。

（2）存储器（Memory）

存储器是指提供数据、指令及运算结果暂时或永久存储的地方，当计算机要进行运算时，或先从存储单元取出所需的数据，然后送至算术逻辑单元处理。存储单元可分为主存储器与辅助存储器两类。微型计算机系统典型的存储层次包括高速缓冲存储器（Cache）、主存储器、辅助存储器三级，如图 1–8 所示。

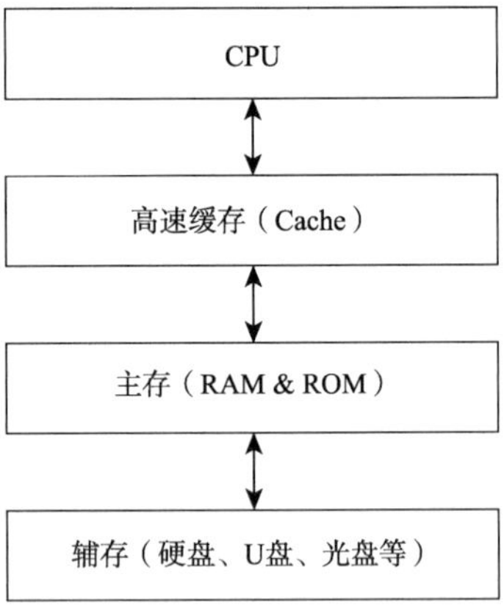

图 1–8　计算机存储层次结构

①高速缓冲存储器（Cache）在逻辑上位于 CPU 和内存之间，其运算速度高于内存而低于 CPU。它只是提高 CPU 的读 / 写速度，而不会改变内存的容量。当 CPU 读 / 写数据或程序时首先访问 Cache，若 Cache 中没有时再访问随机存储器 RAM。Cache 分内部和外部两种类型，内部 Cache 容量较小，集成在 CPU 芯片内部，称为一级 Cache。外部 Cache 其容量比内部 Cache 大，集成在系统板上，称为二级 Cache。

②主存储器，简称主存或内存，可分为随机存取存储器（RAM）和只读存储器（ROM）。

随机存取存储器（RAM），又称可读写存储器，是计算机存储目前正在使用的数据和程序的主要存贮器，“随即存取”表示当在键盘上输入信息或打开一个程序时，信息直接就存入 RAM，RAM 可以非常迅速地存取数据，根据可用的容量大小，快速存取大量的数据。但是，RAM 只在计算机的电源打开时才起作用。当电源关闭时，RAM 上存储的任何信息都会丢失。

只读存储器（ROM）存放的数据只能被读取和使用，但不能被改写，数据也不会因为电源中断而丢失。存放于 ROM 中的数据通常是由制造商事先写入、用来控制计算机基本功能的信息或软件程序。因此，ROM 通常是存放系统中比较重要或初始设置的数据。例如个人计算机的 BIOS（Basic Input and Output System）就是一个 Flash ROM，存放计算机系统的控制程序和硬件的设置数据。

③辅助存储器（又称外部存储器，简称外存）是指被 CPU 间接访问的存储器，用于存放当前不需要立即使用的信息，是内存功能的补充和延伸。它只能与内存交换信息，不能被计算机系统中的其他部件直接访问。常用的外部存储器包括硬盘、U 盘、光盘等。

（3）输入设备

输入设备用来负责接收数据或命令，将其转换为计算机能处理的数字信号，再传送至主存储器内存储。常见的输入设备包括键盘、鼠标、手写板、扫描仪和数码照相机等。

（4）输出设备

输出设备负责将计算机处理之后的结果显示或输出。常见的输出设备包括显示器、打印机、音箱和绘图仪等。

2）软件系统

计算机软件分两大类：系统软件和应用软件。为运行计算机而必需的最基本的软件称为“系统软件”，它实现对各种资源的管理，基本的人机交互，高级语言的解释、编译以及基本的系统维护调试等工作。系统软件主要是指各种操作系统，语言解释、编译程序，调试、查错程序等。为完成某种具体的应用性任务而编制的软件称为“应用软件”，如字处理软件、电子表格软件、演示文稿制作软件等。

由于分类的标准本身具有一定的相对性，因此对某些软件要区分属于系统软件还是应用软件就有些困难。以数据库管理系统为例，该软件用来实现对大量数据的管理，应用面非常广泛。如果相对于操作系统，数据库管理系统应该作为应用软件一类，但是利用数据库管理系统又可以开发各种具体的管理系统，如人事管理、财务管理等，相对于这些更具体的应用系统，数据库管理系统又可划分在系统软件一类。

2. 计算机基本工作原理

著名的美籍匈牙利科学家冯•诺依曼确定了现代计算机的基本结构，并在 1946 年提出了关于计算机组成和工作方式的基本设想，第一次提出了存储程序的概念。现在，所有的存储程序式计算机都称为冯•诺依曼计算机。

冯•诺依曼计算机的特点是：计算机的硬件设备由存储器、运算器、控制器、输入设备和输出设备 5 大部件组成。计算机工作是依靠硬件和软件的配合进行的，计算机工作的过程就是能自动地逐条取出指令并执行指令。其中，指令在计算机中的执行过程为：

① 首先把计算机需要处理的数据以及对这些数据进行处理的一系列指令，通过输入设备输入到计算机的存储器。

② 然后让计算机执行这些指令构成的程序，即让计算机逐条自动地执行程序中的指令。

视频资源

微视频1-2
计算机
系统组成

微视频1-3
计算机
硬件系统

任务 2 了解微型计算机硬件系统

微型计算机系统是由硬件系统和软件系统两大部分构成的，本节以台式计算机（简称台式机）为例介绍微型计算机的硬件系统

1. 主机系统

从用户的角度看，台式机由主机和外围设备组成，主机内部重要的部件有主板、中央处理器、内存、硬盘、电源以及各种接口等，外围设备主要是显示器、键盘、鼠标等。

1）主板

主板是微型计算机中的一块集成电路板。为了与外围设备连接，在主板上还安装有若干个接口插槽，可以在这些插槽上插入与不同外围设备连接的接口卡。主板上有控制芯片组、CPU 插座、BIOS 芯片、内存条插槽，主板上也集成了软驱接口、硬盘接口、并行接口、串行接口、USB 接口、AGP 总线扩展槽、PCI 局部总线扩展槽、ISA 总线扩展槽、键盘和鼠标接口以及一些连接其他部件的接口等。主板是微型计算机系统的主体和控制中心，它几乎集合了全部系统的功能，控制着各部分之间的指令流和数据流。随着计算机的发展，不同型号的微型计算机的主板结构是不一样的。图 1–9 所示为主板外观示意图。

图 1–9　主板外观示意图

2）中央处理器

中央处理器（Central Processing Unit，CPU），是计算机硬件系统的核心。中央处理器包括运算器和控制器两个部件。运算器是对数据进行加工处理的部件。它不仅可以实现基本的算术运算，还可以进行基本的逻辑运算，实现逻辑判断的比较及数据传递、移位等操作。控制器是负责从存储器中取出指令，确定指令类型，并译码，按时间的先后顺序，向其他部件发出控制信号，统一指挥和协调计算机各器件进行工作的部件。它是计算机的“神经中枢”。

图 1–10　酷睿 i7 CPU

中央处理器是计算机的心脏，CPU 品质的高低直接决定了计算机系统的档次。能够处理的数据位数是 CPU 的一个最重要的品质标志。人们通常所说的 16 位机、32 位机即指 CPU 可同时处理 16 位、32 位的二进制数据。IBM PC/AT 及 286 机均是 16 位机，386、486 及奔腾系列机器均是 32 位机。其中，IBM PC/AT 的 CPU 芯片为 Intel80286，而 386 机、486 机、奔腾系列机器的 CPU 芯片分别以 Intel80386、80486、Pentium 系列为代表。图 1–10 所示为酷睿 i7 CPU。

3）存储器

计算机之所以能够快速、自动地进行各种复杂的运算，是因为事先已把解题程序和数据存储在存储器中。在运算过程中，由存储器按事先编好的程序快速地提供给微处理器进行处理，这就是程序存储工作方式。计算机的存储器由内部存储器和外部存储器组成。

（1）内部存储器

内部存储器简称内存或主存，是计算机临时存放数据的地方，用于存放执行的程序和待处理的数据，它直接与 CPU 交换信息。

内部存储器最突出的特点是存取速度快，但是容量小、价格高。从使用功能上分，内存分为随机存储器（Random Access Memory，RAM）、只读存储器（Read Only Memory，ROM）和高速缓冲存储器（Cache）。

① RAM：存储单元的内容可按需随意取出或存入，且存取的速度与存储单元的位置无关。这种存储器在断电时将丢失其存储内容，故主要用于存储短时间使用的程序。所有参与运算的数据、程序都存放在 RAM 当中。RAM 是一个临时的存储单元，机器断电后，里面存储的数据将全部丢失。如果要进行长期保存，数据必须保存在外存（U 盘、硬盘等）中。计算机内存如图 1–11 所示。计算机内存容量一般指的是 RAM 的容量，目前市场上常见的内存容量为 1GB、2GB、4GB、8GB 和 16GB。

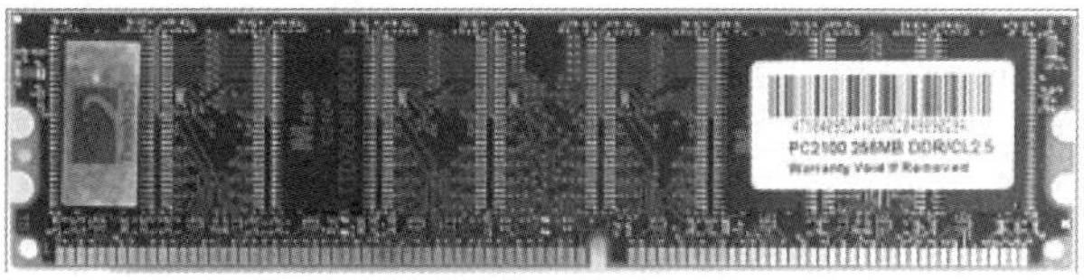

图 1–11 内存储器

② ROM：是只能读出事先所存数据的固态半导体存储器，一般是装入整机前事先写好的，整机工作过程中只能读出，而不像随机存储器那样能快速、方便地加以改写。ROM 所存数据稳定，断电后所存数据也不会改变；其结构较简单，读出较方便，因而常用于存储各种固定程序和数据。一个计算机在加电时，要用程序负责完成对各部分的自检、引导和设置系统的输入 / 输出接口功能，才能使计算机完成进一步的启动过程，这部分程序称为基本输入 / 输出系统（Basic Input/Output System，BIOS），由计算机厂家固化在只读存储器（ROM）中，一般情况下用户是不能修改这部分程序的（除非用厂家提供的升级程序对 BIOS 进行升级）。

③ Cache：由于 CPU 的主频越来越高，而内存的读 / 写速率达不到 CPU 的要求，所以在内存和 CPU 之间引入高速缓存，用于暂存 CPU 和内存之间交换的数据。CPU 首先访问 Cache 中的信息，Cache 可以充分利用 CPU 忙于运算的时间和 RAM 交换信息，这样避免了时间上的浪费，起到了缓冲作用，充分利用 CPU 资源，提高运算速度，是计算机中读 / 写速率最快的存储设备。

（2）外部存储器

外部存储器简称外存或辅存，通常以磁介质和光介质的形式来保存数据，不受断电限制，可以长期保存数据。外部存储器的特点是容量大、价格低，但是存取速度慢。外存用于存放暂时不用的程序和数据。常用的外存有硬盘、光盘存储器、USB 外存设备。它们和内存一样，存储容量也以字节（Byte）为基本单位。

① 硬盘存储器：简称硬盘，是计算机主要的外部存储介质之一，由一个或者多个铝制或者玻璃制的碟片组成，这些碟片外覆盖有铁磁性材料。绝大多数硬盘都是固定硬盘，即把磁头、盘片及执行机构都密封在一个整体内，与外界隔绝，也称为温彻斯特盘。硬盘按数据接口的类型分为 SCSI、IDE 和 SATA。

② Solid State Disk（固态硬盘）是摒弃传统磁介质，采用电子存储介质进行数据存储和读取的一种技术，即用固态电子存储芯片阵列制成的硬盘，由控制单元和存储单元（DRAM 或 Flash 芯片）两部分组成。存储单元负责存储数据，控制单元负责读取、写入数据。它拥有速度快、

耐用防震、无噪音、质量轻等优点，突破了传统机械硬盘的性能瓶颈，拥有极高的存储性能，被认为是存储技术发展的未来新星。

③ 光盘存储器：是利用光学原理进行信息读/写的存储器。光盘存储器主要由光盘驱动器（即CD-ROM 驱动器）和光盘组成。光盘驱动器（光驱）是读取光盘的设备，通常固定在主机箱内。光盘是指利用光学方式进行信息存储的圆盘。用于计算机的光盘有以下 3 种类型。

- 只读光盘：这种光盘的特点是只能写一次，即在制造时由厂家把信息写入，写好后信息永久保存在光盘上。
- 一次性写入光盘：也称为一次写多次读的光盘，但必须在专用的光盘刻录机中进行。
- 可擦写型光盘（Erasable Optical Disk）：是能够重写的光盘，这种光盘可以反复擦写，一般可以重复使用。

每种类型的光盘又分为 CD、DVD 和蓝光等格式。CD 的容量一般为 650 MB，DVD 的容量分为单面 4.7 GB 和双面 8.5 GB，蓝光光盘可以达到 25 GB。

常用的光盘驱动器有：CD–ROM 光驱，只能读取 CD 类光盘；DVD-ROM，可读取 DVD、CD 类光盘；CD–RW 光驱，可以读取 / 刻录 CD-R 类光盘；DVD-RW 光驱，可以读取 / 刻录 DVD–R 类光盘。

④ USB 外存设备：这种存储设备以 USB（Universal Serial Bus，通用串行总线）作为与主机通信的接口，可采用多种材料作为存储介质，分为 USB Flash Disk、USB 移动硬盘和 USB 移动光盘驱动器。它是近年来迅速发展的性能很好又具有可移动性的存储产品。其中最为典型的是 USB Flash Disk（U 盘），它采用非易失性半导体材料 Flash ROM 作为存储介质，U 盘体积非常小，容量却很大，可达到 GB 级别，目前常见的有 16 GB、32 GB 和 64 GB 等。U 盘不需要驱动器，无外接电源，使用简便，可带电插拔，存取速度快，可靠性高，可擦写，只要介质不损坏，里面的数据就可以长期保存。

2. 总线与接口

（1）总线

在 CPU、存储器和外围设备进行连接时，微机系统采用了总线结构。所谓总线（Bus），实质上是一排信号导线，是在两个以上的数字设备之间提供和传送信息的公用通路，其作用是进行设备彼此间的信息交换。

总线按功能划分，包括数据总线、地址总线、控制总线。

① 数据总线（Data Bus，DB）：是双向的，它是 CPU 同各部分交换信息的通路，在 CPU 与内存或者输入 / 输出接口电路之间传送数据。DB 位数反映了 CPU 一次可以接收数据的能力，即字长。

② 地址总线（Address Bus，AB）：用来传送存储单元或者输入 / 输出接口的地址信息。AB 的根数一般反映了计算机系统的最大内存容量。不同的 CPU 芯片，AB 的数量也不同。例如，8 位 CPU 的芯片，地址总线一般为 16 位，可以寻址内存单元数为 65 536 个地址，即内存容量最大为 64KB。又如 8088CPU 芯片有 20 根地址线，可以寻址最大内存容量为 1MB。

③ 控制总线（Control Bus，CB）：用来传送控制器的各种控制信号。它基本上分为两类：一类是由 CPU 向内存或者外围设备发出的控制信号；另一类是由外围设备和有关接口向 CPU 送回的反馈信号或应答信号。

由于目前采用的总线结构特点是标准化和开放性，大大简化了结构，提高了系统的可靠性和标准化，还促进了微机系统的开放性和可扩性。为了提高产品的互换性和便于大规模生产，一些公司、集团提出了几种总线结构标准（或协议）。

① ISA 总线（工业标准体系结构）：采用 16 位的数据总线，数据传输率为 8Mbit/s。早期的 IBM PC/XT 及其兼容机采用的总线通常称为工业标准体系结构（Industry Standard Architecture，ISA）总线。

② PCI 总线：能为高速数据提供 32 位或 64 位的数据通道，数据传输速率为 132 ~ 528Mbit/s，还与 ISA 等多种总线兼容。PCI 总线主板已成为主板的主流产品。1991 年，由 Intel 公司提出了 PCI（Peripheral Component Interconnect，外围组件互连）总线，20 世纪 90 年代后期，在服务器和工作站中的高速磁盘和网络适配器开始向 66MHz/64 位的 PCI 总线转移，于是又形成了 PCI-X 新总线标准。

③ AGP 总线（加速图形接口）：数据传输速率达到 533Mbit/s，可以大大提高图形、图像的处理及显示速度，并具有图形加速功能。高性能的图形芯片在 1996 年就第一个从 PCI 总线中分离出来，形成了单独的总线技术，那就是 AGP。其目的有两个：提升显卡的性能和将图像数据从 PCI 中独立出来，PCI 被解放出来供其他设备使用。

④ USB 总线：即通用串行总线（Universal Serial Bus，USB），是由 Intel、Compaq、Digital、IBM、Microsoft、NEC、Northern Telecom 这 7 家世界著名的计算机和通信公司共同推出的一种新型接口标准。它基于通用连接技术，实现外围设备的简单快速连接，达到方便用户、降低成本、扩展 PC 连接外围设备范围的目的。它可以为外围设备提供电源，而不像普通的使用串、并口的设备需要单独的供电系统。另外，快速是 USB 技术的突出特点之一，USB 的最高传输速率可达 12Mbit/s，比串口快 100 倍，比并口快近 10 倍，而且 USB 还能支持多媒体。

⑤ PCI Express 总线：简称 PCIE 或 PCI–E，沿用了现有的 PCI 编程概念及通信标准，但基于更快的序列通信系统，是一种双单向串行通信技术。一条 PCI Express 通道有 4 条连线：一对线路用于传送，另一对线路用于接收；信令频率为 2.5GHz，采用 8b/10b 编码，定义了用于 ×1、×4、×8、×16 通道的连接器，从而为扩展带宽提供了机会。

（2）接口

不同的外围设备与主机相连都必须根据不同的电气、机械标准，采用不同的接口来实现。主机与外围设备之间信息通过多种接口传输。一种是串行接口，串行接口按机器字的二进制位逐位传输信息，传送速度较慢，但准确率高，如鼠标；一种是并行接口，并行接口一次可以同时传送若干个二进制位的信息，传送速度比串行接口快，但器材投入较多，如打印机。目前微型计算机普遍配置有 USB 接口、1394 接口等。

3. 输入 / 输出设备

1）基本输入设备

输入设备（Input Device）用于把数据或指令输入给计算机进行处理，常用的输入设备有键盘、鼠标、扫描仪、摄像机、数码照相机等。

（1）键盘

键盘（Keyboard）在计算机的输入设备中是最为常用的。根据键盘上的小键的多少可将键盘分为 101 键键盘和 102 键键盘，便携式或笔记本电脑大多使用的是 83 键键盘。

（2）鼠标

鼠标（Mouse）通过电缆与计算机的输入接口相连，是一种小巧的人机交互输入设备，因其外观像老鼠而得名。鼠标分为机械型鼠标和光电型鼠标。

机械型鼠标的内部装有一个橡胶球，通过它在桌面上滚动时产生的位移信号来控制显示器上光标的同步移动。光电型鼠标俗称光电鼠，它的底部装有一个光电检测器。当它在桌面上滑动时，光电检测器即把感应板上的网络坐标移动转换成计算机能够识别的信号，以控制显示器上光标的同步移动，然后再通过按键进行相应的操作。

（3）扫描仪

扫描仪（Scanner）是一种光电转换装置，它可以快速地将图形、图像、照片、文字等信息输入到计算机中。目前，使用最广泛的是由 CCD 阵列组成的电子扫描仪，这种扫描仪可分为平板式扫描仪和手持式扫描仪两类。CCD 扫描仪的主要性能指标有：扫描幅面、分辨率、灰度层次和扫描速度等。

2）基本输出设备

输出设备（Output Device）用来把计算机加工处理后产生的信息按人们所要求的形式输出，常用的输出设备有显示器、打印机、绘图仪等。

（1）显示器

显示器（Monitor）是最重要的输出设备，计算机通过显示屏幕向用户输出信息，显示器一般分为 CRT 显示器和 LCD 显示器。CRT 显示器体积较大、功耗高、散热多，置于工作桌面或主机箱（卧式）上；笔记本式计算机使用 LCD 液晶显示器。

显示器上输出的一切信息都是由光点（即像素）构成的。组成屏幕显示画面的最小单位是像素，像素之间的最小距离为点距（Pitch）。点距越小像素密度越大画面越清晰。显示器的点距有 0.31 mm、0.28 mm、0.24 mm、0.22 mm 等多种。

显示器完成一帧（整屏）扫描所需的时间称为垂直扫描时间，其倒数值为垂直扫描频率，又称刷新频率，即刷新一屏的频率，常见的有 60 Hz、75 Hz 等。

（2）打印机

打印机（Printer）是常用的输出设备之一。衡量打印机的主要性能指标有：

① 打印速度，单位 ppm，即每分钟可以打印的页数。

② 分辨率，单位 dpi，即每英寸的点数，分辨率越高打印质量越高。

目前使用的打印机主要有如下三类。

① 针式打印机：是最常见的击打式打印机，它用若干根钢针击打色带到纸张上，形成由点阵组成的字符或图形。针式打印机优点是经久耐用，成本低；缺点是噪声大，打印效果一般，主要应用在银行、超市等打印多层票据的行业中。

② 喷墨打印机：它将墨水通过精致的喷头喷到纸上而形成文字与图像。印刷效果好、价格低、噪声小、使用电压低，彩色印刷价廉物美，能力很强。

③ 激光打印机：是激光技术与复印技术相结合的产物，印刷质量优、速度高、噪声低、价格适中。激光打印机由激光机头和打印控制器组成。激光机头把计算机输出的文字或图像以不同密度的电荷映射在感光鼓表面，使其吸附上厚度不同的碳粉，通过温度与压力的联合作用，把表现文字和图形的碳粉固定在纸上。控制器则接收主机传送来的数据和控制码，经处理后交激光机头输出。

（3）绘图仪

绘图仪是能按照人们要求自动绘制图形的设备。它可将计算机的输出信息以图形的形式输出，主要可绘制各种管理图表和统计图、建筑设计图、各种机械图与计算机辅助设计图等。最常用的是 X–Y 绘图仪。现代的绘图仪已具有智能化的功能，它自身带有微处理器，可以使用绘图命令，具有直线和字符演算处理以及自检测等功能。

4. 微型计算机的主要技术指标

评价一台微型计算机的指标很多。一般常用的指标有：

（1）字长

字长是指一台计算机所能处理的二进制代码的位数。微型计算机的字长直接影响到它的精度、功能和速度。字长愈长，能表示的数值范围就越大，计算出的结果的有效位数也就越多能表示的信息就越多，机器的功能就更强。但是，字长又受到器件及制造工艺等的限制。目前常用的是 32 位和 64 位字长的微型计算机。

（2）运算速度

运算速度是指计算机每秒所能执行的指令条数，一般用 MIPS（Million of Instructions Per Second，即每秒百万条指令）为单位。由于不同类型的指令执行时间长短不同，因而运算速度的计算方法也不同。

（3）主频

主频是指计算机 CPU 的时钟频率，它在很大程度上决定了计算机的运算速度。一般时钟频率越高，运算速度就越快。主频的单位一般是 MHz（兆赫）或 GHz（吉赫），如微处理器 Pentium 4 的主频为 2.0GHz。

（4）内存容量

内存容量是指内存储器中能够存储信息的总字节数，一般以 GB 为单位。内存容量反映了内存储器存储数据的能力。目前计算机的内存容量有 2GB、4GB、8GB、16GB 等。

（5）输入 / 输出数据的传送率

计算机主机与外围设备交换数据的速度称为计算机输入 / 输出数据的传送率，以“字节 / 秒（B/s）”或“位 / 秒（bit/s）”表示。一般来说，传送率高的计算机要配置高速的外围设备，以便在尽可能短的时间内完成输出。

（6）可靠性

一般用微型计算机连续无故障运行的最长时间来衡量它的可靠性。连续无故障工作时间越长，机器的可靠性越高。

任务 3 了解计算机软件系统

1. 计算机软件系统概述

计算机软件系统是指在计算机上运行的各类程序及其相应的数据、文档的集合。软件系统可分为系统软件和应用软件两大类。

1）系统软件

系统软件是为计算机提供管理、控制、维护和服务等各项功能，充分发挥计算机效能和方便用户使用的各种程序的集合。系统软件主要包括操作系统、语言处理程序和系统程序等。

（1）操作系统

计算机系统是由硬件和软件组成的一个相当复杂的系统，它有着丰富的软件和硬件资源。为了合理地管理这些资源，并使各种资源得到充分利用，计算机系统中必须有一组专门的系统软件来对系统的各种资源进行管理，这种系统软件就是操作系统（Operating System，OS）。

操作系统管理和控制整个计算机系统中一切可以使用的与硬件因素相关的资源，以及所有用户共需的系统软件资源，并合理地组织计算机工作流程，以便有效地利用资源，为使用者提供一个功能强大、方便实用、安全完整的工作环境，从而在最底层的软硬件基础上为计算机使用者建立、提供一个统一的操作接口。不同的硬件结构，尤其是不同的应用环境，应有不同类型的操作系统，以实现不同的追求目标。

（2）语言处理程序

① 源程序：指用汇编语言或高级语言各自规定使用的符号和语法规则编写的程序。

② 目标程序：指将计算机本身不能直接读懂的源程序翻译成相应的机器语言程序。

计算机将源程序翻译成机器指令时，有解释和编译两种方式。编译方式与解释方式的工作过程如图 1–12 所示。由图可以看出，编译方式是用编译程序翻译成相应的机器语言的目标程序，然后再通过连接装配程序连接成可执行程序，再执行可执行程序得到结果。在编译之后生成的程序称为目标程序，连接之后形成的程序称为可执行程序。目标程序和可执行程序都以文件方式存放在磁盘上，再次运行该程序，只需直接运行可执行程序，不必重新编译和连接。

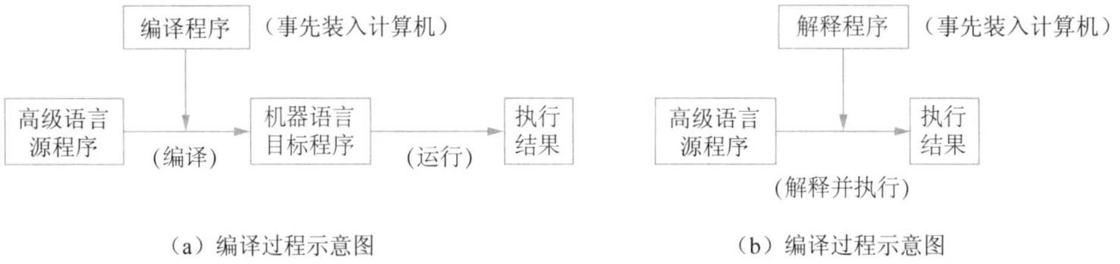

图 1–12　语言处理程序执行过程

解释方式就是将源程序输入计算机后，用该种语言的解释程序将其逐条解释，逐条执行，执行后只得到结果，而不保存解释后的机器代码，下次运行该程序时，还要重新解释执行。

（3）系统程序

系统程序又称为服务性程序，是在系统开发和维护时使用的工具，完成一些与管理计算机系统资源及文件有关的任务，包括连接程序、计算机测试和诊断程序、数据库管理软件及数据仓库等。

2）应用软件

应用软件是指为用户解决某个实际问题而编制的程序和有关资料，可分为应用软件包和用户程序。应用软件包是指软件公司为解决带有通用性的问题而精心研制的供用户选择的程序。用户程序是指为特定用户（如银行、邮电等行业）解决特定问题而开发的软件，它具有专用性。

通用的应用软件包括文字处理软件、表格处理软件等。文字处理软件的功能包括文字的录入、编辑、保存、排版、制表和打印等，Microsoft Word 是目前流行的文字处理软件之一。表格处理软件则根据数据表格自动制作图表，对数据进行管理和分析、制作分类汇总报表等，Microsoft Excel 是目前流行的表格处理软件之一。

专用的应用软件有财务管理系统、计算机辅助设计（CAD）软件和部门的应用数据库管理系统等。还有一类专业应用软件是供软件人员使用的，称为软件开发工具或支持软件，例如 Visual C++ 和 Visual Basic 等。

微型计算机的软件系统一般包括计算机本身运行所需要的系统软件（System Software）和用户完成特定任务所需要的应用软件（Application Software）两大类。

2. 计算机语言的发展

（1）机器语言

机器语言（即机器指令）是计算机能够直接识别和执行的一组二进制代码。不同的计算机系统具有各自不同的指令，对某种特定的计算机而言，其所有机器指令的集合称为该计算机的机器指令系统。

由于机器指令是二进制代码，所以计算机硬件能直接识别和执行。但是对于使用计算机的程序员来说，机器语言难以掌握和编程，只有少数对计算机硬件有深入理解并熟练掌握编程技术的人员才能使用机器指令来编程。

（2）汇编语言

为了克服上述机器指令的缺点，用 ADD、SUB、JMP 等英文字母或其缩写形式取代原来的二进制操作码来表示加、减、转移等操作，并采用容易记忆的英文符号名来表示指令和数据地址。这种用助记符来表示的机器指令称为汇编语言。

由于汇编语言与机器指令一一对应，机器指令和汇编语言都是直接与计算机硬件本身密切相关的。但这两种语言都要求程序员了解计算机的硬件，因而学习汇编语言需要积累一定的硬件基础。由于汇编语言执行速度快，易于对硬件进行控制，所以在一些对程序空间和时间要求很高的工业控制场合，汇编语言仍然得到广泛的应用。

（3）高级语言

高级语言是目前应用最为广泛的一类计算机语言。常用的语言如 Basic、Pascal、C、C++、Java、C#、Python 等都是高级语言。之所以称为高级语言，是因为这些语言与自然语言比较接近，容易学习。高级语言可以在不同的机器上执行，使用很方便。与机器语言和汇编语言不同，在高级语言中，与计算机硬件有关的内容被抽去，所以对不懂计算机硬件的人来说，便于学习和使用。

（4）面向对象的语言

面向对象的编程语言与以往各种编程语言的根本区别在于，它设计的出发点就是为了更直接地描述客观世界中存在的事物以及它们之间的关系。

面向对象的编程语言将客观事物看作具有属性和行为的对象，通过归纳找出同一类对象的共同属性和行为，抽象成类。通过类的继承与多态可以很方便地实现代码重用，大大缩短了软件开发周期，并使得软件风格统一。目前应用最广泛的面向对象程序设计语言是在 C 语言基础上扩充出来的 C++ 语言、Java 语言等。

3. 操作系统概述

（1）操作系统的概念

简单地讲，计算机操作系统是指控制和管理计算机系统资源，对其进行统一协调和统一分配，并方便用户使用的系统软件。操作系统是最基本的系统软件，其他所有软件都是建立在操作系统之上的。计算机系统中的主要部件之间相互配合、协调一致的工作，都是在操作系统的统一控制下才得以实现。

用户、操作系统与计算机硬件之间的关系如图 1–13 所示。用户通过操作系统使用计算机；操作系统是用户与计算机之间的“桥梁”；没有操作系统，用户就不能直接使用计算机的资源和控制计算机。

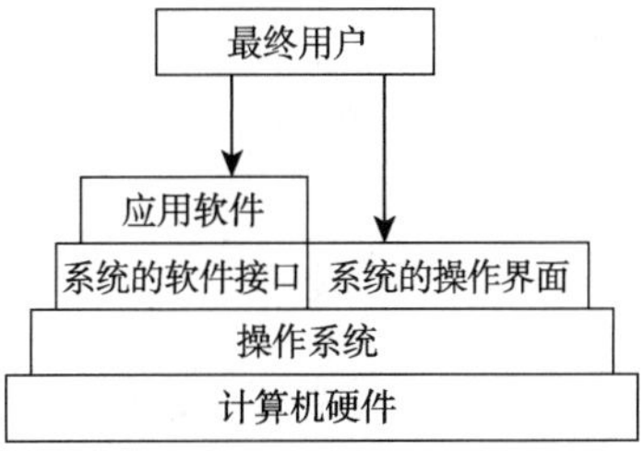

图 1–13 操作系统与用户的关系

（2）操作系统的基本功能

从计算机系统的组成来看，操作系统是直接与硬件层相邻的第一层软件，它对硬件进行首次扩充，是其他软件运行的基础。

从用户的角度看，操作系统的主要作用有三个：一是提供用户和计算机之间的友好界面，使操作方便、简单、易学、易用；二是提高系统资源的利用率，通过对计算机软件、硬件资源进行合理的调度与分配，改善资源的共享和利用状况，最大限度地发挥计算机系统的工作效率；三是为用户提供软件开发和运行的环境。

操作系统管理的主要对象是硬件资源和软件资源，从资源管理的角度看，操作系统对计算机资源进行控制和管理的功能主要有：处理机（即 CPU）管理、存储器管理、设备管理、文件管理、作业管理。

（3）操作系统的分类

操作系统是计算机系统软件的核心，给出一个公认的分类比较困难，以下是从不同的角度出发对操作系统的分类。

① 按操作系统提供的功能分为：批处理操作系统、实时操作系统、分时操作系统、单任务操作系统、网络操作系统和分布式操作系统。

② 按管理用户的数量分为：单用户操作系统和多用户操作系统。

③ 按同时管理的作业数分为：单任务操作系统与多任务操作系统。

④ 按与用户交互界面形式分为：字符命令界面操作系统和视窗图形界面操作系统。

⑤ 按使用范围来分为：个人计算机操作系统和网络操作系统。

（4）常用操作系统简介

① Microsoft Windows（微软视窗）操作系统：是一个为个人计算机和服务器用户设计的操作系统。从 1985 年的第一个版本发行到现在，Microsoft Windows 已经经过了三十多年的发展，已经成为风靡全球的微机操作系统。

② UNIX：是贝尔实验室开发的一个强大的多用户、多任务操作系统，支持多种处理器架构。UNIX 对工作站、微型计算机、大型机、甚至超级计算机等各种不同类型的计算机来说是一种标准的通用操作系统。

③ Linux：是一套免费使用和自由传播的类 UNIX 操作系统。与微软 Windows 等商业操作系统不同，Linux 是一个完全自由的操作系统。Linux 包含了人们希望操作系统拥有的所有功能特性，包括真正的多任务、虚拟内存、世界上最快的 TCP/IP 驱动程序、共享库和多用户支持。

单元 3 数制与编码

任务 1 了解数制

1. 数制

数制也称计数制，是指用一组固定的符号和统一的规则来表示数值的方法。计数法通常使用的是进位计数制，即按进位的规则进行计数。在进位计数制中，有“基数”和“位权”两个基本概念。

基数是进位计数制中所用的数字符号的个数。假设以 X 为基数进行计数，其规则是“逢 X 进一”，则称为 X 进制。例如，十进制的基数为 10，其规则是“逢十进一”；二进制的基数为 2，其规则是“逢二进一”。

在进位计数制中，把基数的若干次幂称为位权，幂的方次随该位数字所在的位置而变化，整数部分从最低位开始依次为 0，1，2，3，4，…；小数部分从最高位开始依次为 –1，–2，–3，–4，…。

任何一种用进位计数制表示的数，其数值都可以写成按位权展开的多项式之和：

$$N = a_n \times X^n + a_{n-1} \times X^{n-1} + \cdots + a_1 \times X^1 + a_0 \times X^0 + a_{-1} \times X^{-1} + a_{-2} \times X^{-2} + \cdots + a_{-m} \times X^{-m}$$

其中，X 是基数；a_i 是第 i 位上的数字符号（或称系数）；X^i 是位权；n 和 m 分别是数的整数部分和小数部分的位数。

例如，十进制数 123.45 可以写成：

$(123.45)_{10}=1\times10^2+2\times10^1+3\times10^0+4\times10^{-1}+5\times10^{-2}$

例如，二进制数 1011 可以写成：

$(1011)_2=1\times2^3+0\times2^2+1\times2^1+1\times2^0=8+0+4+1=(13)_{10}$

一般在计算机文献中，用在数据末尾加下角标的方式表示不同进制的数。例如，十进制用“$(数字)_{10}$”表示，二进制数用“$(数字)_2$”表示。

在计算机中，一般在数字的后面用特定字母表示该数的进制。例如，B 表示二进制，D 表示十进制（D 可省略），O 表示八进制，H 表示十六进制。

2. 常用数制表示方法

日常生活中，人们习惯使用十进制，有时也使用其他进制，例如，计算时间采用六十进制，1 小时为 60 分钟，1 分钟为 60 秒；在计算机科学中，经常涉及二进制、八进制、十进制和十六进制等；但在计算机内部，不管什么类型的数据都使用二进制编码的形式来表示。下面介绍几种常用的数制：二进制、八进制、十进制和十六进制。

（1）几种常用数制的基本信息及计数特点

表 1–2 列出了几种数制的基本信息及计数特点。

表 1–2　常用数制的基数、数值及各进制的特点

数制	数值符号	基数	特点
十进制	0，1，2，3，4，5，6，7，8，9	10	逢十进一
二进制	0，1	2	逢二进一
八进制	0，1，2，3，4，5，6，7	8	逢八进一
十六进制	0，1，2，3，4，5，6，7，8，9，A，B，C，D，E，F	16	逢十六进一

（2）几种数制之间的简单对应关系

各数制之间的简单对应关系如表 1–3 所示。

表 1–3　二、八、十、十六进制间数的对应关系

数　制				数　制			
十	二	八	十六	十	二	八	十六
0	0	0	0	8	1000	10	8
1	1	1	1	9	1001	11	9
2	10	2	2	10	1010	12	A
3	11	3	3	11	1011	13	B
4	100	4	4	12	1100	14	C
5	101	5	5	13	1101	15	D
6	110	6	6	14	1110	16	E
7	111	7	7	15	1111	17	F

任务 2　掌握数制转换

1. 数制转换

数制转换主要分为十进制数转换为二、八、十六进制数，二、八、十六进制数转换为十进制数和二进制数转换为八、十六进制数 3 类。

（1）十进制数转换为 R 进制数

将十进制数转换为 R 进制数（如二进制数、八进制数和十六进制数等）的方法如下。

整数的转换采用“除 R 取余”法，将待转换的十进制数连续除以 R，直到商为 0，每次得到的余数按相反的次序（即第一次除以 R 所得到的余数排在最低位，最后一次除以 R 所得到的余数排在最高位）排列起来就是相应的 R 进制数。

小数的转换采用“乘 R 取整”法，将被转换的十进制纯小数反复乘以 R，每次乘积的整数部分若为 1，则 R 进制数的相应位为 1；若整数部分为 0，则相应位为 0。由高位向低位逐次进行，直到剩下的纯小数部分为 0 或达到所要求的精度为止。

对具有整数和小数两部分的十进制数，用上述方法将其整数部分和小数部分分别转换，然后用小数点连接起来。

【例 1-1】将 $(10.25)_{10}$ 转换为二进制数。

将整数部分“除 2 取余”，将小数部分“乘 2 取整”。

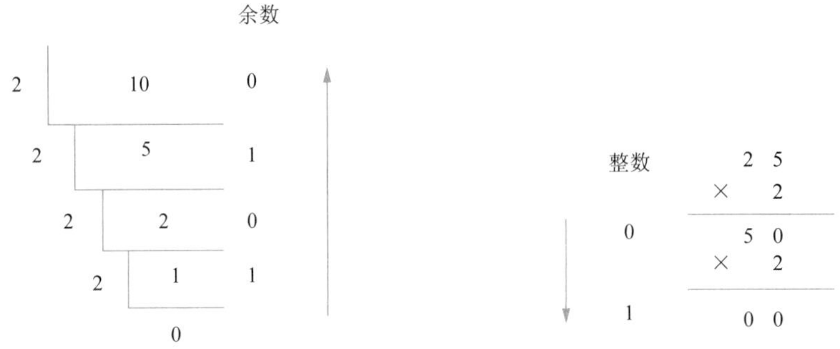

因此，$(10)_{10}=(1010)_2$，$(0.25)_{10}=(0.01)_2$，最后得出转换结果：$(10.25)_{10}=(1010.01)_2$。

（2）将 R 进制数转换为十进制数

将 R 进制数（如二进制数、八进制数和十六进制数等）按位权展开并求和，便可得到等值的十进制数。

【例 1-2】将二进制数 1101 转换为十进制数。

$(1101)_2=1\times2^3+1\times2^2+0\times2^1+1\times2^0=8+4+1=(13)_{10}$

【例 1-3】将八进制数 1101 转换为十进制数。

$(1101)_8=1\times8^3+1\times8^2+0\times8^1+1\times8^0=512+64+1=(577)_{10}$

【例 1-4】将十六进制数 1101 转换为十进制数。

$(1101)_{16}=1\times16^3+1\times16^2+0\times16^1+1\times16^0=4\,096+256+1=(4\,353)_{10}$

（3）二进制数与八、十六进制数之间的转换

由于 $8=2^3$，$16=2^4$，因此 1 位八进制数相当于 3 位二进制数，1 位十六进制数相当于 4 位二进制数。

① 二进制数转换为八进制数或十六进制数。

把二进制数转换为八进制数或十六进制数的方法如下：以小数点为界向左和向右划分，小

数点左边（整数部分）从右向左每 3 位（八进制）或每 4 位（十六进制）一组构成 1 位八进制或十六进制数，位数不足 3 位或 4 位时最左边补 0；小数点右边（小数部分）从左向右每 3 位（八进制）或每 4 位（十六进制）一组构成 1 位八进制或十六进制数，位数不足 3 位或 4 位时最右边补 0。

例如：

$(1101010)_2=(1\ \ 101\ \ 010)_2=(152)_8$

$(1101010)_2=(110\ \ 1010)_2=(6A)_{16}$

② 八进制数或十六进制数转换为二进制数。

把八进制数或十六进制数转换为二进制数的方法如下：把 1 位八进制数用 3 位二进制数表示，把 1 位十六进制数用 4 位二进制数表示。

例如：

$(12.34)_8=(001\ \ 010.011\ \ 100)_2=(1010.0111)_2$

$(1A.26)_{16}=(0001\ \ 1010.0010\ \ 0110)_2=(11010.0010011)_2$

2. 二进制的运算

（1）二进制的算术运算

① 加法运算。

二进制数的加法运算法则是：

$0+0=0$

$0+1=1+0=1$

$1+1=0$（本位为 0，向高位进位 1）

② 减法运算。

二进制数的减法运算法则是：

$0-0=1-1=0$

$1-0=1$

$0-1=1$（本位为 1，向高位借位）

③ 乘法运算。

二进制数的乘法运算法则是：

$0\times 0=0$

$0\times 1=1\times 0=0$

$1\times 1=1$

④ 除法运算。

二进制数的除法运算法则是：

$0\div 0$ 和 $1\div 0$ 无意义

$0\div 1=0$

$1\div 1=1$

（2）二进制的逻辑运算

二进制数 0 和 1 在逻辑上可以表示对与错、真与假、是与非等，这种具有逻辑性的量称为逻辑量，逻辑量之间的运算就是逻辑运算。逻辑运算是以二进制数为基础的。

在计算机中，数字 1 表示判断结果成立（真），数字 0 表示判断结果不成立（假）。在逻辑运算中用真值表来表示运算的结果。用 1 或 T（True）表示真，用 0 或 F（False）表示假。

① 逻辑非运算：表示与原判断结果含义相反。如果原判断为 A，逻辑非可表示为 $\overline{A}$。二进

制数逻辑非运算的运算规则是：

$\overline{0}=1$　　　　$\overline{1}=0$

逻辑非运算的真值表如表 1–4 所示。

表 1–4　逻辑非运算真值表

A	$\overline{A}$
0	1
1	0

② 逻辑与运算：也称逻辑乘，通常用“×”或“∧”表示。二进制数的逻辑与运算法则是：

$0 \wedge 1=0$　　　　$1 \wedge 0=0$　　　　$0 \wedge 0=0$　　　　$1 \wedge 1=1$

逻辑与运算的真值表如表 1–5 所示。

表 1–5　逻辑与运算真值表

A	B	A ∧ B
0	0	0
0	1	0
1	0	0
1	1	1

③ 逻辑或运算：通常用“+”或“∨”表示。二进制数的逻辑或运算法则是：

$0 \vee 0=0$　　　　$0 \vee 1=1$　　　　$1 \vee 0=1$　　　　$1 \vee 1=1$

逻辑或运算的真值表如表 1–6 所示

表 1–6　逻辑或运算真值表

A	B	A ∨ B
0	0	0
0	1	1
1	0	1
1	1	1

3. 数据存储单位

在计算机内部，数据都是采用二进制的形式进行存储、运算、处理和传输的。二进制数据经常使用的单位有位、字节等。

（1）位

位（bit，简写为 b）是二进制数中的一个数位，可以是 0 或者 1，是计算机中数据的最小单位。

（2）字节

字节（Byte，简写为 B）是计算机中数据的基本单位，各种信息在计算机中存储、处理至少需要一个字节，例如，1 个 ASCII 码用 1 个字节表示，1 个汉字用 2 个字节表示。一个字节由 8 个二进制位组成，即 1 Byte=8 bit。比字节更大的容量单位有 KB（KiloByte，千字节）、MB（MegaByte，兆字节）、GB（GigaByte，吉字节）和 TB（TeraByte，太字节）。

其中：1 KB=1 024 B=2^{10} B

1 MB=1 024 KB=2^{10} KB=2^{20} B=1 024 × 1 024 B

$1\ \text{GB}=1\ 024\ \text{MB}=2^{10}\ \text{MB}=2^{30}\ \text{B}=1\ 024\times1\ 024\times1\ 024\ \text{B}$

$1\ \text{TB}=1\ 024\ \text{GB}=2^{10}\ \text{GB}=2^{40}\ \text{B}=1\ 024\times1\ 024\times1\ 024\times1\ 024\ \text{B}$

视频资源

微视频1-4 数制的概念

微视频1-5 数制转换

微视频1-6 二进制运算

微视频1-7 数据存储单位

任务 3　计算机中的信息编码

日常生活中，人们习惯使用十进制，但在计算机领域，最常用到的是二进制，这是因为计算机是由千千万万个电子元件（如电容、电感、三极管等）组成的，这些电子元件一般都只有两种稳定的工作状态（如三极管的截止和导通），用高、低两个电位“1”和“0”表示是在物理上最容易实现的。

其次，计算机内的数据是以二进制数表示的。数据包括字符、字母、符号等文本型数据和图形、图像、声音等非文本型数据。在计算机中，所有类型的数据都被转换为二进制代码形式加以存储和处理。待数据处理完毕后，再将二进制代码转换成数据的原有形式输出。

1. 数值表示

（1）字符数据的表示

在计算机数据中，字符型数据占有很大比重。字符编码是指用一系列的二进制数来表示非数值型数据（如字符、标点符号等）的方法，简称为编码。那么，对字符编码需要多少位二进制数呢？假如要表示 26 个英文字母，则 5 个二进制数已足够表示 26 个字符了。但是，每个英文字母有大小写之分，还有大量的标点符号和其他一些特殊符号（如 $、#、@、&、+ 等）。目前计算机中用得最广泛的字符集和编码是由美国国家标准局（ANSI）制定的 ASCII（American Standard Code for Information Interchange，美国标准信息交换码），包括了所有拉丁文字字母。

（2）数值数据的表示

计算机可以通过二进制格式来存储十进制数字，即存储数值型数据。在计算机中表示一个数值型数据需要解决以下两个问题。首先，要确定数的长度。在数学中，数的长度一般指它用十进制表示时的位数。其次，数有正负之分。在计算机中，总是用最高位的二进制数表示数的符号，并约定以“0”代表正数，以“1”代表负数。

2. 图像数据的表示

随着信息技术的发展，越来越多的图形信息要求计算机来存储和处理。

在计算机系统中，有两种不同的图形编码方式，即位图编码和矢量编码方式。两种编码方式的不同影响到图像的质量、存储图像的空间大小、图像传送的时间和修改图像的难易程度。

（1）位图图像

位图图像是以屏幕上像素点的位置来存储图像的。最简单的位图图像是单色图像。单色图像只有黑白两种颜色，如果某像素点上对应的图像单元为黑色，则在计算机中用 0 来表示；如果对应的是白色，则在计算机中用 1 来表示，如图 1–14 所示。

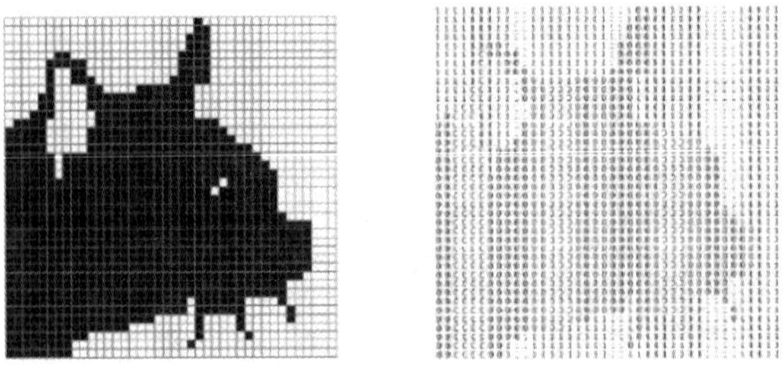

图 1–14 位图图像存储

计算机可以使用 16、256 或 1 670 万色来显示彩色图像，颜色越多，用户得到的图像越真实。

位图图像常用来表现现实图像，适合表现比较细致、多层次和色彩丰富、包含大量细节的图像。例如，扫描的图像、摄像机、数码照相机拍摄的图像，或帧捕捉设备获得的数字化帧画面。经常使用的位图图像文件扩展名有 .bmp、.pcx、.tif、.jpg 和 .gif 等。

由像素矩阵组成的位图图像可以修改或编辑单个像素，即可以使用位图软件（也称照片编辑软件或绘画软件）来修改位图文件。可用来修改或编辑位图图像的软件有 Adobe Photoshop、Micrografx Picture Publisher 等，这些软件能够将图片的局部区域放大，然后进行修改。

（2）矢量图像

矢量图像是由一组存储在计算机中，描述点、线、面等大小形状及图像位置、维数的指令组成的。它不是真正的图像，而是通过读取这些指令并将其转换为屏幕上所显示的形状和颜色的方式来显示图像的，矢量图像看起来没有位图图像直观。用来生成矢量图像的软件通常称为绘图软件，常用的绘图软件有 Micrografx Designer 和 CorelDraw。

3. 音频数据的表示

复杂的声波由许多具有不同振幅和频率的正弦波组成，这些连续的模拟量不能由计算机直接处理，必须将其数字化才能被计算机存储和处理。

计算机获取声音信息的过程就是声音信号的数字化处理过程。经过数字化处理之后的数字声音信息能够像文字和图像信息一样被计算机存储和处理。图 1–15 所示即为模拟声音信号转化为数字音频信号的大致过程，即声音信息的采集与存储过程。

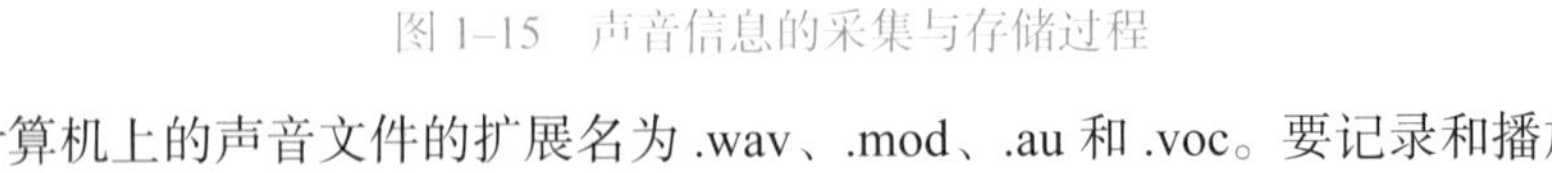

图 1–15 声音信息的采集与存储过程

存储在计算机上的声音文件的扩展名为 .wav、.mod、.au 和 .voc。要记录和播放声音文件，软件方面需要使用声音软件，硬件方面需要使用声卡。

4. 视频数据的表示

视频是图像数据的一种，由若干有联系的图像数据连续播放而形成。人们一般讲的视频信号为电视信号，是模拟量；而计算机视频信号是数字量。

视频信息实际上是由许多幅单个画面帧所构成。电影、电视通过快速播放每帧画面，再加上人眼的视觉滞留效应便产生了连续运动的效果。视频信号的数字化是指在一定时间内以一定的速度对单帧视频信号进行捕获、处理以生成数字信息的过程。

5. 非数值信息的编码

编码是采用少量的基本符号，选用一定的组合原则，将字符转换为指定的二进制形式，以表示大量复杂多样信息的技术。前面我们已介绍过，计算机是以二进制的形式存储和处理信息的，对非数值的文字和其他符号进行处理时，要对文字和符号进行数字化处理，即用二进制编码来表示文字和符号。

字符编码（Character Code）是指用二进制编码来表示字母、数字以及专门符号。字符编码的方法很简单，先确定需要编码的字符总数，然后将每一个字符按顺序确定编号，编号值的大小无意义，仅作为识别和使用这些字符的依据。常用的编码方法有以下几种。

（1）ASCII 码

ASCII 是英文 American Standard Code For Information Interchange 的缩写，称为“美国标准信息交换代码”，由国际标准化组织认定为国际标准。西文字符编码普遍采用 ASCII 码，ASCII 码有 7 位版本和 8 位版本两种，国际上通用的是 7 位版本。7 位版本的 ASCII 码有 128 个元素，只需用 7 个二进制位（$2^7=128$）表示，其中控制字符 34 个，阿拉伯数字 10 个，大小写英文字母 52 个，各种标点符号和运算符号 32 个。用一个字节（8 位二进制位）表示 7 位 ASCII 码时，最高位为 0，它的范围为 00000000B ~ 01111111B。

8 位 ASCII 码称为扩充 ASCII 码，是 8 位二进制字符编码，最高位可以是 0 或 1，它的范围为 00000000B ~ 11111111B，因此可以表示 256 种不同的字符。其中，范围在 00000000B ~ 01111111B 为基本部分，共有 128 种；范围在 10000000B ~ 11111111B 为扩充部分，也有 128 种。尽管美国国家标准信息协会对扩充部分的 ASCII 码已经给出定义，但实际上多数国家都将 ASCII 码扩充部分规定为自己国家语言的字符代码。

（2）十进制 BCD 码

十进制 BCD（Binary–Coded Decimal）码是指每位十进制数用 4 位二进制编码来表示。选用 0000 ~ 1001 来表示 0 ~ 9 这 10 个数符，这种编码又称为 8421 码。十进制数与 BCD 码的对应关系如表 1–7 所示。

表 1–7 十进制数与 BCD 码的对应关系

十进制数	BCD 码	十进制数	BCD 码
0	0000	10	00010000
1	0001	11	00010001
2	0010	12	00010010
3	0011	13	00010011
4	0100	14	00010100
5	0101	15	00010101
6	0110	16	00010110
7	0111	17	00010111
8	1000	18	00011000
9	1001	19	00011001

通过表 1–7 所示十进制数与 BCD 码的对应关系可以看出，2 位十进制数是用 8 位二进制数并

列表示的，但它不是一个 8 位二进制数。如 11 的 BCD 码是 00010001，而二进制数 $(00010001)_2=(17)_{10}$。

（3）国标码 GB 2312—1980

汉字编码方案有多种，GB 2312—1980 是应用最广泛、历史最悠久的一种。GB 2312—1980 是指我国于 1980 年颁布的《国家标准信息交换汉字编码》，简称为国标码。

在国标码中，提供了 6 763 个汉字和 682 个非汉字图形符号。6 763 个汉字按使用频度、组词能力以及用途大小，分为一级常用汉字（按拼音字母顺序）3 775 个和二级常用汉字（按笔形顺序）3 008 个。规定一个汉字由两个字节组成，每个字节只用低 7 位。一般情况下，将国标码的每个字节的高位设置为 1，作为汉字机内码，这样做既解决了西文机内码与汉字机内码的二义性，又保证了汉字机内码与国标码之间非常简单的对应关系。汉字机内码是供计算机系统内部进行存储、加工处理、传输而统一使用的代码，又称为汉字内码。汉字内码是唯一的。

（4）GBK 和 GB 18030

GB 2312 表示的汉字比较有限，一些偏僻的地名、人名等用字在 GB 2312 中没有，于是我国的信息标准委员会对原标准进行了扩充，得到了扩充后的汉字编码方案 GBK，使汉字个数增加到 20 902 个。在 GBK 之后，我国又颁布了 GB 18030。GB 18030 共收录 27 484 个汉字，它全面兼容 GB 2312，可以充分利用已有资源，保证不同系统间的兼容性，是未来我国计算机系统必须遵循的基础标准之一。

（5）Unicode

Unicode 是一个多种语言的统一编码体系，被称为“万国码”。Unicode 给每个字符提供了一个唯一的编码，而与具体的平台和语言无关。它已经被 Apple、HP、Microsoft 和 Sun 等公司采用。Unicode 采用的是 16 位编码体系，因此它允许表示 65 536 个字符，使用两个字节表示一个字符。

（6）汉字输入码（外码）

汉字输入码是为了将汉字通过键盘输入计算机而设计的代码，有音码、形码和音形结合等多种输入法。外码不是唯一的，可以有多种形式。

（7）汉字字形码

汉字字形码是一种使用点阵方法构造的汉字字形的字模数据，在显示或打印汉字时，需要使用汉字字形码，也称为汉字字库。汉字字形点阵有 16×16、24×24、32×32、64×64、96×96、128×128、256×256 点阵等。点阵越多，占用的存储空间越多。例如，16×16 点阵汉字使用 32 个字节（16×16/8=32）。

视频资源

微视频1-8
ASCII码

微视频1-9
汉字编码

单元4 计算机安全

任务1 了解信息安全

1. 信息安全

信息安全即防止信息财产被故意地或偶然地非授权泄露、更改、破坏或使信息被非法的系统辨识、控制。它包括5个基本要素，即确保信息的完整性、保密性、可用性、可控性和可审查性。综合来说，信息安全就是要保障信息的有效性。

- 完整性就是对抗对手的主动攻击，防止信息被未经授权地篡改。
- 保密性就是对抗对手的被动攻击，保证信息不泄漏给未经授权的人。
- 可用性就是保证信息及信息系统确实为授权使用者所用。
- 可控性就是对信息及信息系统实施安全监控。
- 可审查性即对出现的信息安全问题提供调查的依据和手段。

2. 信息安全技术

信息安全是一个系统工程，不是单一的产品或技术可以完全解决的，一般多指计算机网络信息系统的安全。这是因为网络安全包含多个层面，既有层次上的划分、结构上的划分，又有防范目标上的差别。在层次上，涉及网络层的安全、传输层的安全、应用层的安全等；在结构上，不同节点考虑的安全是不同的；在目标上，有些系统专注于防范破坏性的攻击，有些系统是用来检查系统的安全漏洞，有些系统用来增强基本的安全环节（如审计），有些系统解决信息的加密、认证问题，有些系统考虑的是防病毒的问题。任何一个产品不可能解决全部层面的问题，这与系统的复杂程度、运行的位置和层次都有很大关系，因而一个完整的安全体系应该是一个由具有分布性的多种安全技术或产品构成的复杂系统，既有技术的因素，又包含人的因素。用户需要根据自己的实际情况选择适合自己需求的技术和产品。

信息安全技术主要有以下几类：防火墙技术、加密技术、鉴别技术、数字签名技术、审计监控技术、病毒防治技术。

（1）防火墙技术

防火墙技术是一种用来加强网络之间访问控制，防止外部网络用户以非法手段通过外部网络进入内部网络、访问内部网络资源，保护内部网络操作环境的技术。

（2）加密技术

加密技术的核心就是因为网络本身并不安全可靠，故而所有重要信息就全部通过加密处理。加密的技术主要分两种。

① 单匙技术。此技术无论加密还是解密都是用同一把钥匙。这是比较传统的一种加密方法。

② 双匙技术。此技术使用两个相关互补的钥匙：一个称为公钥，另一个称为私钥。公钥是大家被告知的，而私钥则只有每个人自己知道。

（3）鉴别技术

鉴别技术是指对网络中的主体进行验证的技术。一是只有该主体了解的秘密，如口令、密钥；二是主体携带的物品，如智能卡和令牌卡；三是只有该主体具有的独一无二的特征或能力，如指纹、声音、视网膜或签字等。

（4）数字签名技术

对文件进行加密只解决了传送信息的保密问题，而防止他人对传输的文件进行破坏，以及如何确定发信人的身份还需要采取其他的手段，这一手段就是数字签名。

（5）审计监控技术

审计监控技术即建设审计监控体系，是要建设完整的责任认定体系和健全授权管理体系。它是指在网络环境下，借助大容量的信息数据库，并运用专业的审计软件对共享资源和授权资源进行实时、在线的审计服务，从技术上加强了安全管理，从而保证了信息的安全性。

（6）病毒防治技术

病毒防治技术分成 4 个方面，即检测、清除、免疫和预防。除了免疫技术因目前找不到通用的免疫方法而进展不大之外，其他 3 项技术都有相当的进展。

① 病毒预防技术：是指通过一定的技术手段防止计算机病毒对系统进行传染和破坏，实际上它是一种特征判定技术，也可能是一种行为规则的判定技术。

② 病毒检测技术：是指通过一定的技术手段判定出计算机病毒的一种技术。

③ 病毒清除技术：是计算机病毒检测技术发展的必然结果，是病毒传染程序的一种逆过程。

3. 计算机犯罪

同任何技术一样，计算机技术也是一柄双刃剑，它的广泛应用和迅猛发展，一方面使社会生产力获得极大解放；另一方面又给人类社会带来前所未有的挑战，其中尤以计算机犯罪为甚。

计算机犯罪与计算机技术密切相关。随着计算机技术的飞速发展，计算机在社会应用领域的影响急剧扩大，计算机犯罪的类型和领域不断地增加和扩展，从而使“计算机犯罪”这一术语随着时间的推移而不断获得新的含义。因此在学术研究上，关于计算机犯罪迄今为止尚无统一的定义。结合刑法条文的有关规定和我国计算机犯罪的实际情况，计算机犯罪的概念可以有广义和狭义之分。广义的计算机犯罪是指行为人故意直接对计算机实施侵入或破坏，或者利用计算机实施有关金融诈骗、盗窃、贪污、挪用公款、窃取国家秘密或其他犯罪行为的总称。狭义的计算机犯罪仅指行为人违反国家规定，故意侵入国家事务、国防建设、尖端科学技术等计算机信息系统，或者利用各种技术手段对计算机信息系统的功能及有关数据、应用程序等进行破坏、制作、传播计算机病毒，影响计算机系统正常运行且造成严重后果的行为。

计算机犯罪所涉及的内容如下：

① 盗窃电子信息和计算机技术之类的行为。

② 篡改、损害、删除或毁坏计算机程序或文件的行为。

③ 通过计算机为别人犯诸如贪污、欺诈等罪行提供便利。

④ 非法侵入计算机系统，故意篡改或消除计算机数据，非法复制计算机程序或数据等行为。

⑤ 未经机主同意，擅自“访问”或“使用”别人的计算机系统。

⑥ 妨碍合法用户对计算机系统功能的全面获取，如降低计算机处理信息的能力等。

⑦ 非法传送“病毒”“蠕虫”“逻辑炸弹”等计算机病毒。

⑧ 利用网络进行盗窃、诈骗、诽谤、侵犯隐私等行为。

⑨ 非法占有计算机系统及其内容。

任务 2　了解计算机病毒

1. 计算机病毒

1）计算机病毒的概念

计算机病毒（Computer Virus）在《中华人民共和国计算机信息系统安全保护条例》中有明确定义：“病毒指编制或者在计算机程序中插入的破坏计算机功能或者破坏数据，影响计算机使用并且能够自我复制的一组计算机指令或者程序代码。”通俗地讲，病毒就是人为的特殊程序，具有自我复制能力、很强的感染性、一定的潜伏性、特定的触发性和极大的破坏性。

2）计算机病毒的特征

（1）非授权可执行性

计算机病毒隐藏在合法的程序或数据中，当用户运行正常程序时，病毒伺机窃取到系统的控制权，得以抢先运行，然而此时用户还认为在执行正常程序。

（2）隐蔽性

计算机病毒是一种具有较高编程技巧且短小精悍的可执行程序，它通常总是隐藏在操作系统、引导程序、可执行文件或数据文件中，不易被人们发现。

（3）传染性

传染性是计算机病毒最重要的一个特征。病毒程序一旦侵入计算机系统就通过自我复制迅速传播。计算机病毒具有再生与扩散能力，可以从一个程序传染到另一个程序，从一台计算机传染到另一台计算机，从一个计算机网络传染到另一个计算机网络。

（4）潜伏性

计算机病毒具有依附于其他媒体而寄生的能力，病毒可以悄悄隐藏起来，这种媒体称之为计算机病毒的宿主。入侵计算机的病毒可以在一段时间内不发作，然后在用户不察觉的情况下进行传染。一旦达到某种条件，隐蔽潜伏的病毒就肆虐地进行复制、变形、传染、破坏。

（5）表现性或破坏性

无论何种病毒程序一旦侵入系统都会对操作系统的运行造成不同程度的影响。即使不直接产生破坏作用的病毒程序也要占用系统资源。而绝大多数病毒程序要显示一些文字或图像，影响系统的正常运行，还有一些病毒程序会删除文件，甚至摧毁整个系统和数据，使之无法恢复，造成无可挽回的损失。

（6）可触发性

计算机病毒一般都有一个或者几个触发条件，用来激活病毒的表现部分或破坏部分。触发的实质是一种条件的控制，病毒程序可以依据设计者的要求，在一定条件下实施攻击。这些条件可能是病毒设计好的特定字符、某个特定日期或特定时刻，或者是病毒内置的计数器达到一定次数等。一旦满足触发条件或者激活病毒的传染机制，病毒就会进行传染。

3）计算机病毒的类型

（1）引导型病毒

引导型病毒又称操作系统型病毒，主要寄生在硬盘的主引导程序中，当系统启动时进入内存，伺机传染和破坏。典型的引导型病毒有大麻病毒、小球病毒等。

（2）文件型病毒

文件型病毒一般感染可执行文件（扩展名为 .com 或 .exe 的文件）。在用户调用染毒的可执行文件时，病毒首先被运行，然后驻留内存传染其他文件，如 CIH 病毒。

（3）宏病毒

宏病毒是利用办公自动化软件（如 Word、Excel 等）提供的“宏”命令编制的病毒，通常寄生于为文档或模板编写的宏中。一旦用户打开了感染病毒的文档，宏病毒即被激活并驻留在普通模板上，使所有能自动保存的文档都感染这种病毒。宏病毒可以影响文档的打开、存储、关闭等操作，可删除文件、随意复制文件、修改文件名或存储路径、封闭有关菜单，还可造成不能正常打印，使人们无法正常使用文件。

（4）网络病毒

因特网的广泛使用，使利用网络传播病毒成为病毒发展的新趋势。网络病毒一般利用网络的通信功能，将自身从一个结点发送到另一个结点，并自行启动。它们对网络计算机，尤其是网络服务器主动进行攻击，不仅非法占用了网络资源，而且导致网络堵塞，甚至造成整个网络系统的瘫痪。蠕虫病毒（Worm）、特洛伊木马（Trojan）病毒、冲击波（Blaster）病毒、电子邮件病毒都属于网络病毒。

（5）混合型病毒

混合型病毒是以上两种或两种以上病毒的混合。例如，有些混合型病毒既能感染磁盘的引导区，又能感染可执行文件；有些电子邮件病毒则是文件型病毒和宏病毒的混合体。

4）计算机感染病毒后的常见症状

了解计算机感染病毒后的各种症状，有助于及时发现病毒。常见的症状有：

① 屏幕显示异常。屏幕上出现异常图形、莫名其妙的问候语，或直接显示某种病毒的标志信息。

② 系统运行异常。原来能正常运行的程序现在无法运行或运行速度明显减慢，经常出现异常死机，或无故重新启动，或蜂鸣器无故发声。

③ 硬盘存储异常。硬盘空间突然减少，经常无故读 / 写磁盘，或磁盘驱动器“丢失”等。

④ 内存异常。内存空间骤然变小，出现内存空间不足，不能加载执行文件的提示。

⑤ 文件异常。例如，文件名称、扩展名、日期等属性被更改，文件长度加长，文件内容改变，文件被加密，文件打不开，文件被删除，甚至硬盘被格式化等；莫名其妙地出现许多来历不明的隐藏文件或者其他文件；可执行文件运行后，神秘地消失，或者产生出新的文件；某些应用程序被屏蔽，不能运行。

⑥ 打印机异常。打印机不能打印汉字或打印机“丢失”等。

⑦ 硬件损坏。例如，CMOS 中的数据被改写，不能继续使用；BIOS 芯片被改写等。

2. 计算机病毒及防范

计算机病毒和黑客的出现给计算机安全提出了严峻的挑战，解决问题最重要的一点就是树立“预防为主，防治结合”的思想，树立计算机安全意识，防患于未然，积极地预防黑客的攻击和计算机病毒的侵入。

（1）防范措施

① 对外来的计算机、存储介质（光盘、闪存盘、移动硬盘等）或软件要进行病毒检测，确认无毒后才能使用。

② 在别人的计算机使用自己的闪存盘或移动硬盘的时候，必须处于写保护状态。

③ 不要运行来历不明的程序或使用盗版软件。

④ 不要在系统盘上存放用户的数据和程序。

⑤ 对于重要的系统盘、数据盘以及磁盘上的重要信息要经常备份，以便遭到破坏后能及时得到恢复。

⑥ 利用加密技术，对数据与信息在传输过程中进行加密。

⑦ 利用访问控制权限技术规定用户对文件、数据库、设备等的访问权限。

⑧ 不定时更换系统的密码，且提高密码的复杂度，以增强入侵者破译的难度。

⑨ 迅速隔离被感染的计算机。当计算机发现病毒或异常时应立刻断网，以防止计算机受到更多的感染，或者成为传播源，再次感染其他计算机。

⑩ 不要轻易下载和使用网上的软件；不要轻易打开来历不明的邮件中的附件；不要浏览一些不太了解的网站；不要执行从 Internet 下载后未经杀毒处理的软件；调整好浏览器的安全设置，并且禁止一些脚本和 ActiveX 控件的运行，防止恶性代码的破坏。对于通过网络传输的文件，应在传输前和接收后使用反病毒软件进行检测和清除病毒，以确保文件不携带病毒。

⑪ 关闭或删除系统中不需要的服务。默认情况下，许多操作系统会安装一些辅助服务，如 FTP 客户端、Telnet 等。这些服务为攻击者提供了方便，如果用户不需要使用这些功能，可删除它们，这样可以大大减少被攻击的可能性。

⑫ 购买并安装正版的具有实时监控功能的杀毒卡或反病毒软件，时刻监视系统的各种异常并及时报警，以防止病毒的侵入，并要经常更新反病毒软件的版本，升级操作系统，安装堵塞漏洞的补丁。

⑬ 对于网络环境，应设置“病毒防火墙”。

（2）利用防火墙技术

防火墙是指设置在不同网络（如可信任的企业内部网和不可信的公共网）或网络安全域之间的一系列部件的组合。 它可通过监测、限制、更改跨越防火墙的数据流，尽可能地对外部屏蔽网络内部的信息、结构和运行状况，以此来实现网络的安全保护。

在逻辑上，防火墙是一个分离器，一个限制器，也是一个分析器，有效地监控了内部网和 Internet 之间的任何活动，保证了内部网络的安全。典型的防火墙具有以下三方面的基本特性：

① 内部、外部网络之间的所有网络数据流都必须经过防火墙。

② 只有符合安全策略的数据流才能够通过防火墙。

③ 防火墙自身具有非常强的抗攻击能力。

个人计算机通常使用软件防火墙。Windows 10 自带 Windows 防火墙。市面上众多杀毒软件往往也整合了防火墙功能。

（3）用杀毒软件清除病毒

杀毒软件又称反病毒软件，是用于消除计算机病毒、特洛伊木马和恶意软件，保护计算机安全的一类软件的总称，可以对资源进行实时的监控，阻止外来侵袭。杀毒软件通常集成病毒监控、识别、扫描和清除及病毒库自动升级等功能。杀毒软件的任务是实时监控和扫描磁盘，其实时监控方式因软件而异。有的杀毒软件是通过在内存中划分一部分空间，将计算机中流过内存的数据与杀毒软件自身所带的病毒库（包含病毒定义）的特征码相比较，以判断是否为病毒。另一些杀毒软件则在所划分到的内存空间中，虚拟执行系统或用户提交的程序，根据其行为或结果做出判断。部分杀毒软件通过在系统添加驱动程序的方式，进驻系统，并且随操作系统启动。大部分的杀毒软件还具有防火墙功能。

目前，使用较多的杀毒软件有卡巴斯基、诺顿、火绒、360 等，具体信息可在相关网站中查询。个别的杀毒软件还提供永久免费使用，如 360 杀毒软件。

由于计算机病毒种类繁多，新病毒又在不断出现，病毒对反病毒软件来说永远是超前的，也就是说，清除病毒的工作具有被动性。切断病毒的传播途径，防止病毒的入侵比清除病毒更重要。

模块 2

操作系统

模块导读

操作系统最根本的功能是管理计算机资源和提供人机交互的界面。本章的重点是借助 Windows 10 操作系统强大的管理功能实现对计算机的软硬件资源的管理。因此，学习 Windows 10 的基本操作是前提，熟练管理文件夹和文件是根本。本章的主要内容包括 Windows 10 的基本操作、文件和文件夹操作、Windows 设置和控制面板，以及附件工具的使用。

单元 1　Windows 10 基础

任务 1　认识 Windows 10

Windows 10 是由微软（Microsoft）公司推出的操作系统，是目前个人计算机上使用较为广泛的操作系统。

1. 启动和关闭计算机

（1）启动计算机

启动计算机应先开启连接在计算机上的外围设备，如显示器、打印机等。然后，按下主机箱的电源即可启动计算机。如果计算机中安装有 Windows 10 操作系统，计算机启动后进入 Windows 10 的操作界面。

（2）关闭计算机

计算机不使用时，要用正确的方式关闭计算机，不能简单地切断计算机电源。正确的做法是：首先关闭所有打开的应用程序，然后通过选择“开始”→“关机”命令，关闭计算机，最后关闭与之连接的外围设备。

（3）用户的登录、注销和切换

① 用户登录。Windows 10 是多用户多任务操作系统，允许多个用户使用同一台计算机。在 Windows 10 系统中可以创建多个用户账户，不同的用户账户登录可以设置各自的个性化操作界面，因此就会涉及用户登录、注销和切换等操作。

如果系统中有多个用户账户，则在计算机启动过程中会出现登录界面，选择相应账户，输入密码后即可登录计算机，系统会加载该用户账户的信息和数据

② 切换用户。当另一账户要登录计算机时，可以在“开始”菜单中单击当前用户图标，在弹出的菜单中选择其他账户登录该计算机，但并不关闭当前用户账户运行的程序。

③ 注销账户。如果当前账户不再使用计算机了，该用户可通过“注销”命令关闭当前用户运行的程序，保存用户账户信息和数据，结束使用状态。这样，其他用户账户无需重启计算机即可登录计算机。

（4）计算机的锁定和解锁

为保护个人信息不被他人看到，当暂时不用而离开计算机时，可以锁定计算机。

① 锁定计算机。选择“锁定”命令或使用【Win+L】组合键可以锁定计算机。

② 解锁计算机。以用户账户和密码登录计算机后，即可解除对计算机的锁定，而锁定前打开的应用程序可以立即使用。

2. Windows 10 的桌面

启动计算机进入 Windows 10 系统后，屏幕上首先出现 Windows 10 桌面。桌面是一切工作的平台。Windows 10 桌面将明亮鲜艳的外观和简单易用的设计结合在一起，可以看作是个性化的工作台。

Windows 10 的桌面主要是由桌面背景、桌面图标、任务栏、“开始”按钮等部分组成，如图 2–1 所示。

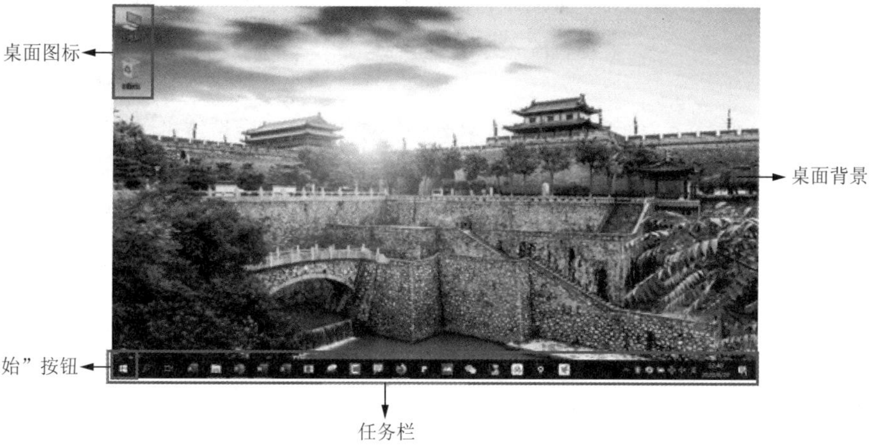

图 2–1　桌面

（1）桌面图标

Windows 10 中用一个个小图形的形式即图标来代表 Windows 中不同的程序、文件或文件夹、设备，也可以表示磁盘驱动器、打印机以及网络中的计算机等。图标由图形符号和名字两部分组成。

在默认的状态下，Windows 10 安装之后桌面上只保留回收站的图标。如果要在桌面上显示其他图标，其操作为：在桌面空白地方右击，在弹出的快捷菜单中选择“个性化”命令，在打开的设置窗口左侧单击“主题”命令，然后在右侧选择“桌面图标设置”命令，打开“桌面图标设置”对话框，如图 2–2 所示。在该对话框中选中要在桌面上显示的图标，单击“确定”按钮后桌面上便会出现选中的图标了。

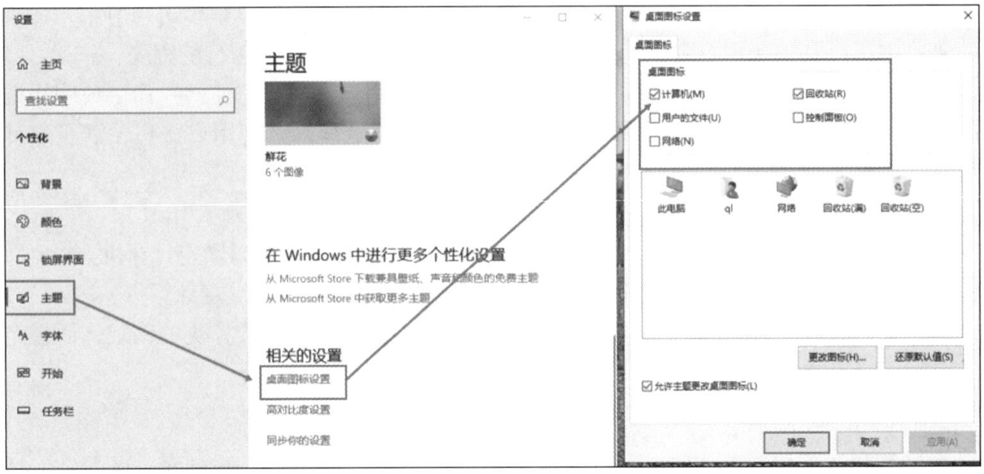

图 2–2 桌面图标设置

（2）任务栏

任务栏是位于屏幕底部的水平长条（见图 2–3），主要包括三个部分。

图 2–3 任务栏

① “开始”按钮：用于打开“开始”菜单。

② 中间部分：显示锁定于任务栏上的程序图标和打开的应用程序图标。

③ 通知区域：包括日期、时钟以及一些告知特定程序和计算机设置状态的图标。

（3）“开始”菜单

“开始”菜单是用户进行计算机操作的起始位置。Windows 10 采用了全新的“开始”菜单设计。在“开始”菜单中，应用列表按字母索引排序，左下角为用户账户头像、资源管理器、“设置”按钮以及“电源”按钮；右侧则为“开始”屏幕，可将应用程序固定在其中。使用“开始”菜单可以启动应用程序、打开常用文件、搜索或调整计算机设置、获取帮助信息、关闭计算机、切换用户、注销用户等。

单击任务栏最左边的“开始”按钮或按下【Win】键，即可打开“开始”菜单。

（4）任务栏和“开始”菜单属性设置

右击任务栏空白处，然后选择“任务栏设置”命令，打开个性化设置窗口（见图 2–4）。在窗口左侧列表中选择“开始”或“任务栏”命令，以在窗口右边的界面中设置相应的参数。

（5）虚拟桌面设置

Windows 10 操作系统中新增对虚拟桌面功能的支持。用户可以在保留现有桌面设置的情况下，根据需要创建多个新的桌面。虚拟桌面功能允许将运行中的应用程序窗口放置于不同的桌面上，每个虚拟桌面中的任务栏只显示在该虚拟桌面环境下的窗口或应用程序图标。虚拟桌面突破了传统桌面的使用限制，为用户提供了更多的桌面使用空间。

按下【Win+Tab】组合键或单击任务栏左起第三个图标，即可启用虚拟桌面，如图 2–5 所示。单击右上角带有加号的“新建桌面”按钮，可以创建新的虚拟桌面。

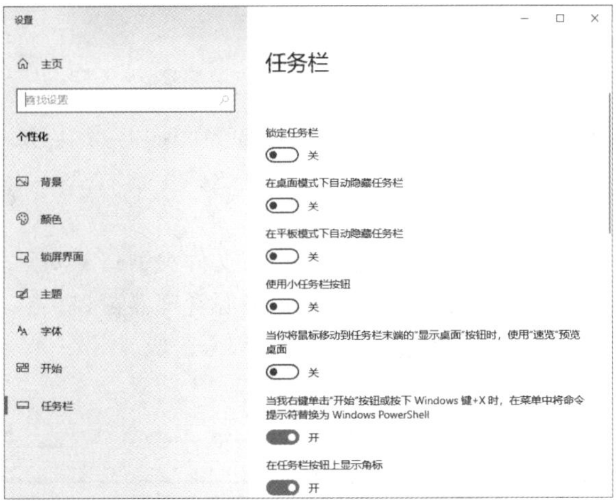

图 2-4 任务栏设置窗口

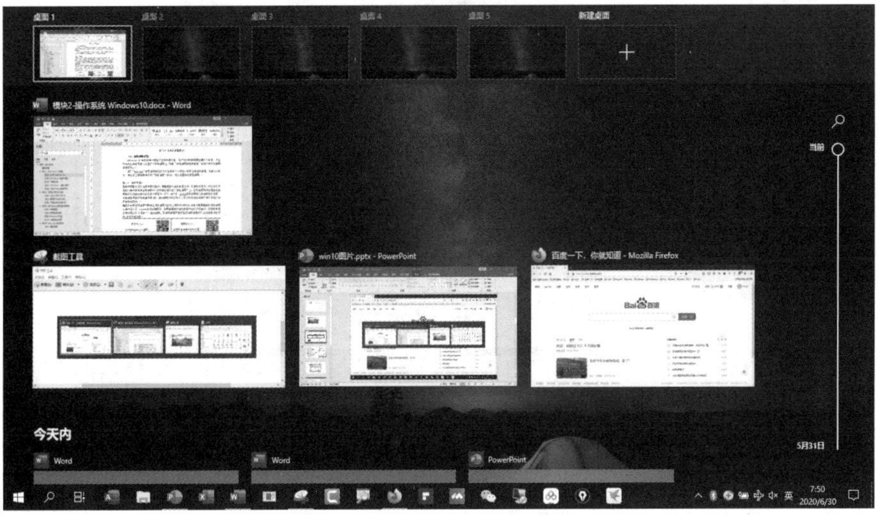

图 2-5 虚拟桌面

按下【Win+Ctrl+D】组合键也以创建新虚拟桌面。【Win+Ctrl+ F4】组合键用于删除当前虚拟桌面。如果被删除的虚拟桌面中有打开的窗口，则虚拟桌面会自动将窗口移动至前一个虚拟桌面。【Win+Ctrl+ ←】和【Win+Ctrl+ →】组合键则可以实现在不同虚拟桌面之间的快速切换。

视频资源

微视频2-1
认识windows 10桌面

微视频2-2
设置开始菜单及任务栏属性

微视频2-3
使用虚拟桌面

任务 2 了解 Windows 10 基本操作

1. 窗口及其操作

当用户打开一个文件或者应用程序时，都会出现一个窗口。窗口是用户进行操作时的重要组成部分，熟练地对窗口进行操作，会提高用户的工作效率。

（1）窗口的组成

Windows 有多种类型的窗口，如应用程序窗口、文件夹窗口、对话框窗口、搜索窗口等，其中大部分都包括了相同的组件。如图 2–6 所示是资源管理器窗口，它具有一般窗口的外观及操作方法，由标题栏、功能区、工作区、状态栏等几部分组成。

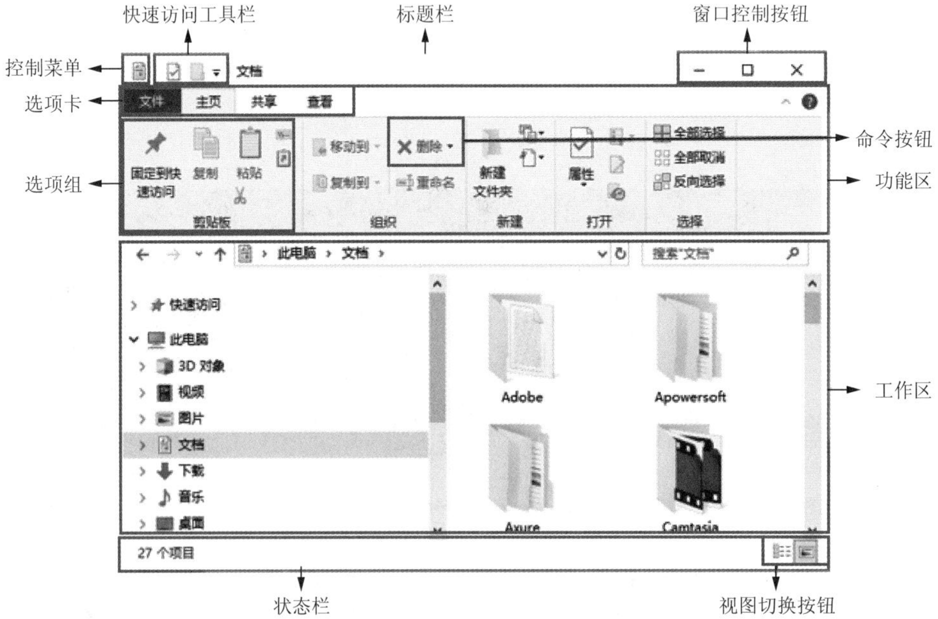

图 2–6 “资源管理器”窗口组成

① 标题栏：位于窗口最上面，通常用于显示选中文件的名称，其上还有控制菜单、快速访问工具栏、窗口控制按钮。

② 功能区：位于标题栏的下面，由选项卡、选项组和一些命令按钮组成，这里集合了当前应用程序的绝大部分功能。

③ 选项卡：位于功能区的顶部。不同的应用程序，默认显示的选项卡也不同。用户单击选项卡即可选中它。

④ 选项组：位于每个选项卡内部。例如，资源管理器的“主页”选项卡中包括“剪贴板”“组织”“新建”等选项组，相关的命令组合在一起来完成各种任务。

⑤ 命令按钮：命令按钮的表现形式有下拉列表框、按钮下拉菜单或按钮，放置在选项组内。

⑥ 工作区：窗口中面积最大的部分是应用程序的工作区，它是用户操作应用程序的地方。有的应用程序（如记事本、写字板、Word 等）使用这个区域建立、编辑文档，此时工作区也称之为文本区。

⑦ 状态栏：位于主界面的最下方，用于显示软件的状态，其右侧往往显示应用程序的视图切换按钮或显示比例调节功能的滑块。

（2）窗口的操作

窗口的操作是 Windows 中最基本也是最重要的操作。窗口的操作包括打开、关闭窗口，移动窗口，改变窗口大小，在桌面上排列窗口及多窗口间的切换操作等，如表 2–1 所示。

表 2–1 窗口的操作

操作	说明
打开窗口	双击文件夹图标或应用程序图标，即可打开相应的窗口
关闭窗口	按【Alt+F4】组合键、或单击“关闭”按钮、或双击控制菜单等
移动窗口	用鼠标拖动窗口标题栏
改变宽度	指向窗口的左边框或右边框，当指针变为水平双向箭头时，向左或向右拖动边框
改变高度	指向窗口的上边框或下边框，当指针变为垂直双向箭头时，向上或向下拖动边框
改变高度和宽度	指向窗口的任何一个角。当指针变为斜双向箭头时，沿任何方向拖动边框
窗口最小化	单击最小化按钮，收缩窗口。此操作将窗口减小成任务栏上的按钮
窗口最大化	单击位于标题栏的最大化按钮，或双击标题栏，可使窗口最大化。此操作使窗口充满桌面。再次单击该按钮可使窗口恢复到原始大小
浏览窗口菜单	在窗口中，浏览菜单，查看可使用的不同命令和工具。当找到所需的命令时，只需单击它即可实现相应的功能

（3）多窗口操作

在 Windows 10 系统内打开的多个窗口中，按【Tab+Alt】组合键，可以缩略窗口的形式，了解当前开启的窗口内容，此时再按【Tab】键可快速在不同窗口间完成切换。

拖动某一窗口标题栏上下、左右进行摇晃时，也可以看到其会显示类似水滴的切换效果，快速实现最大化、最小化操作，如图 2–7 所示。

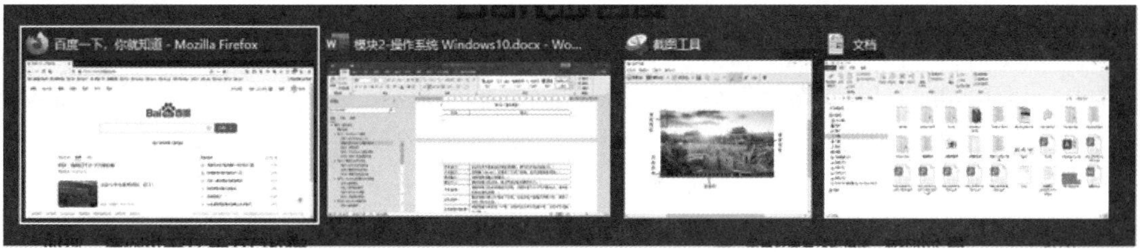

图 2–7 切换效果

2. 菜单操作

（1）菜单

菜单中含有命令列表，用于完成一个操作或实现某个具体的功能，其中一些命令旁会显示图像，以便快速地将命令与图像联系起来。

（2）菜单类型

① 控制菜单：包含可用来操纵窗口或关闭程序命令的菜单。单击标题栏左边的程序图标，可以打开控制菜单。

② 快捷菜单：显示用于该项目的大多数常用命令，如图 2–8 所示。快捷菜单在这几种情况下也会出现：右击桌面上的空白处、文件、文件夹、系统菜单、窗口标题栏、窗口菜单栏、窗口工具栏、“开始”按钮、任务栏空白处、任务栏快速启动工具栏、“任务栏活动区域”按钮、

“任务栏语言相关”按钮、任务栏时间等。要显示整个快捷菜单，可在右击时按住【Shift】键。

③ 级联菜单。在菜单项列表中，有的菜单项后边带有一个实心三角形符号“▶”，它表示该项还有下一层子菜单，子菜单项还可以包含子菜单，如图 2–9 所示。有的菜单项后边带有省略号“…”，它表示该项对应一个对话框。当鼠标在不同的菜单项间移动时，鼠标指向的目标颜色将反向显示，若该项包含子菜单，则显示该子菜单。

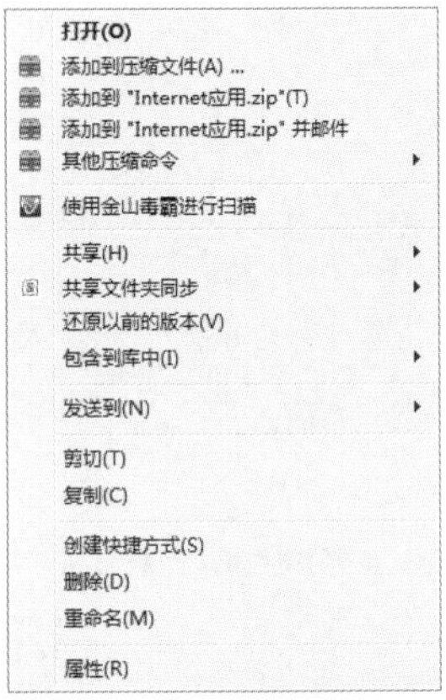

图 2–8 “快捷菜单”命令

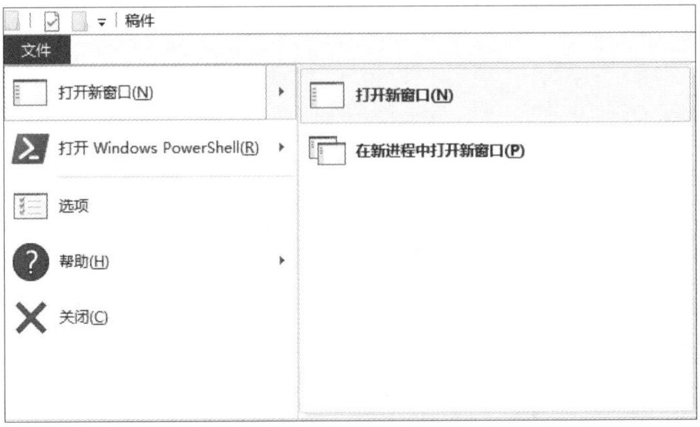

图 2–9 级联菜单

3. 桌面个性化定制

如果对系统默认的桌面主题、壁纸不满意，可以通过对应的选项设置对其进行个性定制。操作方法是在桌面空白处右击，选择快捷菜单中的“个性化”选项，进入桌面个性化设置窗口，如图 2–10 所示。

在个性化设置窗口中，如果选择左侧列表的“背景”命令，能够启用幻灯片形式，自动切换壁纸等，如图 2–11 所示。若选择“颜色”命令，可以对界面窗口的色调、显示风格进行调整，只要计算机硬件条件达到了可支持 Aero 效果的水准，就可以通过 Windows 10 系统实现非常炫目的窗口切换效果。“锁屏界面”命令为用户提供了锁屏状态下桌面背景、显示信息、屏幕保护等参数设置。在“主题”命令中，Windows 10系统为用户内置了更多的桌面主题信息，按照不同的主题类型、风格等进行整齐排列，依次单击即可自动切换到对应的主题状态当中。“字体”命令则允许用户从字体列表中进行选择设置。

图 2–10 个性化设置窗口

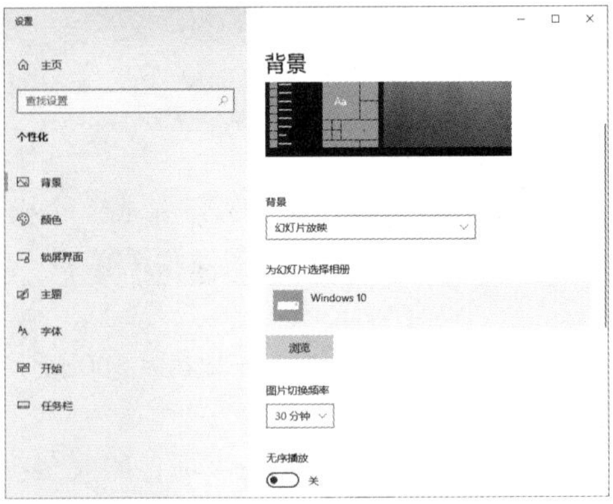

图 2–11 “背景”设置

4. 对话框及其操作

（1）对话框及组成元素

对话框是一种次要窗口，是为向用户提供信息或要求用户提供必要信息而出现的窗口。图 2–12 所示为“文件夹选项”对话框。

对话框可以由多种元素组成：对话框标题栏、选项卡、下拉列表框、文本框、单选按钮（也称选项按钮）、复选按钮（也称选择框）、命令按钮、微调按钮、标签、表态文本、关闭窗口按钮、帮助按钮等。不同的对话框含有的元素可能不同。下面对主要的组成元素作简要说明。

① 选项卡：对话框中一般含有选项卡，如图 2–13 所示“段落”对话框中有 3 个选项卡，分别是“缩进和间距”、“换行和分页”和“中文版式”。每个选项卡上可以放多种元素，如单选按钮、命令按钮等。

图 2–12 “文件夹选项”对话框

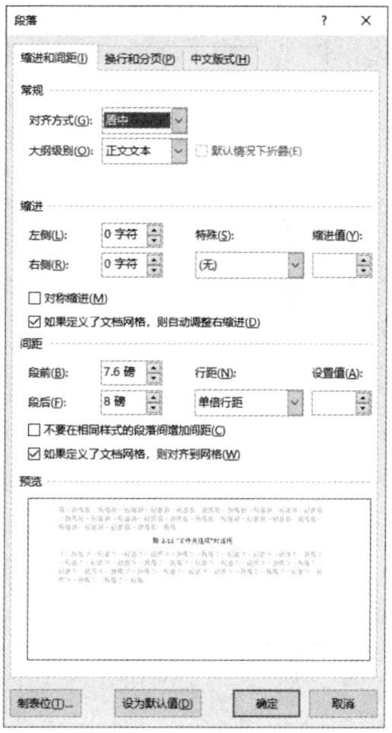

图 2–13 “段落”对话框

② 文本框：是在对话框中可键入执行命令所需信息的框。当对话框打开时，文本框可能是空白的，也可能包含文本。

③ 下拉列表框：平时只显示一个选择项，当单击框右边的向下箭头时，可以显示其他选项。它使用方便，占用的空间小。

④ 单选按钮：一般显示一组单选按钮，每次只能选择其中的一项，主要用于多选一。

⑤ 复选按钮：一般显示一个或一组复选按钮，每次可选择其中的一项或多项，主要用于多选。

⑥ 命令按钮：单击它可执行一定的操作。如单击“确定”按钮表示接受用户操作，并退出对话框；如单击“取消”按钮，则不接受用户操作，并退出对话框。

⑦ 微调按钮：单击微调按钮可以调整微调按钮中的数值。

（2）对话框的基本操作

① 选择对话框中的不同元素。用鼠标直接单击相应的部分，或【Tab】键指向下一元素，或按【Shift+Tab】组合键指向前一个元素。

② 文本框操作。用户可以使用系统提供的默认值；可以删除默认值，并再输入新值；可以

修改原有的默认值，首先必须将插入点定位到指定位置再修改，按【Backspace】键可删除插入点前的字符，按【Del】键可删除插入点后的字符。

③ 从下拉列表框中选择值。单击框右边的向下箭头时，显示其他选择项，用鼠标指向要选择的项并单击。

④ 选定某单选项。在对应的圆形按钮上或其后的文字上单击。

⑤ 选定或清除复选框。复选框前面的方形框中显示“ü”，表示选定复选框，否则表示未选定复选框。在选定复选框状态下，在对应的方形框上或其后的文字上单击，方形框中不显示“ü”，表示没有选定；在未选定复选框状态下，在对应的方形框上或其后的文字上单击，方形框中显示“ü”，表示选定复选框。

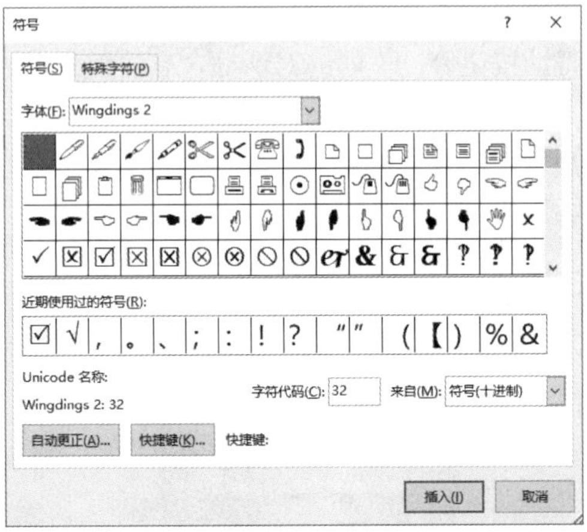

图 2–14 “符号”对话框

⑥ 执行命令按钮操作。在命令按钮上单击，或选择某命令按钮并按回车键。多数对话框中被选择的命令按钮或默认选择的按钮有一个粗的边框，当按回车键时，将自动选中该按钮。有的命令按钮名称后边带有省略号“…”，它表示单击此命令按钮将弹出一个对话框，例如图 2–14 中的“快捷键（K）…”按钮。

⑦ 取消对话框。单击“取消”按钮，或单击窗口右上角的“关闭”按钮，或按【Esc】键均可取消对话框。

5. 程序管理

（1）安装或卸载 Windows 组件

Windows 系统自带一些应用程序，称为 Windows 组件。通常在安装 Windows 时并未全部安装所有组件。当有需要时可以在“开始”菜单→“控制面板”→“程序和功能”→“启用或关闭 Windows 功能”→“Windows 功能”对话框中进行相关设置。

（2）安装程序

Windows 自带的程序无法满足用户需求，所以需要安装另外的应用程序来实现特定的功能。通常在应用程序安装包中会有类似 setup.exe 或 Install.exe 等文件形式的安装程序，运行其安装程序即可安装应用程序。

（3）卸载程序

如果某款软件不再需要了，留在系统中会占用一定的系统资源，可以将其卸载，以释放被占用的系统资源。操作方法如下：

① 选择“开始”→“Window 设置”→“应用”命令，找到“应用和功能”项。

② 单击“应用和功能”项，在应用列表中找到需要卸载的程序，单击该程序，即可选择“修改”或“卸载”按钮进行操作。

（4）运行程序

通常，应用程序安装后会在“开始”菜单或其级联菜单上出现应用程序的快捷方式，单击其快捷方式即可启动应用程序。或者双击某个文件，根据文件关联规则也可启动相关的应用程序。

（5）退出程序

打开应用程序通常会有相应的应用程序窗口被打开，关闭该窗口就可以关闭应用程序。需要注意的是，有些应用程序在关闭前会提示用户保存相关数据而弹出对话框，此时按照实际需要选择对应命令即可。

（6）锁定应用程序

为快速方便地启动应用程序，可将程序启动文件（或其快捷方式）固定到任务栏。具体操作方法是在“开始”菜单或其级联菜单中选中启动文件（或选项），然后在右击出现的快捷菜单中选择“固定到任务栏”，在任务栏上即可出现该程序的启动图标，单击该图标即可启动该应用程序。

（7）创建快捷方式

可为应用程序（或文件夹等）创建快捷方式，以便快速打开应用程序或文件夹。操作方法是选中该对象后，按下鼠标右键不放，拖动该对象到目的区域（如桌面），在弹出的快捷菜单中选择相应选项即可为该对象创建快捷方式。

6. 任务管理器的使用

任务管理器是提供有关计算机上运行的程序和进程信息的 Windows 实用程序。使用“任务管理器”可以快速查看正在运行的程序状态、终止已经停止响应的程序、结束程序、结束进程、显示计算机性能（CPU、内存等）的动态概述。

右击任务栏空白处，在弹出的快捷菜单中选择“启动任务管理器”选项，单击即可打开“任务管理器”窗口，如图 2–15 所示。

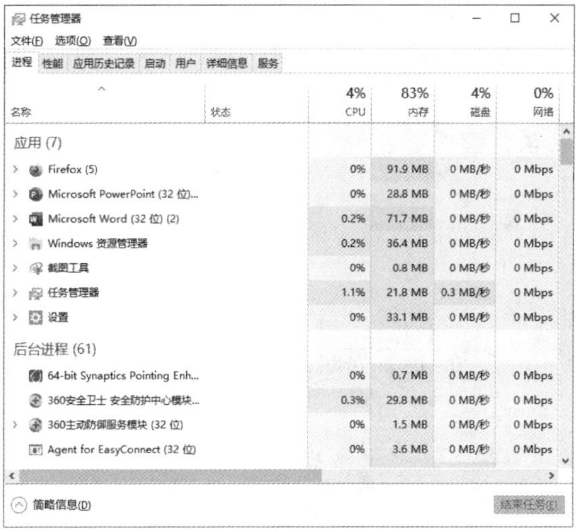

图 2–15 “任务管理器”窗口

（1）“进程”选项卡

该选项卡列出了当前正在运行中的全部应用程序及后台进程的图标、名称、状态及资源占用情况。选定其中一个应用程序或进程，可以通过单击右下角的“结束任务”按钮结束该任务；也可以在所选任务上右击，在弹出的快捷菜单中选择结束任务、资源值、属性等命令，查看相关信息并进行参数设置。

（2）“性能”选项卡

该选项卡显示计算机性能的动态概述，如图 2–16 所示，主要包括下列选项。

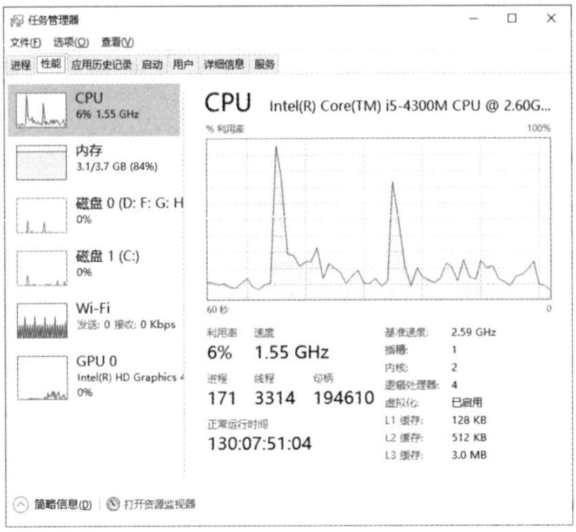

图 2–16 “性能”选项卡

① CPU：表明处理器工作时间百分比的图表。该图表是处理器活动的主要指示器。查看该图表，可以知道当前使用的处理时间是多少。如果计算机看起来运行较慢，该图表就会显示较高的百分比。

② 内存：显示分配给程序和操作系统的内存。

③ 磁盘 0：显示非系统盘的活动时间及传输速率。

④ 磁盘 1：显示系统盘的活动时间及传输速率。

⑤ Wi-Fi：显示无线网络吞吐量、数据收发速率等信息。

⑥ GPU：显示 GPU 的运行信息。

（3）“用户”选项卡

在该选项卡中可查看用户活动的状态，可以查看用户运行进程列表，断开用户连接，管理用户账户。

（4）“服务”选项卡

单击“服务”选项卡，弹出“服务”设置界面，如图 2–17 所示，可选择一个项目来查看它的描述。

图 2–17 “服务”选项卡

视频资源

微视频2-4 窗口及其操作

微视频2-5 菜单及其使用

微视频2-6 桌面个性化

微视频2-7 对话框及其操作

微视频2-8 程序安装与卸载

微视频2-9 使用任务管理器

实训1　预备实验

一、实训目的

① 掌握计算机的启动和关闭。

② 熟悉键盘和鼠标操作。

③ 学会用正确的指法、正确的击键方法操作键盘。

④ 打字练习。

二、实训任务

1. 启动计算机（启动 Windows 10）

（1）冷启动

冷启动又称加电启动，是指计算机系统从休息状态（电源关闭）进入工作状态时进行的启动。

依次打开计算机外围设备电源，显示器电源，打开主机电源，计算机执行硬件测试，稍后屏幕出现 Windows 10 登录界面。登录进入 Windows 10 系统，观察 Windows 10 的登录过程，进入系统后观察 Windows 10 系统的桌面组成。

（2）热启动

热启动是指在开机状态下，重新启动计算机。常用于软件故障或操作不当，导致“死机”后重新启动机器。

其操作方法为：单击“开始”菜单，在“关机”按钮的级联菜单中选择“重新启动”，即可重新启动计算机。

（3）用 RESET 复位热启动

当采用热启动不起作用时，可首先采用主机上的复位开关 RESET 键进行启动。按下此键后立即放开即可完成复位热启动。若复位热启动也不能生效时，只有关掉主机电源，等待几分钟后重新进行冷启动。

2. 关闭计算机（退出 Windows 10）

单击“开始”菜单，再单击“关机”按钮，即可关闭计算机。

3. 鼠标操作练习

指向：将鼠标指针移动到指定的位置或目标上。

单击：指向某个操作对象后单击左键，可以选定该对象。

双击：指向某个操作对象后双击左键，可以打开或运行该对象窗口或应用程序。

右击：指向某个操作对象后单击右键，可以打开相应的快捷菜单。

拖动：指向某个操作对象按住左键不放拖动鼠标，可以实现移动操作。

注意：

① 拖动操作不仅是移动对象，还有其他含义（如复制、打开等）。在拖动时，一定要明白此操作的含义及其有可能产生的后果。

② 鼠标操作的具体效果可以通过鼠标属性设置进行更改，所以以上操作只是通常和习惯性的用法。

4. 熟悉键盘

键盘基本分为三个区：主键盘区、功能键区和小键盘区。这些区中的键码有的有专用意义，有的可以由用户来定义。

（1）主键盘区

主键盘区中除数字、字母、符号键外，还有如下功能键：【Esc】（释放键或换码键）、【Backspace】（←退格键）、【Enter】或【Return】（回车键）、【Ctrl】（控制键）、【Shift】（换档键）、【Space】（空格键）、【Tab】（制表键）、【Alt】（替换键）、【Caps Lock】（大小写字母转换键）、【Win】（徽标键）等。

（2）功能键区

功能键区通常位于键盘的上面，键名为【F1】~【F12】。其功能由系统和用户定义，用于完成特殊的操作。

（3）小键盘区

小键盘区位于键盘的右侧，主要有两种作用：数字键和光标控制/编辑键。由数字锁定键【Num Lock】键进行切换。这组键的默认状态是光标控制/编辑方式。使用上述键就可以转换为数字方式，再按一次【Num Lock】键就又回到光标控制/编辑方式了。在小键盘上还有一些编辑功能键，如表格 2–2 所示。

表 2–2　小键盘功能说明

编辑键	功能说明
Home	把光标退回到屏幕的左上角
Ins	插入字符，可以在光标处插入任何字符
Del	删除字符，按动一次则删除右侧一个字符
End	光标移至当前行末
PgDn	光标向下翻一页
PgUp	光标向上翻一页

注：表中各键的具体作用受操作系统及应用程序的限制。

5. 基本指法和键位

键盘上的英文字母是按各字母在英文中出现的频率高低而排列的。在 26 个字母中选用比较常用的 7 个字母和一个符号键作为基本键位，它们是：【A】、【S】、【D】、【F】、【J】、【K】、【L】、【；】键。这 8 个键位于主键盘中间一行，对应于左右手除拇指之外的手指，每个手指轻轻落在各自的基本键位上，其他键为各手指的范围键。如【1】、【Q】、【Z】为左手小指的范围键，【2】、【W】、【X】为左手无名指的范围键，以此类推。手指打完它的范围键后要马上回到基本键位上，做好下次按键的准备。

6. 上机注意事项

① 按键时眼睛尽量不看键盘。应注视文稿，这称为盲打。开始时会相当困难，但持之以恒地练习，就会慢慢习惯。学习键盘的输入要点不在于理解而在于熟练。看键盘输入当然容易得多，但这样输入既看文稿又看键盘，眼睛长时间在文稿和键盘上频繁移动，容易使眼睛疲劳而出错，并且输入速度慢。

② 要坚持使用十指同时操作，各个手指必须严格遵守“分工负责”的规定，任何“协作”“互助”的精神都势必造成指法的混乱。不要只用一只手或一个手指按键。

③ 按键要轻巧，用力要均匀，击键要迅速果断。不要用力过猛，以免损坏键盘。

④ 操作姿势要正确，不要塌腰低头趴在操作台上。座位高低要适度，显示器不可调得过亮，以免影响视力。

7. 指法练习（要按指法分工完成练习）

说明：以下指法练习在“记事本”中完成。首先启动“记事本”程序（启动方法：单击“开始”按钮→ Windows 附件→记事本）。

（1）将【Caps Lock】键锁定在小写状态，输入以下字母

a b c d e f g h I j k l m n o p q r s t u v w x y z

asdf qwer zxcv uiop jkl nm rtyu fghj vbnm

注意：输入有误时，可以用退格键或删除键进行删除。

（2）将【Caps Lock】键锁定在大写状态，输入以下字母

A B C D E F G H I J K L M N O P Q R S T U V W X Y Z

AASS DDFF GGHH JJKK KKLL QQWW EERR TTYY UUII OOPP ZZXX CCVV BBNN NNMM

（3）将【Caps Lock】键锁定在小写状态，输入以下大、小混合字母（输入大写字母时，先按住【Shift】键，再按下相应的字母键）

aaAA bbBB ccCC ddDD eeEE ffFF ggGG HHhh IIii JJjj KKkk LLll MMmm NNnn

oOoO pPpP qQqQ RrRr SsSs TtTt UuuU VvvV WwwW xXXx yYYy zZZz

the Central University for Nationalities the People’s Republic of China

（4）将【Caps Lock】键锁定在大写状态，输入以上大、小混合字母（输入小写字母时，先按住【Shift】键，再按下相应的字母键）

（5）输入数字和符号（输入上档字符时要按住【Shift】键）

0 1 2 3 4 5 6 7 8 9 ` ~ ! @ # $ % ^ & * ( ) _ + | - = \ [ ] { } ; ‘ : “ , . / < > ?

（6）组合键练习

组合键是指为完成特定操作而设定的键盘快捷方式，一般要同时对两个或两个以上的键进

行操作。操作要点是注意按键的顺序和某一时刻的同时性。完成以下练习并注意观察每一组合键的作用。

【Ctrl+Alt+Del】 【Ctrl+Esc】 【Ctrl+C】 【Ctrl+V】

【Ctrl+X】 【Alt+Esc】 【Alt+Tab】

提示：单击任务栏上的输入法选择器，选择一种汉字输入法完成以下练习。

8. 汉字标点符号输入

，。《 》、？ ～！ ◎ # ￥ % …… ※ × （ ） ——

＋ § 『 』【 】； ： ‘ ‘ “ ” ·

9. 输入下文

鼠标在 Windows 环境下是一个主要且常用的输入设备。常用的鼠标器有机械式和光电式两种。机械式鼠标比光电式鼠标价格便宜，是我们常用的一种，但它的故障率也较高。机械式鼠标下面有一个可以滚动的小球，当鼠标器在平面上移动时，小球与平面摩擦转动，带动鼠标器内的两个光盘转动，产生脉冲，测出 X-Y 方向的相对位移量，从而可反映出屏幕上鼠标的位置。

注意：

① 不同的汉字输入方法有其各自的特点和特殊用法，应至少熟悉一种汉字输入方法。

② 可以根据上机实验环境，使用一些打字练习软件来进行指法练习和汉字输入练习，争取实现“盲打”。

实训 2　Windows 10 窗口操作

一、实训目的

① 熟悉 Windows 10 的窗口界面。

② 熟练掌握窗口的基本操作。

二、实训任务

1. 窗口基本操作

在 Windows 10 中，每启动一个应用程序，通常会在屏幕上打开一个窗口。通常情况下，应用程序的启动和退出意味着窗口的打开和关闭，反过来说，窗口的打开和关闭也意味着应用程序的启动和退出。

打开“Windows 资源管理器”，完成下列操作。

① 单击窗口右上角的三个按钮，实现最小化、最大化 / 还原和关闭窗口操作。

② 拖动窗口边框，调整窗口大小。

③ 使用鼠标拖动标题栏，移动窗口；双击标题栏，最大化窗口或还原窗口。

④ 通过 Aero Snap 功能调整窗口：【Win+ 向上箭头】（窗口最大化），【Win+ 向左箭头】（窗口靠左显示），【Win+ 向右箭头】（靠右显示），【Win+ 向下箭头】（还原或窗口最小化）。

⑤ 单击“组织”按钮旁的下箭头，选择“布局”，勾选或去选“菜单栏”“细节窗格”“导航窗格”“预览窗格”等，观察窗口格局的变化。

⑥ 使用【Alt+ 空格】组合键打开控制菜单，然后使用键盘进行窗口操作。

2. 切换窗口

当打开多个应用程序后，可在程序窗口间切换。使用键盘【Alt+Tab】组合键，或使用鼠标单击任务栏上程序图标，在打开的程序间切换。

3. 关闭窗口

试验使用下列方法关闭程序窗口。

方法一：单击关闭按钮

方法二：按【Alt+F4】组合键。

方法三：单击控制菜单，选择“关闭”或者按快捷字母键【C】。

方法四：单击“文件”菜单，选择“退出”。

方法五：打开任务管理器，关闭应用程序。

4. 将程序到任务栏

设置将 Microsoft Word 2016 等常用应用程序锁定到任务栏。

5. 创建桌面快捷方式

在桌面上创建画图程序（mspaint.exe）的快捷方式。

实训 3　定制个性化桌面环境

一、实训目的

① 了解 Windows 10 系统的基本功能和作用。

② 熟练掌握 Windows 10 的基本操作和应用。

③ 熟练设置个性化工作环境。

二、实训任务

1. 个性化桌面背景

定义桌面背景为“幻灯片放映”，自选相册，设置切换频率为“10 分钟”，契合度为“适应”。

2. 设置窗口颜色

自定义窗口颜色，观察窗口边框颜色的变化。

3. 设置主题

自定义主题为喜欢的风格，并保存该主题为“我的主题”。

4. 设置屏幕保护程序

设置屏幕保护程序为“3D 文字”，屏幕保护等待时间为 5 分钟；文字内容为“欢迎”，并以合适速度“摇摆式”旋转。

5. 更改屏幕分辨率

设置屏幕分辨率为 1 440 × 900。

6. 设置缩放比例

为便于阅读窗口内容，设置以“125%”显示文本。

7. 在桌面显示控制面板图标

设置将“计算机”“回收站”“控制面板”“网络”显示在桌面上，并将桌面图标按“名称”排列。

8. 设置任务栏

① 设置任务栏的自动隐藏功能，当鼠标离开任务栏时，任务栏会自动隐藏。

② 改变任务栏按钮显示方式，默认情况下，任务栏按钮为“始终合并”状态。

③ 在通知区域显示 U 盘图标，设置“Windows 资源管理器”项为“显示通知和图标”状态，如果电脑连接有 U 盘等移动设备，其图标就会显示在通知区域。

9. 设置“开始”菜单

尝试“开始”菜单的各种参数设置。

单元 2　文件和文件夹

任务 1　认识文件和文件夹

1. 文件

文件是存储在一定介质上的、具有某种逻辑结构的、完整的、以文件名为标识的信息集合。它可以是程序所使用的一组数据，也可以是用户创建的文档、图形、图像、动画、声音、视频等。

2. 文件名

文件名是为文件指定的名称，目的是为了区分不同的文件。计算机对文件实行按名存取的操作方式。文件名一般由主文件名和扩展名构成。

① 主文件名可使用英文字母、数字、特殊符号和汉字来命名，但不能包含以下字符：正斜杠（/）、反斜杠（\）、大于号（>）、小于号（<）、星号（*）、问号（？）、引号（"）、等。文件名一般由用户指定，原则是“见名知义”。

② 扩展名也称“类型名”或“后缀”，用点“.”与主文件名分隔。文件扩展名用来标识文件格式或文件类型。常见的文件类型及其扩展名如表 2–3 所示。

表 2–3　常见的文件类型及其扩展名

扩展名	文件类型	关联软件
.docx	Word 文档	Microsoft Word 2016
.xlsx	Excel 电子表格	Microsoft Excel 2016
.pptx	演示文稿	Microsoft Powerpoint 2016
.txt	文本文件	记事本
.jpg	图片文件	画图、ACDsee、Photoshop 等
.mp3	音频文件	影音播放软件
.avi	视频文件	影音播放软件
.exe	可执行文件	Windows 操作系统
.pdf	便携式文档	Adobe Acrobat
.rar	压缩文件	WinRAR、WinZip

3. 文件夹

文件夹是在磁盘上组织程序和文档的一种手段，可以有组织地存储、管理文件，是图形用户界面中程序和文件的容器，用于存放程序、文档、快捷方式和子文件夹。文件夹的层次结构可以看作一棵倒立的树，因此被称为树状层次结构。

4. 文件属性

文件属性用于指出文件是否为只读、隐藏、存档（备份）、压缩或加密，以及是否应索引文件内容以便加速文件搜索的信息等。

文件和文件夹都有属性页。文件属性页显示的主要内容包括文件类型、与文件关联的程序（打开文件的程序名称）、存储位置、大小、创建日期、最后修改日期、最后打开日期、摘要（列出包括标题、主题、类别和作者等的文件信息）等。不同类型的文件或同一类型的不同文件其属性可能不同，有些属性可由用户自己定义。

任务 2　管理文件和文件夹

1. 资源管理器

资源管理器是 Windows 操作系统提供的资源管理工具，可以使用资源管理器查看计算机上的所有资源，能够清晰、直观地对计算机上形形色色的文件和文件夹进行管理。在 Windows 10 中，资源管理器使用了 Ribbon 界面。Ribbon 界面把同类型的命令组织成一种“标签”，每种标签对应一种功能区。功能区更加适合触摸操作，使以往被菜单隐藏很深的命令得以显示，将最常用的命令放置在最显眼、最合理的位置，以方便使用。在文件资源管理器中，默认隐藏功能区，是为了给小屏幕用户节省屏幕空间，如图 2–18 所示。

Windows 10 资源管理器的地址栏具有导航功能，直接单击地址栏中的标题就可以进入相应的界面，单击▼按钮，可以弹出快捷菜单。另外，如果要复制当前的地址，只要在地址栏空白处单击，即可让地址栏以传统的方式显示。

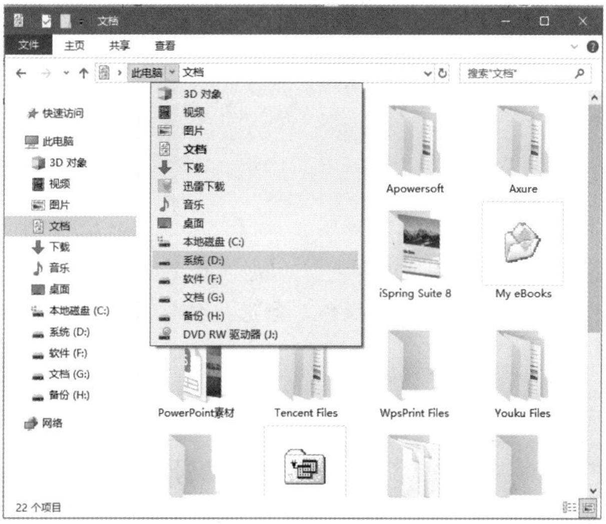

图 2–18　“资源管理器”窗口

2. 管理文件和文件夹

对文件和文件夹的操作主要有：选择、创建、重命名、显示、打开、复制、移动、删除、恢复、保存、查找等。使用的工具主要是：计算机、资源管理器、回收站等。

对文件或文件夹操作的一般过程如图 2–19 所示。

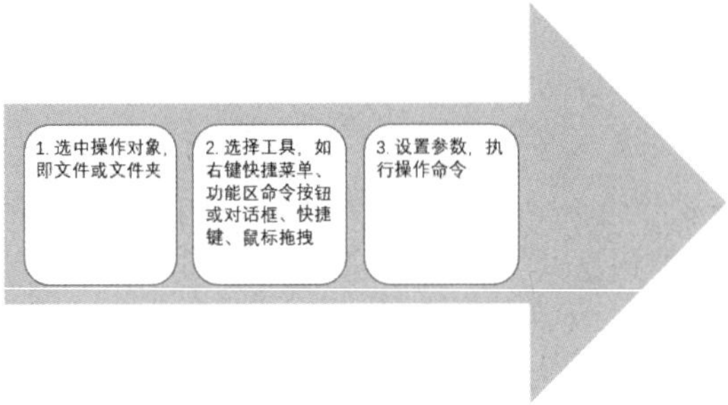

图 2-19 文件或文件夹操作过程

1）选择文件和文件夹

在 Windows 中进行操作首先应选定操作的对象，然后选择执行的操作命令。例如，文件或文件夹的复制、删除、移动等操作，都需要先选定对象才能进行操作。因此，选定的操作是很重要的。选定文件或文件夹的方法有以下几种：

① 选定单个文件或文件夹：单击所要选定的文件或文件夹。

② 选定多个连续的文件或文件夹：单击所要选定的第一个文件或文件夹，然后在按住【Shift】键的同时，再单击最后一个文件或文件夹。

③ 选定多个不连续的文件或文件夹：单击所要选定的第一个文件或文件夹，然后在按住【Ctrl】键的同时，再分别单击其他要选的文件或文件夹。

2）创建文件夹

创建新文件夹的操作步骤如下：

① 在“资源管理器”导航窗格中，选定新建文件夹所在的位置（某个磁盘或文件夹）。

② 选择“主页”选项卡中的“新建文件夹”命令按钮；或者在右侧主窗格空白处右击，在出现的快捷菜单中选择“新建”→“文件夹”命令。

③ 在“新建文件夹”图标名称位置输入文件夹名称，按回车键即可。

3）删除文件或文件夹

（1）使用选项卡中的命令按钮操作

① 选中要删除的文件或文件夹。

② 选择“主页”选项卡中的“删除”命令。

③ 系统显示确认文件或文件夹删除对话框，单击“是”按钮，将文件删除到回收站。

提示：可以使用快捷菜单完成删除的操作，当选中文件或文件夹后右击，在弹出的快捷菜单中选择“删除”命令。

（2）使用【Delete】键

① 选中要删除的文件或文件夹。

② 按【Delete】键，系统显示确认文件或文件夹删除对话框，单击“是”按钮，将文件删除到回收站。

注意：若在按住【Shift】键的同时再按【Delete】键，则文件或文件夹从计算机中删除，而不存放到回收站。

（3）使用鼠标

选中要删除的文件或文件夹，直接拖动到回收站中。

4）重命名文件或文件夹

更改文件或文件夹名称的方法有以下几种：

（1）使用选项卡中的命令按钮操作

① 选中要更改名称的文件或文件夹。

② 选择“主页”选项卡中的“重命名”命令。

③ 在名称框中输入新的名称，然后按回车键。

提示：可以使用快捷菜单完成更改名称的操作，当选中文件或文件夹后右击，在弹出的快捷菜单中选择“重命名”命令项。

（2）使用鼠标

① 将鼠标指向要更改的文件夹或文件的名称处。

② 双击鼠标，使名称框被激活，输入新的名称，然后按回车键。

5）复制文件或文件夹

复制文件或文件夹是一种常用的操作，可以使用以下几种操作方法：

（1）使用选项卡中的命令按钮操作

① 选中要复制的文件或文件夹。

② 选择“主页”选项卡中的“复制”命令。

③ 定位到要复制的目标磁盘中文件夹的位置。

④ 选择“主页”选项卡中的“粘贴”命令。

提示：可以使用快捷菜单完成复制的操作，当选中文件或文件夹后右击，在弹出的快捷菜单中分别通过“复制”“粘贴”命令，进行复制的操作。

（2）使用组合键操作

① 选中要复制的文件或文件夹；按【Ctrl+C】组合键，复制对象。

② 定位到要复制的目标盘中文件夹的位置。

③ 按【Ctrl+V】组合键，完成粘贴操作。

（3）使用鼠标拖动

① 选中要复制的文件夹或文件。

② 按住【Ctrl】键，拖动鼠标到目标盘或目标文件夹中。

提示：在拖动过程中指针下方有一个会出项加号标志，表示此时所进行的是复制操作。如果在不同驱动器上复制，可以不必按【Ctrl】键，直接拖动到目标盘目标文件夹下即可。

6）移动文件或文件夹

移动文件或文件夹的操作方法类似复制操作，其区别是移动操作是将选中的文件夹或文件从原位置移走，而复制操作中选中的文件夹或文件仍保留在原位置。在具体操作中，主要的区别在于：在选定操作对象后，复制操作是对选定对象做“复制”操作，而移动操作的是对选定对象做“剪切”操作，在目标位置上都是做“粘贴”操作。可以有以下几种操作方法：

（1）使用选项卡中的命令按钮操作

① 选中要移动的文件或文件夹。

② 选择“主页”选项卡中的“剪切”命令。

③ 定位到要移动的目标文件夹的位置。

④ 选择“主页”选项卡中的“粘贴”命令。

提示：可以使用快捷菜单完成移动的操作，当选中文件或文件夹后右击，在弹出的快捷菜单中分别通过“剪切”“粘贴”命令项，进行移动的操作。

（2）使用组合键

① 选中要移动的文件或文件夹。

② 按【Ctrl+X】组合键（剪切）。

③ 定位到要移动的目标文件夹的位置。

④ 按【Ctrl+V】组合键（粘贴）。

（3）使用鼠标拖动

① 选中要移动的文件夹或文件。

② 按住【Shift】键，拖动鼠标到目标盘或目标文件夹中。

提示：如果在相同驱动器上移动，可以不必按【Shift】键进行拖动；若在不同驱动器上移动，必须按住【Shift】键。

7）搜索文件或文件夹

当有些文件不清楚存放在哪个盘或文件夹中，或者文件名称记不清了，可以使用搜索功能进行查找。通过“资源管理器”中的搜索功能，可以实现快捷、高效地查找文件、文件夹。

查找文件或文件夹的操作步骤如下：

① 在资源管理器搜索框中输入要搜索的文件名内容。

② 设定搜索选项，如：大小、修改时间等。

③ 系统将按指定位置和输入的条件进行搜索，搜索结果显示在主窗口中。

注意：搜索的文件名称可以使用通配符“*”号和“？”号。

3. 使用回收站

回收站是用来存放已被删除的文件或文件夹。可以在回收站将误删除的文件进行恢复，可以清除回收站中的部分文件，可以清空回收站。回收站的大小有限，若回收站的文件超过回收站的存储空间，则系统将按文件的存放顺序将先放入的文件永久删除。

（1）打开回收站

打开回收站可以使用如下方法：在桌面上双击“回收站”图标。

（2）恢复删除的文件或文件夹

在“回收站”恢复删除的文件或文件夹的操作方法是：打开“回收站”窗口，选中要删除或恢复的文件或文件夹，选择“回收站工具”选项卡中的“还原选定项目”命令。

（3）清空回收站

清空回收站是将在回收站中的文件和文件夹全部删除，其操作方法是选择“回收站工具”选项卡中的“清空回收站”命令。

（4）设置回收站属性

在“回收站”图标上右击，在其快捷菜单中选择“属性”命令，出现如图2–20所示的“回收站 属性”对话框中，根据需要对回收站相关属性进行设置。

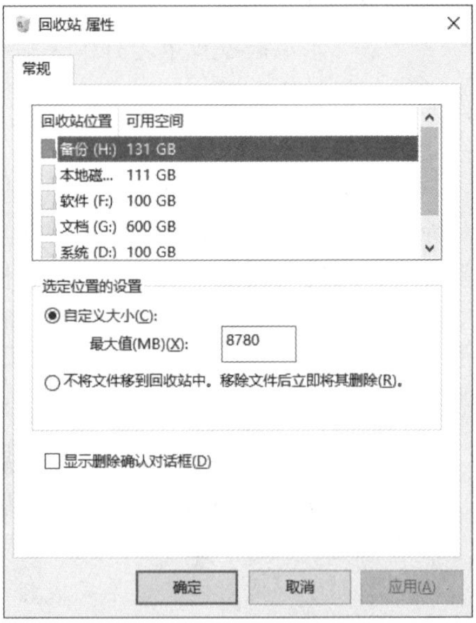

图2–20 回收站属性设置

视频资源

微视频2-10 认识文件

微视频2-11 使用资源管理器

微视频2-12 选择文件和文件夹

微视频2-13 复制文件和文件夹

微视频2-14 移动文件和文件夹

微视频2-15 删除文件和文件夹

微视频2-16 重命名文件和文件夹

微视频2-17 使用回收站

实训　文件和文件夹的管理

一、实训目的

① 掌握资源管理器的使用。

② 掌握文件和文件夹的管理方法。

③ 熟练掌握文件和文件夹的常用操作。

二、实训任务

1. 浏览文件和文件夹

① 打开 windows 资源管理器，选择某一磁盘或某个文件夹，分别以不同的视图形式浏览当前位置的内容。在显示预览窗格的情况下，选择相关文件做预览。

② 单击磁盘或文件夹前的图标，以展开或折叠的方式显示文件夹下的子文件夹和文件。

2. 选定文件和文件夹

在对文件和文件夹进行操作之前，首先要选定文件和文件夹。常用的选定操作有：选定单个、选定多个连续 / 不连续、选定全部、取消选定。

① 单击选中 1 个文件。

② 使用【Ctrl】键，选择多个不连续的文件。

③ 使用【Shift】键，选择多个连续的文件。

④ 使用【Ctrl+A】，选择全部文件和文件夹。

⑤ 取消选中的文件和文件夹。

3. 创建文件和文件夹

① 在本地磁盘 D 建立以自己学号命名的文件夹，并在其中建立 4 个子文件夹：“WORD”“EXCEL”“POWERPOINT”和“作业要求”。

② 以右键快捷方式新建 3 个文件：文字处理 .docx、电子表格 .xlsx、演示文稿 .pptx，分别放到上述 3 个文件夹中。

4. 移动和复制文件和文件夹

① 将教师提供的有关作业要求的 3 个文件复制到“作业要求”文件夹中。

② 将 3 个文件分别移动（或复制）到对应的文件夹中。

5. 删除文件和文件夹

① 删除“作业要求”文件夹中的所有文件。

② 删除“作业要求”文件夹。

6. 重命名文件和文件夹

① 将“文字处理”“电子表格”“演示文稿”进行重新命名，在原名称前加上本人的学号和姓名，在学号姓名与原名称前加下画线。

② 重新命名三个文件夹名称，在原名称后加“作业设计”四个字。

7. 设置文件和文件夹的属性

① 设置上述 3 个重命名后的文件的属性为隐藏，在所建文件夹中浏览文件，体验文件属性的设置效果。

② 为上述 3 个文件添加自定义信息：所有者：（学生本人的）学号姓名。

8. 文件及文件夹的恢复

① 在“回收站”中找到刚刚删除的文件和文件夹。

② 从“回收站”中恢复被删除的文件及文件夹。

9. 搜索文件

① 在本地磁盘 C 中搜索图片文件，并选择其中 3 个文件复制到“Word 作业设计”文件夹中。

② 在本地磁盘 C 中搜索一周内修改的音频文件，并选择其中 3 个文件复制到“Excel 作业设计”文件夹中。

③ 在本地磁盘 C 中搜索文件大小在 10MB 以内的视频文件，并选择其中 3 个文件复制到“Powerpoint 作业设计”文件夹中。

单元 3 Windows 设置与控制面板

Windows 10 的参数设置可以通过两种方式实现，分别是 Windows 设置和控制面板。这两种方式功能丰富，可以实现对操作系统、硬件设备、网络连接、应用程序、系统账户等方面的设置。

任务 1 了解 Windows 设置

Windows 10 引入了新的系统设置窗口，称为“Windows 设置”。目前，Windows 10 主要设置功能包括系统设置、外设属性、移动设备连接、网络连接、个性化桌面、应用程序管理、账户管理、时间和语言设置、游戏、轻松使用、隐私、更新和安全、搜索。单击“开始”菜单左下角“设置”图标启动“Windows 设置”，窗口如图 2–21 所示。

在前面的章节中已经介绍了“Windows 设置”中的“个性化”“应用”等功能，下面选择部分其他常见的管理项目做简单介绍。

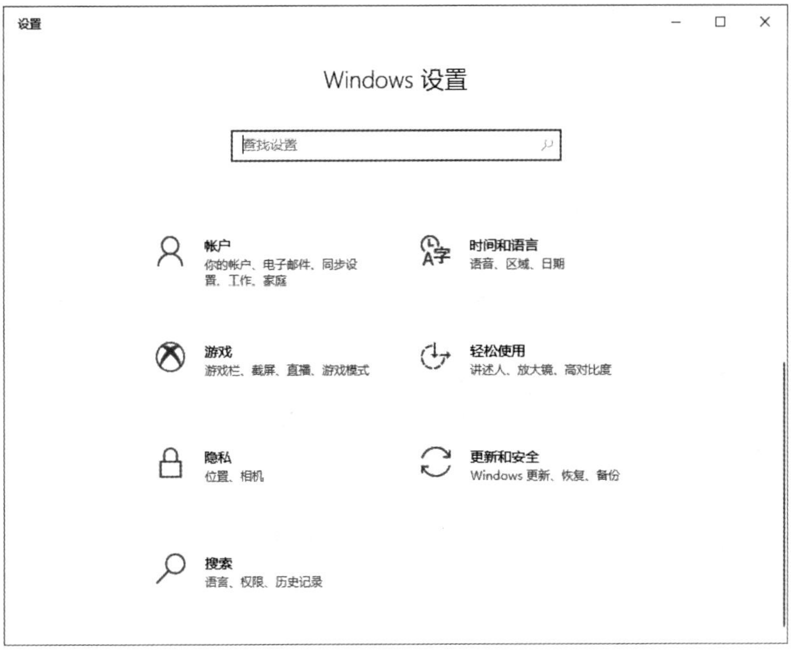

图 2–21　Windows 设置

1. 显示属性设置

在“Windows 设置”中选择“系统”选项，在打开的窗口左侧列表中选择“显示”，可以设置相关参数，下面具体介绍。

（1）更改文本、应用等项目的大小

在“缩放与布局”中可以使用系统给出的选项更改文本、应用等项目的大小，还可以通过“高级缩放设置”在 100%~500% 范围内自定义缩放，如图 2–22 所示。

图 2–22　缩放与布局设置

（2）调整屏幕分辨率

在“分辨率”和“方向”中设置显示分辨率及显示方向，如图 2–23 所示。

图 2–23　分辨率及方向设置

（3）设置多显示器

若机器连接了多个显示器，还可以进行多显示器的检测、设置和连接，如图 2–24 所示。

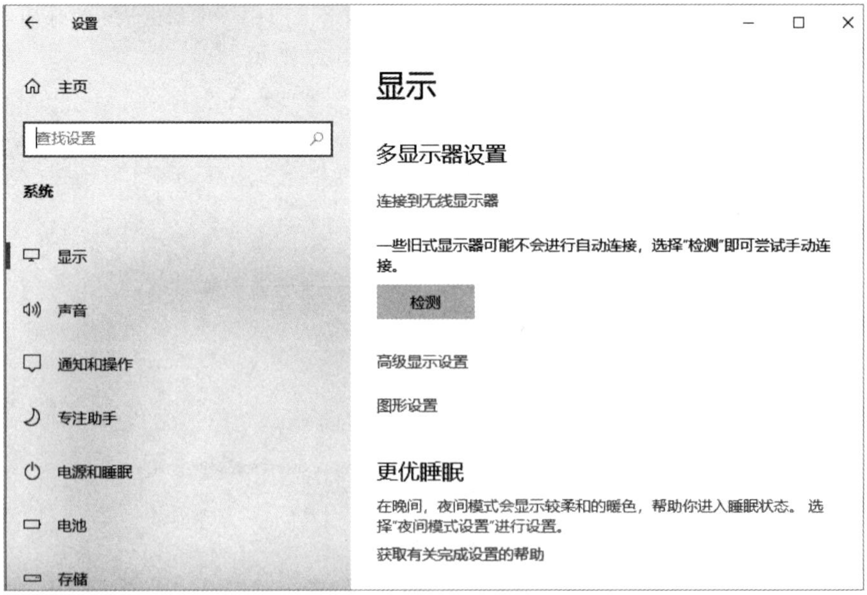

图 2–24　多显示器设置

2. 系统时间和语言设置

在“Windows 设置”窗口选择“时间和语言”选项，可进行系统日期和时间设置。

（1）设置日期和时间

在“时间和语言”设置窗口左侧列表中选择“日期和时间”选项，在右侧窗格中可以设置日期时间和时区。当关闭“自动设置时间”开关时，可以单击“更改”按钮自定义日期和时间，如图 2–25 所示。

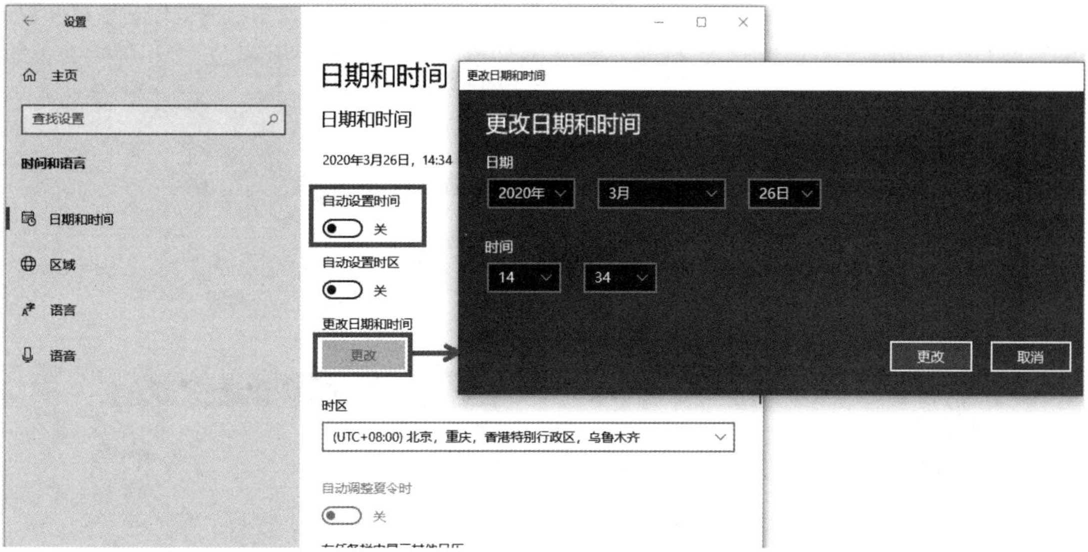

图 2–25　日期和时间设置

（2）设置语言

在“时间和语言”设置窗口左侧列表中选择“语言”选项，在右侧窗格显示 Windows 当前所用的语言。用户可以通过“添加语言”功能添加多种语言，并将其中一种设置为首选语言，如图 2–26 所示。

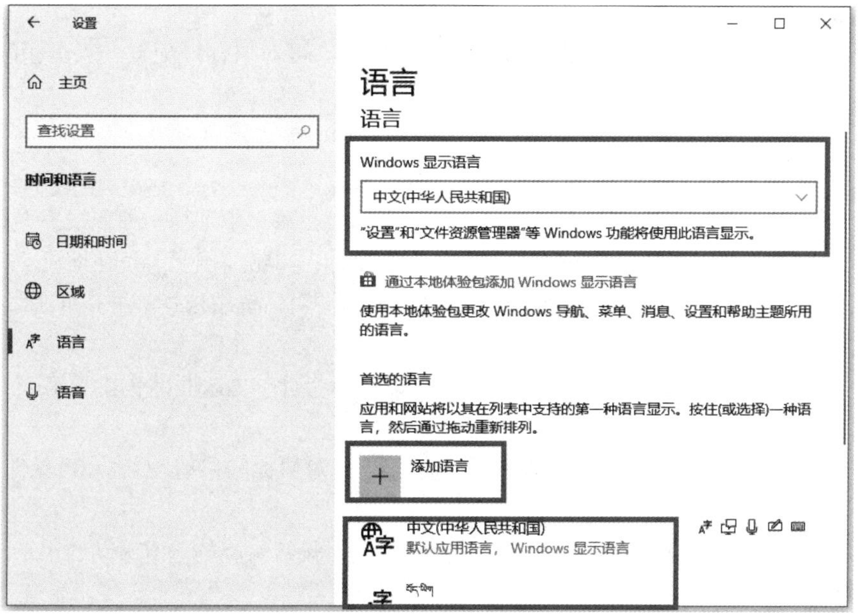

图 2–26　设置语言

3. 设置设备属性

在“Windows 设置”窗口选择“设备”选项，可以对当前计算机系统中的硬件设备，如鼠标、键盘、打印机等进行参数设置。下面介绍常用的鼠标和输入法设置。

1）设置鼠标

在打开的“设备”设置窗口左侧列表中选择“鼠标”，在右侧窗格中显示当前鼠标的基本参数。用户可以单击“其他鼠标选项”，打开“鼠标 属性”对话框，进一步设置更多相关参数，如图 2–27 所示。

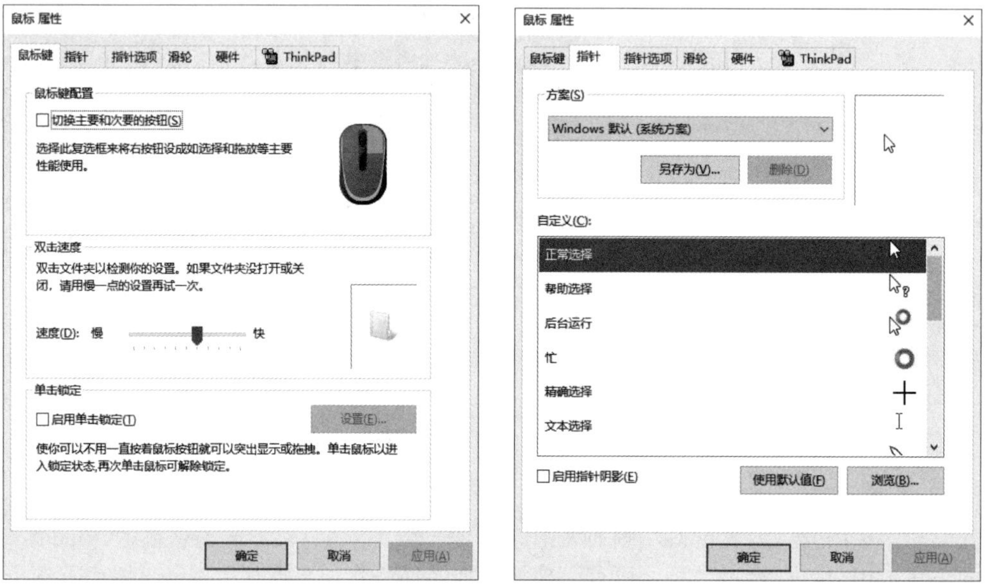

图 2–27 鼠标设置

（1）鼠标键

打开“鼠标属性”对话框，单击“鼠标键”选项卡，可对鼠标键配置、双击速度和单击锁定进行设置。

（2）指针

单击“指针”选项卡，可对鼠标指针进行各种设置。

①方案：单击“方案”下方的下拉按钮，在弹出的下拉菜单中选择一种方案。

②自定义：在自定义下方的鼠标选项中选择一种鼠标，单击“确定”按钮即可。

③启用指针阴影：单击“浏览”按钮，在弹出的“浏览”对话框中选择一种指针阴影，单击“确定”按钮。

④允许主题更改鼠标指针：选中“允许主题更改鼠标指针”复选框，单击“确定”按钮即可。

（3）指针选项

打开“鼠标属性”对话框，选择“指针选项”选项卡，可对鼠标的移动、对齐和可见性进行设置。

（4）滑轮

打开“鼠标属性”对话框，选择“滑轮”选项卡，可设置鼠标的垂直滚动和水平滚动。

2）设置输入参数

在打开的“设备”设置窗口左侧列表中选择“输入”，在右侧窗格中显示当前输入的相关设置。

用户可以单击“高级键盘设置”，打开“高级键盘设置”对话框，选择需要的输入法替代默认输入法，如图 2–28 所示。

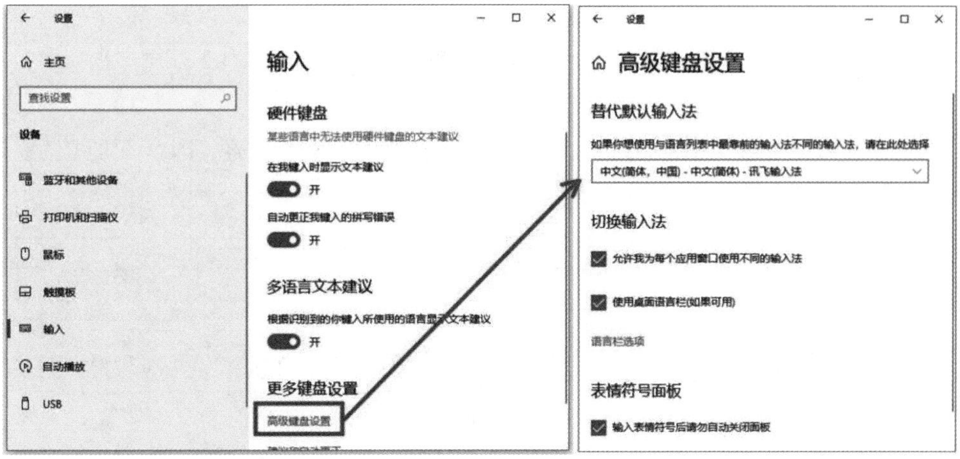

图 2–28 输入设置

4. 管理用户账户

Windows 10 是多用户操作系统。用户账户是通知 Windows 当前用户可以访问哪些文件和文件夹，可以对计算机和个人首选项（如桌面背景或屏幕保护程序）进行哪些更改的信息集合。通过多个用户账户的创建和管理，不同的用户可以在拥有自己的文件和设置的情况下与多个人共享计算机。每个人都可以使用各自的用户名和密码访问其用户账户。

Windows 提供两种类型的账户，每种类型为用户提供不同的计算机控制级别。

- 标准账户适用于日常计算。
- 管理员账户可以对计算机进行最高级别的控制，但应该只在必要时才使用。

在“Windows 设置”中选择“用户账户”，在打开的窗口中可完成相关操作。

（1）创建本地用户账户

在“Windows 设置”窗口选择“账户”选项，在打开的账户窗口左侧列表中选择“家庭和其他用户”（在某些版本的 Windows 中，你将看到“其他用户”），然后在右侧窗格中选择“将其他人添加到这台电脑”。在新窗口中选择“我没有此人的登录信息”，然后在下一页上选择“添加一个没有 Microsoft 账户的用户”。输入用户名、密码和、安全问题及其答案，然后选择“下一步”，新账户就创建成功了。

（2）设置账户

在“Windows 设置”窗口选择“账户”选项，在打开的账户窗口左侧列表中选择“家庭和其他用户”，则可以在右侧的“家庭和其他用户”窗格中看到当前的已创建的账号。单击某一账号，可以更改它的账户类型，或者删除该账户。

使用某一账户登录 Windows 10 后，可以在“Windows 设置”的“账户”窗口对其进行设置，如更改账户密码、更改头像、关联邮箱和其他应用的账户等。

任务 2 了解控制面板

1. 控制面板

控制面板是 Windows 图形用户界面一部分，可通过开始菜单访问。它允许用户对操作系统的基本功能及参数进行查看和设置，如添加硬件、添加 / 删除软件、控制用户账户、更改辅助功能选项等等。

2. 打开控制面板

选择“开始”→“Windows 系统”→“控制面板”菜单命令，打开“控制面板”窗口。

3. 控制面板查看方式

控制面板窗口中单击“查看方式”后的▾按钮，选择某一查看方式，即以该方式显示功能选项，控制面板提供了 3 种查看方式，如图 2–29 所示。

图 2–29　控制面板的查看方式

控制面板中的各种设置功能逐渐被转移到“Windows 设置”中，但是由于“Windows 设置”窗口尚不能完成所有设置，因此目前仍保留控制面板。

视频资源

微视频2–18 认识Windows设置

微视频2–19 设置显示属性

微视频2–20 设置日期和时间

微视频2–21 设置鼠标参数

微视频2–22 设置输入参数

微视频2–23 设置用户账户

实训　Windows 设置的使用

一、实训目的

①学会使用 Windows 设置管理计算机。

②了解系统相关信息。

③用户账号管理。

④设置日期和时间。

⑤设置区域与语言选项。

⑥添加输入法。

二、实训任务

1. 学会使用“Windows 设置”管理计算机

打开“Windows 设置”，了解常用的管理功能项目，根据需要对计算机进行相关配置。

2. 了解系统相关信息

打开“系统”选项，查看有关计算机的基本信息：Windows 版本、处理器型号、内存容量、计算机名称等；设置计算机名称为 MUC- 学号（本人学号）。

3. 用户账户管理

打开“用户账户”选项，完成下列任务：

①创建一个新的管理员账户 Muc-Admin，设置相应密码，并为该账号选择一个新图片。

②使用新账户登录 Windows 10，尝试设置该用户的各种参数。

4. 设置日期和时间

打开“日期和时间”选项，设定准确日期和时间。

5. 设置区域选项

打开“区域”选项，设置日期和时间格式为你喜欢的格式。

6. 设置区域及语言选项

打开“语言”选项，完成下列操作：

①添加一种语言。

②为已有的语言添加或删除输入法。

单元 4　Windows 其他附件

任务 1　了解磁盘管理

1. 磁盘清理

Windows 有时使用特定目的的文件，然后将这些文件保留在为临时文件指派的文件夹中；或者可能有以前安装的现在不再使用的 Windows 组件；或者硬盘驱动器空间耗尽等多种原因，可能需要在不损害任何程序的前提下，减少磁盘中的文件数或创建更多的空闲空间。

可以使用“磁盘清理”清理硬盘空间，包括删除临时 Internet 文件，删除不再使用的已安装组件和程序并清空回收站。

“磁盘清理”的一般步骤如下：

① 要启动“磁盘清理”程序，依次单击“开始”→“Windows 管理工具”→“磁盘清理”命令，或在要进行磁盘清理的盘符上右击，如在 C 盘上右击，选择“属性”→“常规”→“磁盘清理”命令。

② 选择要清理的磁盘。

③ 单击“确定”按钮，开始清理磁盘。

④ 磁盘清理结束后，弹出“磁盘清理”窗口，显示可以清理掉的内容。

⑤ 选择要清除的项目，单击“确定”按钮。

2. 磁盘碎片整理

计算机会在对文件来说足够大的第一个连续可用空间上存储文件。如果没有足够大的可用空间，计算机会将尽可能多的文件保存在最大的可用空间上，然后将剩余数据保存在下一个可用空间上，并依次类推。当卷中的大部分空间都被用作存储文件和文件夹后，大部分的新文件则被存储在卷中的碎片中。删除文件后，在存储新文件时，剩余的空间将随机填充。这样，同一磁盘文件的各个部分分散在磁盘的不同区域。

当磁盘中有大量碎片时，会减慢磁盘访问速度，并降低磁盘操作的综合性能。

整理磁盘碎片的一般步骤如下：

① 启动“碎片整理和优化驱动器”程序，选择“开始”→“Windows 管理工具”→“碎片整理和优化驱动器”命令，或者在要进行磁盘碎片整理的盘符上右击，如在 C 盘上右击，选择“属性”→“工具”→“优化”命令，如图 2–30 所示。

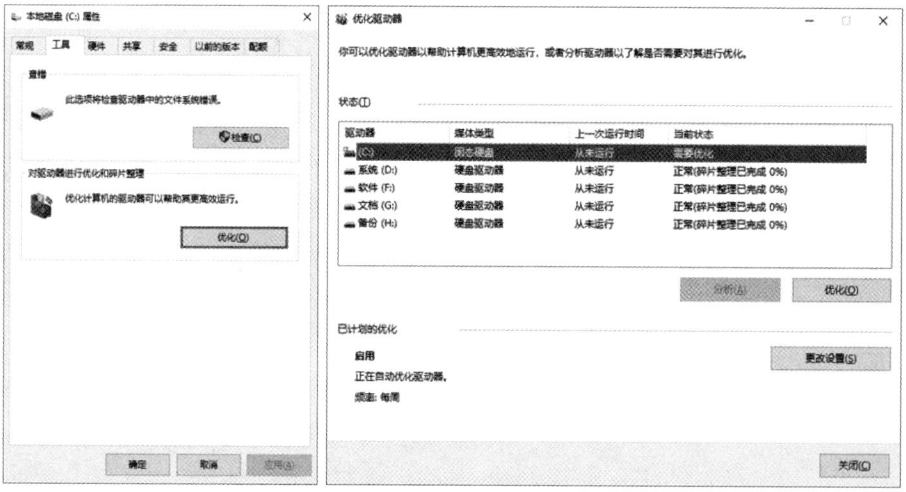

图 2–30 磁盘碎片整理

② 选择要优化的磁盘。

③ 单击“优化”按钮。

④ 显示优化结果。

3. 检测并修复磁盘错误

可以使用错误检查工具来检查文件系统错误和硬盘上的坏扇区。操作步骤如下。

① 打开“计算机”窗口，然后选择要检查的本地硬盘，如 F 盘，右击，在弹出的对话框中选择“属性”命令。

② 打开“本地磁盘属性”窗口，在“工具”选项卡的“查错”栏下单击“检查”按钮。

③ 在“磁盘检查选项”下选中“扫描并试图恢复坏扇区”复选框，单击“开始”按钮。

任务 2 使用记事本

记事本是 Windows 操作系统提供的一个简单的文本文件编辑器，用户可以利用它来对日常事务中使用到的文字和数字进行处理，如剪切、粘贴、复制、查找等。它还具有最基本的文件处理功能，如打开与保存文件、打印文档等，但是在记事本程序中不能插入图形，也不能进行段落排版。记事本保存的文件格式只能是纯文本格式。

1. 打开记事本

选择“开始”→“Windows 附件”→“记事本”命令，即可打开“记事本”窗口。

2. 在记事本中编辑文字

（1）新建记事本文件

每次打开记事本时，记事本都会自动新建一个文本文档，用户也可以手动新建文本文档。操作方法是在记事本窗口中选择“文件”→“新建”命令或按【Ctrl+N】组合键。

（2）输入编辑文本

把光标定位到需要输入文本的地方，即可输入文本，输入文本后拖动鼠标，即可选择文本，然后单击记事本中的文件、编辑、格式、查看等相应的命令，即可执行不同的操作。如删除一段文字，先选中文字，然后选择“编辑”→“删除”命令，即可删除文本。或者选中文字后按【Backspace】键或【Delete】键进行删除。

3. 保存记事本

输入编辑好文本后，需要把编辑的文本保存起来，方便以后使用。选择“文件”→“保存”命令，打开“另存为”对话框，如图 2–31 所示。找到保存路径，然后输入名称，单击“保存”按钮即可。

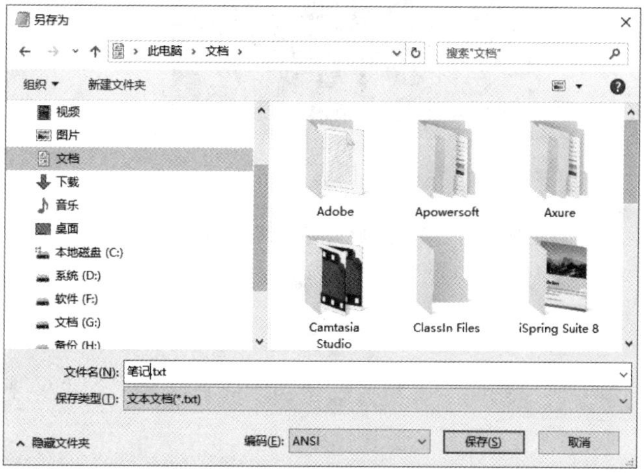

图 2–31 “另存为”对话框

保存后的记事本文件，如果以后需要使用，双击记事本图标即可打开，或者在新的记事本中选择“文件”→“打开”命令，或按【Ctrl+O】组合键，打开“打开”对话框，在该对话框中选择要打开的文件，单击“打开”按钮即可。

4. 退出记事本

对记事本中的文档完成操作后，便可退出记事本。选择“文件”→“退出”命令，关闭“记事本”窗口，即可退出记事本程序，或者单击标题栏右侧“关闭”按钮，也可关闭记事本程序。

任务 3 使用画图

1. 画图程序简介

画图程序是一个简单的图形应用程序，它具有操作简单、占用内存小、易于修改、可以永久保存等特点。

画图程序不仅可以绘制线条和图形，还可以在图片中加入文字，对图像进行颜色处理和局部处理以及更改图像在屏幕上的显示方式等操作。

选择“开始”→“Windows 附件”→“画图”命令，打开画图程序。

2. 画图操作

打开程序以后，在画图区域即可进行画图操作，选择相应的图形形状和需要的颜色，在画布中拖动鼠标即可绘图。如绘制一个红色的矩形框，单击选择矩形工具，并且在颜料盒中单击红色，画出的效果如图 2–32 所示。如果需要填充颜色，可单击按钮，再选择需要的颜色，在图画上单击，即可填充颜色。

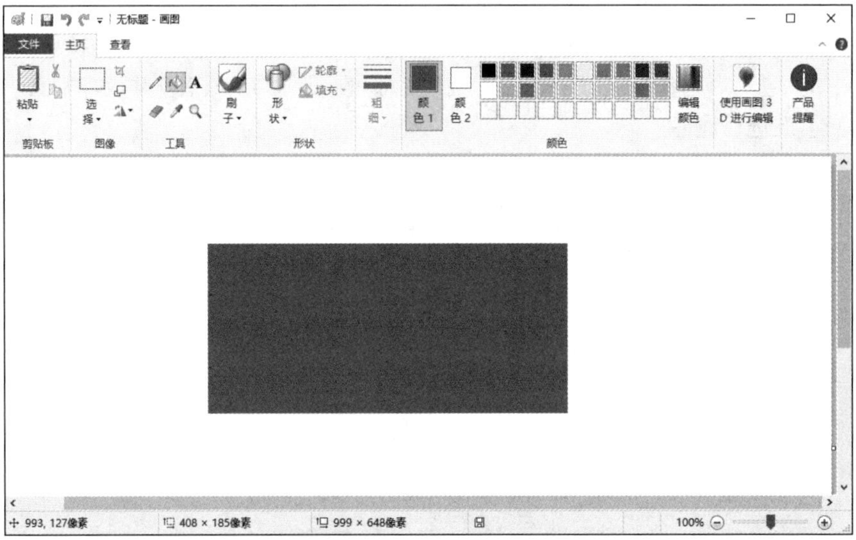

图 2–32 填充颜色

3. 保存图画

画图完成以后，单击快速访问工具栏的按钮，或者选择“文件”选项卡→“保存”命令都可进行保存操作。

任务 4 使用计算器

计算器是方便用户计算的工具，它操作界面简单，而且容易操作。

1. 标准型计算器

选择“开始”→“Windows 附件”→“计算器”命令，即可启动“计算器”程序，如图 2–33（a）所示。

在标准型计算器中，0~9 十个数字按钮分别用于输入相应的数字，其他按钮为一些运算符号以及操作控制按钮。

2. 科学型计算器

当需要对输入的数据进行乘方等运算时，可切换至科学型计算器界面。在标准型计算器界面中选择“查看”→“科学型”命令，可打开科学型计算器的界面，如图 2–33（b）所示。

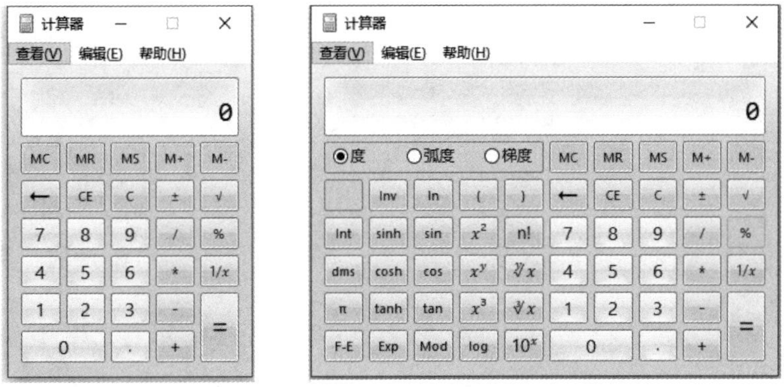

（a）标准型　　　　（b）科学型

图 2–33　计算器

实训　常用附件的使用

一、实训目的

① 掌握画图软件的使用。

② 掌握计算器的使用。

③ 掌握记事本和写字板的使用。

④ 掌握系统工具使用

二、实训任务

1. 画图程序

启动画图程序，制作一张含有校徽（可以下载图片文件）和校训（文字）的卡片，以 jpg 格式保存到桌面上，文件名称自定。

2. 使用计算器

① 计算表达式 3.14*5*5 的值。

② 数制转换：$(65)_{10}=(\quad)_2=(\quad)_8=(\quad)_{16}$

③ 单位转化：（面积）20 平方米 =（　　）平方英尺 =（　　）平方码

3. 记事本程序

启动记事本程序，录入本实训中的所有文字，保存文件到桌面，文件命名为：test.txt。

4. 磁盘清理程序

启动磁盘清理程序，对本地磁盘 D 做相关清理。

5. 碎片整理和优化驱动器

启动碎片整理和优化驱动器程序，先对本地磁盘 D 做磁盘分析，根据分析结果做磁盘优化整理。

模块 3

计算机网络基础及应用

模块导读

计算机网络提供了丰富的应用服务，从局域网到互联网络，再到移动互联网络，网络应用层出不穷。利用网络提供的应用服务帮助我们学习、工作和生活是信息时代每个学生必须具备的基本信息素养能力。本章主要介绍计算机网络的基本知识、计算机网络的体系结构、局域网的软、硬件组成以及 Internet 的基础知识和应用。

单元 1　计算机网络基础

任务 1　了解计算机网络

1. 计算机网络的定义

计算机网络是利用通信线路和通信设备，把分布在不同地理位置的具有独立处理功能的若干台计算机按一定的控制机制和连接方式互相连接在一起，并在网络软件的支持下实现资源共享的计算机系统。

这里所定义的计算机网络包含以下 4 部分内容。

① 两台以上具有独立处理功能的计算机：包括各种类型的计算机、工作站、服务器、数据处理终端设备等。

② 通信线路和通信设备：通信线路是指网络连接介质，如：同轴电缆、双绞线、光缆、铜缆、微波和卫星等；通信设备是网络连接设备，如：网关、网桥、集线器、交换机、路由器、调制解调器等。

③ 一定的控制机制和连接方式：即各层网络协议和各类网络的拓扑结构。

④ 网络软件：是指各类网络系统软件和各类网络应用软件。

2. 计算机网络的主要功能

（1）数据传输

通过计算机网络可以快速而可靠地进行通信和传送数据以实现信息交换。

（2）资源共享

计算机网络允许网络上的用户共享网络上各种不同类型的硬件设备；也可以共享网络上各

种不同的软件。软、硬件共享不但可以节约不必要的开支，降低使用成本，同时可以保证数据的完整性和一致性。

（3）分布式处理

将大型且复杂的任务通过网络分散到网络中各台计算机，进而分工协作完成任务。

3. 计算机网络的分类

计算机网络有几种不同的分类方法：按通信方式分类，如点对点和广播式；按速度和带宽分类，如窄带网和宽带网；按传输介质分类，如有线网和无线网；按拓扑结构分类，如星状网和环状网；按地理范围分类，如局域网、城域网和广域网。

1）按网络覆盖的地理范围分类

（1）局域网

局域网（Local Area Network，LAN）是将较小地理范围内的各种数据通信设备连接在一起，来实现资源共享和数据通信的网络（一般几千米以内）。这个小范围可以是一个办公室、一座建筑物或近距离的几座建筑物，因此适合在某一个数据较重要的部门，如一个工厂或一个学校、某一企事业单位内部使用这种计算机网络实现资源共享和数据通信。局域网因为距离比较近，所以传输速率一般比较高，误码率较低，由于采用的技术较为简单，设备价格相对低一些，所以建网成本低。计算机数量配置上没有太多的限制，少的可以只有两台，多的可达上千台。局域网是目前计算机网络发展中最活跃的分支。

（2）城域网

城域网（Metropolitan Area Network，MAN）是一个将距离在几十千米以内的若干个局域网连接起来，以实现资源共享和数据通信的网络。它的设计规模一般在一个城市之内。它的传输速度相对局域网来说低一些。

（3）广域网

广域网（Wide Area Network，WAN）实际上是将距离较远的数据通信设备、局域网、城域网连接起来，实现资源共享和数据通信的网络。一般覆盖面较大，可以是一个国家、几个国家甚至全球范围，如 Internet 就是一个最大的广域网。广域网一般利用公用通信网络提供的信息进行数据传输，因为传输距离较远，传输速度相对较低，误码率高于局域网。在广域网中，为了保证网络的可靠性，采用比较复杂的控制机制，造价相对较高。

2）按传输速率分类

网络的传输速率有快有慢，传输速率快的称为高速网，传输速率慢的称为低速网。传输速率的单位是 bit/s（每秒比特数，英文缩写为 bps）。一般将传输速率在 kbit/s ~ Mbit/s 范围的网络称为低速网，在 Mbit/s ~ Gbit/s 范围的网络称为高速网。也可以将 kbit/s 网络称为低速网，将 Mbit/s 网络称为中速网，将 Gbit/s 网络称为高速网。这里没有具体的数值衡量，随网络发展的不同时期有不同的定义。

网络的传输速率与网络的带宽有直接关系。带宽是指传输信道的宽度，其单位是 Hz（赫兹）。按照传输信道的宽度，网络可分为窄带网和宽带网。一般将 kHz ~ MHz 带宽的网称为窄带网，将 MHz ~ GHz 的网称为宽带网，也可以将 kHz 带宽的网称为窄带网，将 MHz 带宽的网称为中带网，将 GHz 带宽的网称为宽带网。通常情况下，高速网就是宽带网，低速网就是窄带网。

3）按传输介质分类

传输介质是指数据传输系统中发送装置和接收装置间的物理媒体，按其物理形态，网络可以划分为有线网和无线网两大类。

（1）有线网

传输介质采用有线介质连接的网络称为有线网。常用的有线传输介质有双绞线、同轴电缆和光导纤维，如图 3–1 所示。

（a）双绞线　（b）同轴电缆　（c）光纤

图 3–1　有线传输介质

双绞线是由两根绝缘金属线互相缠绕而成，故称为双绞线。这样的一对线作为一条通信线路。由 4 对双绞线构成一根双绞线电缆。利用双绞线实现点到点的通信，距离一般不能超过 100m。计算机网络上使用的双绞线按其传输速率可分为三类线、五类线、六类线、七类线。类数越高，一般来讲速度也就越高。传输速率在 10Mbit/s 到 600Mbit/s 之间。双绞线电缆的连接器一般为 RJ–45 类型，俗称水晶头。同轴电缆由内、外两根导体组成，内导体可以由单股或多股线组成，外导体一般由金属编织网组成。内、外导体之间有绝缘材料，其阻抗为 50Ω。结构和外观上都很像家里面用的有线电视线缆。同轴电缆分为粗缆和细缆，粗缆用 DB-15 连接器，细缆用 BNC 和 T 连接器。

光缆由两层折射率不同的材料组成。内层是由具有高折射率的玻璃单根纤维体组成的，外层包一层折射率较低的材料。光缆的传输形式分为单模传输和多模传输，单模传输性能优于多模传输。所以光缆分为单模光缆和多模光缆，单模光缆传送距离为几十千米，多模光缆为几千米。光缆的传输速率可达到每秒几百兆位。光缆用 ST 或 SC 连接器。因为使用的是光信号，所以光缆的优点是不会受到电磁的干扰。另外传输的距离也比电缆远，传输速率高。但是光缆的安装和维护比较困难，需要专用的设备。

（2）无线网

采用无线介质连接的网络称为无线网。无线网主要采用 3 种技术：微波通信，红外线通信和激光通信。这 3 种技术都是以大气为介质的。其中微波通信用途最广，卫星网就是一种特殊形式的微波通信，它利用地球同步卫星作为中继站来转发微波信号，一个同步卫星可以覆盖地球三分之一以上的表面，3 个同步卫星就可以覆盖地球上全部通信区域。

任务 2　了解计算机网络的体系结构

1. 计算机网络体系结构概述

计算机网络体系结构是对构成计算机网络的各组成部分之间的关系及其所要实现的功能的一组精确定义。

从计算机网络组成的角度看，典型的计算机网络从逻辑功能上可以分为资源子网和通信子网两部分，如图 3–2 所示。

资源子网由主计算机系统、终端、终端控制器、连网外设、各种软件资源与信息资源组成，负责全网的数据处理，向网络用户提供各种网络资源与网络服务。

通信子网由通信控制处理机、通信线路与其他通信设备组成，完成网络数据传输、转发等通信处理任务。

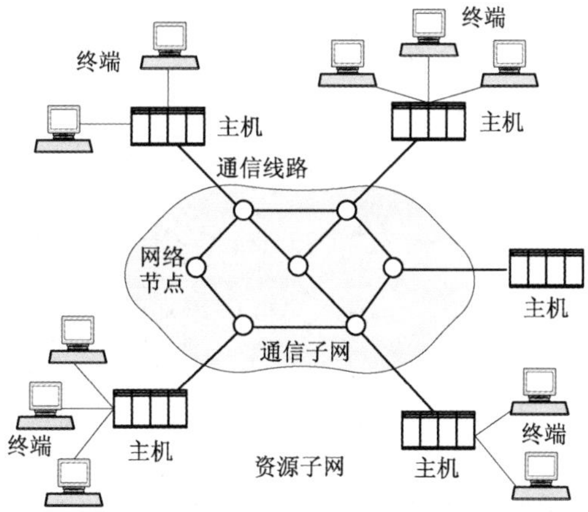

图 3-2　计算机网络组成

世界上第一个网络体系结构是美国 IBM 公司于 1974 年提出的，它取名为 SNA（System Network Architecture，系统网络体系统结构）。凡是遵循 SNA 的设备就称为 SNA 设备。SNA 设备间可以很方便地进行互连。在此之后，很多公司也纷纷建立自己的网络体系结构，这些体系结构大同小异，都采用了层级技术，但各有其特点，以适合本公司生产的计算机组成网络，这些体系结构也有其特殊的名称。例如，20 世纪 70 年代末由美国数字网络设备公司（DEC 公司）发布的 DNA（Digital Network Architecture，数字网络体系统结构）等。但使用不同体系结构的厂家的设备是不可以相互连接的，后来经过不断地发展，有诸如 TCP/IP 模型、OSI 模型等体系结构的诞生，从而实现不同厂家的设备互连。

2. 网路协议

计算机网络协议是有关计算机网络通信的一整套规则，或者说是为完成计算机网络通信而制订的规则、约定和标准。网络协议由语法、语义和时序三大要素组成。

- 语法：通信数据和控制信息的结构与格式。
- 语义：对具体事件应发出何种控制信息，完成何种动作以及做出何种应答。
- 时序：对事件实现顺序的详细说明。

3. OSI 参考模型

国际标准化组织（International Organization for Standardization，ISO）是一个全球性的政府组织，是国际标准化领域中一个十分重要的组织。ISO 被 130 多个国家应用，其总部设在瑞士日内瓦。ISO 的任务是促进全球范围内的标准化及其有关活动的开展，以利于国际间产品与服务的交流，以及在知识、科学、技术和经济活动中发展国际间的第一线合作。它显示了强大的生命力，吸引了越来越多的国家参与其活动。

ISO 制定了网络通信的标准，即 OSI/RM（Open System Interconnection，开发系统互连参考模型，如图 3-3 所示）。它将网络通信分为 7 个层，即应用层、表示层、会话层、传输层、网际层、数据链路层和物理层。每一层都有自己特有的定义的内容。层与层之间只有较少的联系。这样做能达到最好的兼容性。开放的意思是通信双方都要遵守 OSI 模型，并且任何企业和科研机构都可以依据此模型进行开发与生产。OSI/RM 只是一个理论上的网络体系结构模型，用来给人们提供研究网络发展的一个统一平台。在实际生产中则遵循另一套网络体系结构模型。

图 3-3 OSI/RM 模型

4. TCP/IP 模型

TCP/IP（Transmission Control Protocol/Internet Protocol，传输控制协议 / 互联网络协议）是 Internet 最基本的协议。在 Internet 没有形成之前，各个地方已经建立了很多小型网络，称为局域网，各式各样的局域网却存在不同的网络结构和数据传输规则。TCP/IP 即是满足这种数据传输的协议中最著名的两个协议。

TCP/IP 模型分为 4 个层次：应用层（与 OSI 的应用层、表示层、会话层对应）、传输层（与 OSI 的传输层对应）、网际互连层（与 OSI 的网际层对应）、主机—网际层（与 OSI 的数据链路层和物理层对应）。与 OSI 模型相比，TCP/IP 参考模型中不存在会话层和表示层；传输层除支持面向连接的通信外，还增加了对无连接通信的支持；以包交换为基础的无连接互连网络层代替了主要面向连接、同时也支持无连接的 OSI 网际层，称为网际互连层；数据链路层和物理层大大简化为主机—网际层，除了指出主机必须使用能发送 IP 包的协议外，不作其他规定。

OSI/RM 与 TCP/IP 的层次对应关系如图 3-4 所示。

OSI 模型			TCP/IP 模型
第七层	应用层	Application	应用层
第六层	表示层	Presentation	
第五层	会话层	Session	
第四层	传输层	Transport	传输层
第三层	网际层	Network	Interent 层
第二层	数据链路层	Data Link	网际访问层
第一层	物理层	Physical	

图 3-4 OSI/RM 参考模型与 TCP/IP 模型的层次对应关系

视频资源

微视频3-1
计算机网络

微视频3-2
计算机网络
体系结构

单元 2　局域网概述

局域网 LAN 是指在某一区域内由多台计算机互连而成的计算机组。其覆盖范围一般是方圆几千米以内。局域网可以实现文件管理、应用软件、打印机共享，工作组内的日程安排、电子邮件和传真通信服务等功能。局域网是封闭型的，可以由办公室内的两台计算机组成，也可以由一个公司内的上千台计算机组成。

任务 1　了解局域网的拓扑结构

从计算机网络拓扑结构的角度看，典型的计算机网络是计算机网络上各节点（分布在不同地理位置上的计算机设备及其他设备）和通信链路所构成的几何形状。常见的网络拓扑结构有 5 种：总线型、星状、环状、树状和网状型。

1. 总线型拓扑结构

总线型拓扑结构采用一条公共线（总线）作为数据传输介质，所以网络上的节点都连接在总线上，并通过总线在网络上节点之间传输数据，如图 3-5 所示。

总线型拓扑结构使用广播或传输技术，总线上的所有节点都可以发送到总线上，数据在总线上传播。在总线上所有其他节点都可以接收总线上的数据，各节点接收数据之后，首先分析总线上的数据的目的地址，再决定是否真正地接收。由于各个节点共用一条总线，所以在任何时刻，只允许一个节点发送数据，因此传输数据易出现冲突现象。总线出现故障将影响整个网络的运行。但由于总线型拓扑结构具有结构简单，建网成本低，布线、维护方便，易于扩展等优点，因此应用比较广泛。局域网中著名的以太网就是典型的总线型拓扑结构。

2. 星状拓扑结构

在星状拓扑结构的计算机网络中，网络上每个节点都是由一条点到点的链路与中心节点（即网络设备，如交换机、集线器等）相连，如图 3-6 所示。

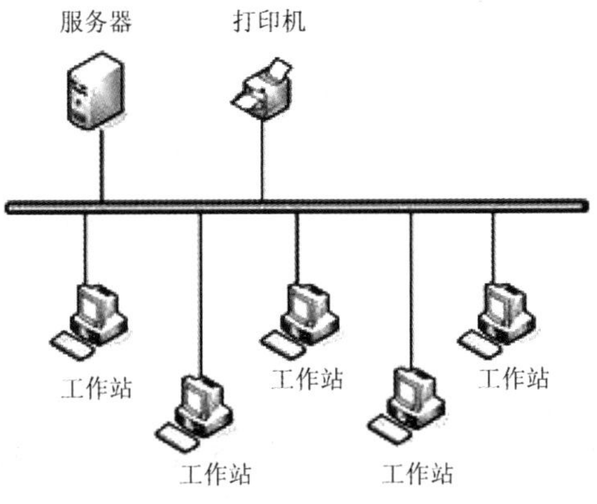

图 3-5　总线型拓扑结构

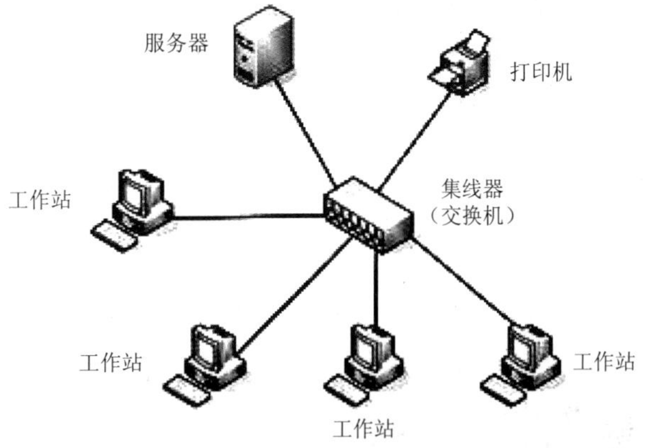

图 3-6　星状拓扑结构

在星状拓扑结构中，信息的传输是通过中心节点的存储转发技术来实现的。这种结构具有结构简单、便于管理与维护、易于节点扩充等特点。缺点是中心节点负担重，一旦中心节点出现故障，将影响整个网络的运行。

3. 环状拓扑结构

在环状拓扑结构的计算机网络中，网络上各节点都连接在一个闭合型通信链路上，如图 3-7

所示。

在环状结构中，信息的传输沿环的单方向传递，两节点之间仅有唯一的通道。网络上各节点之间没有主次关系，各节点负担均衡，但网络扩充及维护不太方便。如果网络上有一个节点或者是环路出现故障，可能引起整个网络故障。

4. 树状拓扑结构

树状拓扑结构是星状结构的发展，在网络中的各节点按一定的层次连接起来，形状像一棵倒置的树，所以称为树状拓扑结构，如图 3-8 所示。

在树状拓扑结构中，顶端的节点称为根节点，它可带若干个分支节点，每个分支节点又可以再带若干个子分支节点。信息的传输可以在每个分支链路上双向传递。网络扩充、故障隔离比较方便。如果根节点出现故障，将影响整个网络运行。

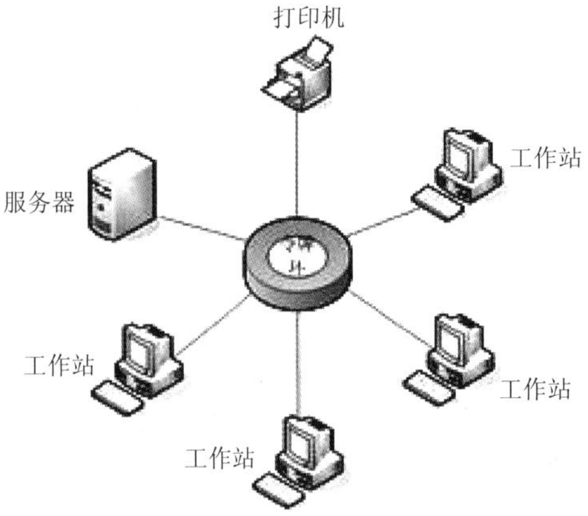

图 3-7　环状拓扑结构

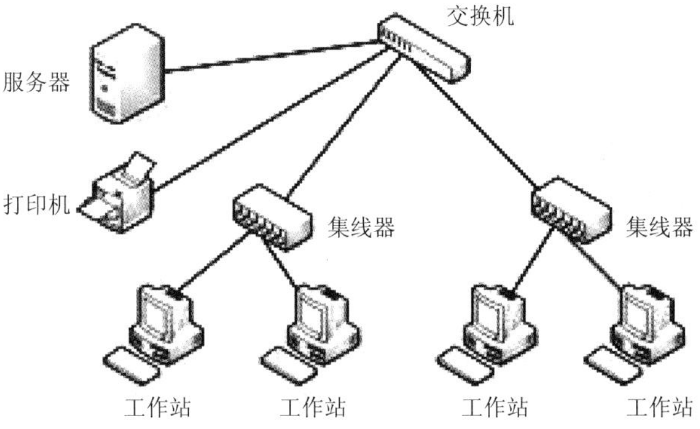

图 3-8　树状拓扑结构

5. 网状拓扑结构

在网状拓扑结构中，网络上的节点连接是不规则的，每个节点都可以与任何节点相连，且每个节点可以有多个分支。在网状拓扑结构中，信息可以在任何分支上进行传输，这样可以减少网络阻塞的现象。但由于结构复杂，不易管理和维护。

以上介绍的是几种网络基本拓扑结构，但在实际组建网络时，可根据具体情况，选择某种拓扑结构或选择几种基本拓扑结构的组合方式，来完成网络拓扑结构的设计。

任务 2　了解局域网软硬件基本组成

局域网的组成包括网络硬件和网络软件两大部分。

1. 网络硬件

网络硬件主要包括网络服务器、工作站、外设、网络接口卡、传输介质，根据传输介质和拓扑结构的不同，还需要集线器（Hub）、集中器（Concentrator）等，如果要进行网络互连，还需要网桥、路由器、网关以及网间互连线路等。

（1）网络中的计算机

① 服务器：对于服务器 / 客户式网络，必须有网络服务器。网络服务器是网络中最重要的计算机设备，一般是由高档次的专用计算机来担当网络服务器。在网络服务器上运行网络操作系统，负责对网络进行管理、提供服务功能和提供网络的共享资源。

② 网络工作站是通过网卡连接到网络上的一台个人计算机，它仍保持原有计算机的功能，

作为独立的个人计算机为用户服务，是网络的一部分。工作站之间可以进行通信，可以共享网络的其他资源。

（2）网络中的接口设备

① 网卡：也称为网络接口卡，是计算机与传输介质进行数据交互的中间部件，主要进行编码转换。在接收传输介质上传送的信息时，网卡把传来的信息按照网络上信号编码要求和帧的格式接收并交给主机处理。在主机向网络发送信息时，网卡把发送的信息按照网络传送的要求装配成帧的格式，然后采用网络编码信号向网络发送出去。

网卡类型按拓扑结构分为TokenRing、Ethernet和Arcnet；按信息处理能力分为16位和32位；按总线类型分为ISA、EISA和PCI；按照连接介质分为双绞线网卡、同轴电缆网卡和光纤网卡；按机型分为台式电脑网卡和笔记本电脑网卡；按传输速率分为10Mbit/s网卡、10/100Mbit/s自适应网卡和1 000Mbit/s网卡。

选择网卡时，要考虑网卡的通信速度、网卡的总线类型和网络的拓扑结构。

② 水晶头：也称RJ-45（非屏蔽双绞线连接器），是由金属片和塑料构成的。特别需要注意的是引脚序号，当金属片面对我们的时候从左至右引脚序号是1 ～ 8，序号做网络连线时非常重要，不能搞错。网线由一定距离的双绞线与RJ-45头组成。

③ 调制解调器（Modem）：俗称"猫"，是计算机与电话线之间进行信号转换的装置，由调制器和解调器两部分组成。在发送端，调制器把计算机的数字信号调制成可在电话线上传输的模拟信号；在接收端，解调器再把模拟信号转换成计算机能接收的数字信号。常见的调制解调器速率有14.4kbit/s、28.8kbit/s、33.6kbit/s、56kbit/s等。

另外，Cable Modem（电缆调制解调器）是一种可以通过有线电视（CATV）网络实现高速数据接入（如接入Internet）的设备。在用户连接Internet的作用上和一般的Modem类似，接入速率可以高达2Mbit/s ～ 10Mbit/s。

还有ADSL调制解调器，ADSL的安装是在原有的电话线上加载一个复用设备。在普通的电话线上，ADSL使用了频分复用技术将话音与数据分开，因此，虽然在同一条电话线上，但话音和数据分别在不同的频带上运行，互不干扰。即使边打电话边上网，也不会发生上网速度和通话质量下降。ADSL能够向终端用户提供8Mbit/s的下行传输速率和1Mbit/s的上行传输速率，在用户连接Internet的作用上和一般的Modem类似。调制解调器主要有两种：内置式和外置式。

④ "蓝牙"技术："蓝牙"原是10世纪统一了丹麦的国王的名字，现取其"统一"的含义，用它来命名意在统一无线局域网通信标准。"蓝牙"技术是爱立信、IBM等5家公司在1998年联合推出的一项无线网络技术，实际上是一种短距离无线通信技术。利用"蓝牙"技术能够有效地简化掌上电脑、笔记本电脑和移动电话等移动通信终端设备之间的通信，也能够成功地简化以上这些设备与Internet之间的通信，从而使这些现代通信设备与Internet之间的数据传输变得更加迅速高效，为无线通信拓宽道路。

（3）网络中的传输介质

网络中各节点之间的数据传输必须依靠某种介质来实现，即传输介质。传输介质的种类也很多，适用于网络的传输介质主要有双绞线、同轴电缆和光纤等。

（4）网络中的互连设备

① 中继器（Repeater）：是局域网环境下用来延长网络距离的最简单、最廉价的互连设备。它工作在OSI的物理层，作用是将传输介质上传输的信号接收后，经过放大和整形，再发送到其他传输介质上。经过中继器连接的两段电缆上的工作站就像是在一条加长的电缆上工作一样。

② 集线器（Hub）：是局域网中的一种连接设备，用双绞线通过集线器将网络中的计算机

连接在一起，完成网络的通信功能。集线器只对数据的传输起到同步、放大和整形的作用。工作方式是广播模式，所有的端口共享一条带宽。

③ 网络交换机：是将电话网中的交换技术应用到计算机网络中所形成的网络设备，是目前局域网中取代集线器的网络设备。网络交换机不仅有集线器的对数据传输起到同步、放大和整形的作用，而且还可以过滤数据传输中的短帧、碎片等。同时采用端口到端口的技术，每一个端口有独占的带宽，可以极大地改善网络的传输性能。

④ 网桥（Bridge）：又称桥连接器，是连接两个局域网的一种存储转发设备。它工作在数据链路层，用于扩展网络的距离。它可以连接使用不同介质的局域网，还能起到过滤帧的作用。同时由于网桥的隔离作用，一个网段上的故障不会影响另一个网段，从而提高了网络的可靠性。

⑤ 路由器：是在多个网络和介质之间实现网络互连的一种设备。当两个和两个以上的同类网络互连时，必须使用路由器。

⑥ 网关：是用来连接完全不同体系结构的网络或用于连接局域网与主机的设备。网关的主要功能是把不同体系网络的协议、数据格式和传输速率进行转换。

2. 网络软件

计算机网络中的软件包括：网络操作系统、网络通信软件和网络应用软件。

（1）网络操作系统

网络操作系统是计算机网络的核心软件。网络操作系统不仅具有一般操作系统的功能，还具有网络的通信功能、网络的管理功能和网络的服务功能，是计算机管理软件和通信控制软件的集合。

一般的操作系统具有处理器管理、作业管理、存储管理、文件管理和设备管理功能，网络操作系统除了具备上面这些功能外，还要具备共享资源管理、用户管理和安全管理等功能。网络操作系统要对每个用户进行登记，控制每个用户的访问权限。有的用户只有读权限，有的用户则可以有全部的访问权限。安全管理主要是用来保证网络资源的安全，防止用户的非法访问，保证用户信息在通信过程中不被非法篡改。网络的通信功能是网络操作系统的基本功能。网络操作系统负责网络服务器和网络工作站之间的通信，接收网络工作站的请求，并提供网络服务，或者将工作站的请求转发到其他的节点请求服务。网络通信功能的核心是执行网络通信协议。不同网络操作系统可以有不同的通信协议。

网络的服务功能主要是为网络用户提供各种服务。传统的计算机网络主要是提供共享资源服务，包括硬件资源和软件资源的共享。现代计算机网络还可以提供电子邮件服务、文件上传下载服务。

常用的网络操作系统主要有：Windows 类、UNIX 和 Linux 等。

① Windows 类：是微软公司开发的。这类操作系统配置在整个局域网配置中是最常见的，如 Windows 10、Windows Server 2019 等。

② NetWare 类：是 Novell 公司推出的网络操作系统。NetWare 是具有多任务、多用户的网络操作系统，它的较高版本提供系统容错能力（SFT）。它最重要的特征是基于基本模块设计思想的开放式系统结构，可以方便地对其进行扩充。NetWare 服务器较好地支持无盘站，常用于教学网。

③ UNIX 系统：是由 AT&T 公司和 SCO 公司于 20 世纪 70 年代推出的 32 位多用户多任务的网络操作系统，主要用于小型机、大型机上。现有多种变型版本，如 AIX、Solaros、Linux 等。

（2）网络通信协议

在网络上有许多由不同组织出于不同应用目的而应用在不同范围内的网络协议。网络协议遍及 OSI 通信模型的各个层次。网络通信协议（Computer Communication Protocol）主要是对信息传输的速率、传输代码、代码结构、传输控制步骤、出错控制等制定并遵守的一些规则，这些规则的集合称为通信协议。协议的实现既可以在硬件上完成，也可以在软件上完成，还可以综合完成。一般而言，下层协议在硬件上实现，而上层协议在软件上实现。

（3）网络应用软件。网络应用软件主要是为了提高网络本身的性能，改善网络管理能力，或者是给用户提供更多的网络应用的软件。网络操作系统集成了许多这样的应用软件，但有些软件是安装、运行在网络客户机上的，因此这类网络软件也称为网络客户软件。

任务 3　掌握局域网的应用

1. 构建对等局域网

将几台计算机按对等网模型组成一个星状拓扑结构的简单局域网，各台计算机之间可以实现资源共享，如果某台计算机连接有打印机，该打印机可实现网络共享。

（1）问题分析

所谓对等网络是指网络中的计算机都具有相同地位，既作为客户机又可作为服务器来工作，每个用户都管理自己计算机上的资源。星状拓扑结构是指网络中的计算机都连接到中心设备上。3 台计算机组成的星状拓扑局域网网络连接如图 3-9 所示。

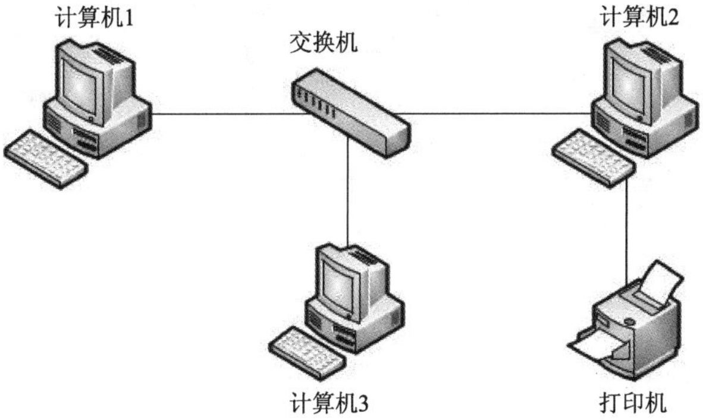

图 3-9　3 台计算机组件星状局域网

（2）硬件安装

根据组网需求，本案例需用的硬件设备有：

① 网卡：目前几乎所有计算机都标配了网卡，需要注意网卡速率与交换机速率的匹配问题。

② 交换机：用于连接多台计算机，实现计算机之间的通信。根据组网计算机台数的多少，来选择不同端口数的交换机，常用的速率是 1 000Mbps。

③ 双绞线：用于连接计算机和交换机。一般使用的网线是 5 类非屏蔽双绞线，及 4 对 8 根线，每一对绞在一起，网线两头是 RJ-45 接头。利用做好的双绞线将计算机和交换机连接起来。

（3）协议配置

计算机网络中的每一台计算机都必须安装协议并进行相应的配置，才能实现网络中计算机之间的互联互通、资源共享。

① 协议安装：Windows 10 操作系统自动安装了网卡驱动和 TCP/IP 协议，并且会创建一个

网路连接。通过选择“开始”菜单→“设置”→“网络和 Internet”→“更改适配器选项”选项，可看到当前系统的本地连接。

② 配置 IP 地址和子网掩码：局域网络通常采用保留的 IP 地址段来指定计算机的 IP 地址，即：192.168.0.0~192.168.255.255 号段中 3 个尾号不同的 IP 地址。为了确保这 3 台计算机属于同一子网，其子网掩码统一采用默认的 255.255.255.0.。3 台计算机的 TCP/IP 配置如下：

- 计算机 1：IP：192.168.0.2，子网掩码：255.255.255.0 。
- 计算机 2：IP：192.168.0.3，子网掩码：255.255.255.0 。
- 计算机 3：IP：192.168.0.4，子网掩码：255.255.255.0 。

操作方法：打开“控制面板”→“网络和 Internet”→“网络连接”，右击当前网络，选择“属性”命令，打开“网络属性”对话框，选择其中的“Internet 协议版本 4（TCP/IPV4）”项目，单击“属性”按钮打开对话框进行相关项目的设置，如图 3-10 所示。

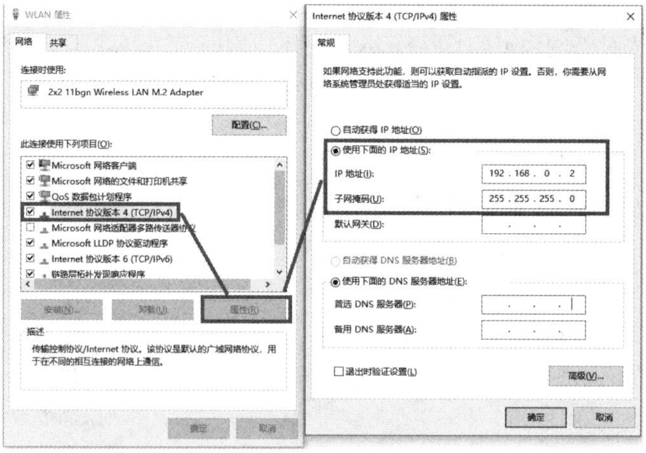

图 3-10 设置 IP 地址

（4）设置对等网络

要顺利地组建对等局域网，局域网中的计算机应处于同一工作组，并保证计算机的名称唯一。

操作方法：右击桌面上的“此电脑”图标，选择“属性”→“更改设置”，打开系统属性对话框，单击“更改”按钮，在弹出的对话框窗口中修改计算机名称和工作组名称，如图 3-11 所示。

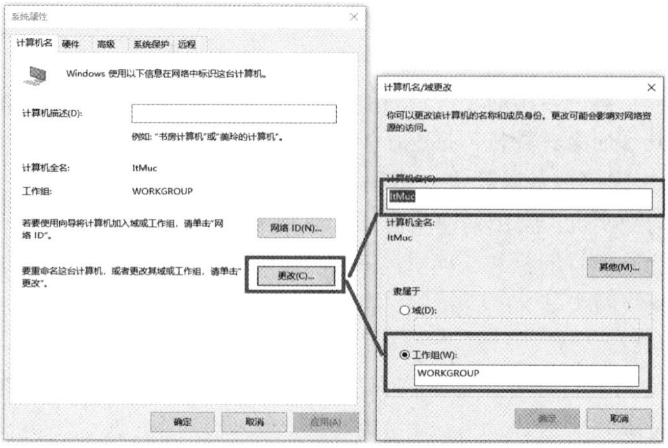

图 3-11 设置工作组

（5）测试连通性

网络配置好后，可以通过查看工作网络中的计算机或使用系统提供的测试命令 Ping 来测试网络的连通性。

方法一：通过控制面板打开网络与共享中心，查看网络上的工作组计算机，如果能看到其他两台计算机，则表示网络是畅通的。

方法二：使用 Ping 命令测试与相邻计算机的连通性，在命令提示符窗口中使用如下格式的命令：Ping 相邻计算机的 IP 地址。

2. 局域网资源共享

对等网络中各计算机之间可以直接通信，每个用户都可将本地计算机上的文档和资源设置为可被网络上其他用户访问的共享资源。

（1）设置本地安全策略

依据 Windows 的安全策略，如果想让局域网其他计算机访问本地共享资源，必须设置本地安全策略。

单击任务栏“搜索”按钮，输入“本地安全策略”并打开“本地安全策略”窗口，按图 3-12 所示完成相应操作。

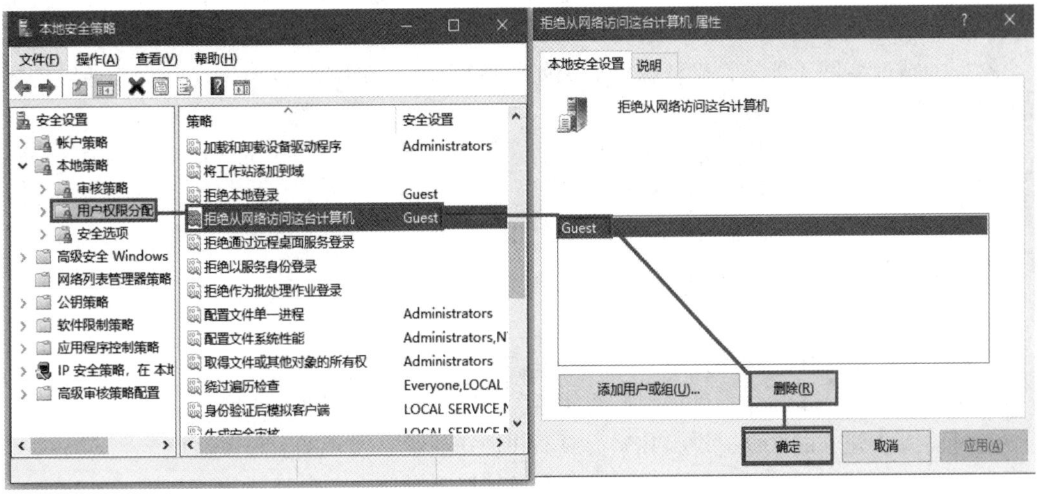

图 3-12　设置本地安全策略

（2）开启来宾账户

通过控制面板的用户账户管理，开启“Guest”账户。

（3）共享文件夹

选择本地计算机中需要共享的文件夹，在右击弹出的快捷菜单中选择“共享”级联菜单中的特定用户，添加 Guest 到用户列表，并设置相应的使用权限。

（4）共享打印机

如果想共享连接的打印机，通过控制面板打开“查看设备和打印机”，在打印机列表中选择要共享的打印机图标，在其属性对话框中设置“共享”选项卡中的相关选项即可。

（5）使用共享资源

在工作组计算机中单击有共享资源的计算机图标（名称），可以根据使用权限访问该共享资源。

实训 局域网的配置及资源共享

一、实训目的

① 了解计算机的网络标识。

② 学会查看和配置 TCP/IP 属性。

③ 熟练掌握局域网内资源共享。

二、实训任务

1. 查看计算机网络标识及配置状况

查看本机信息，填写以下内容。

计算机名称：____________，所属工作组或域：____________，网络 ID：____________。

2. 查看并配置 IP 地址等信息

查看本机的网络配置，记录原有的配置信息。

IP 地址：__________，网关：__________，子网掩码：__________，DNS：__________。

3. 依次修改网络的相关配置信息并理解其作用

① 改变 IP 地址，确认保存后关闭所有窗口，然后上网测试观察网络是否连通？再恢复原 IP 地址。

② 取消或改变网关地址，确认保存后关闭所有窗口，上网测试观察网络是否连通？理解网关的作用。再恢复原网关地址。

③ 取消或改变子网掩码地址，确认保存后关闭所有窗口，上网测试观察网络是否连通？理解子网掩码的作用。再恢复原子网掩码。

④ 取消或改变 DNS 地址，确认保存后关闭所有窗口，上网测试观察网络是否连通？理解 DNS 的作用。再恢复原 DNS 地址。

4. 共享资源设置及访问

两位同学 A 和 B 相互配合，完成如下操作：

① 同学 A 在本机上建立文件夹“A 的共享资源”，并在其中建立或复制一些文件。

② 同学 A 将建立的文件夹设为共享资源，并告知同学 B 本机的名称或地址。

③ 同学 B 通过网上邻居或搜索计算机的方式，找到同学 A 的共享资源。

④ 同学 B 访问该资源，将其中的部分文件复制到自己的电脑里，并将自己的一些文件复制到共享的文件夹里。

单元 3 Internet 基础知识

任务 1 了解 Internet

Internet 是人类历史发展中的一个伟大的里程碑，它是未来信息高速公路的雏形，人类正由此进入一个前所未有的信息化社会。在 Internet 发展过程中，值得一提的是 NSFNet，它是美国国家科学基金会（NSF）建立的一个计算机网络，也使用 TCP/IP，并在全国建立了按地区划分的计算机广域网。1988 年，NSFNet 已取代原有的 ARPANET 而成为 Internet 的主干网。NSFNet 对 Internet 的最大贡献是使 Internet 向全社会开放，而不像以前那样仅供计算机研究人员和其他专门人员使用。

随着社会科技、文化和经济的发展，人们对信息资源的开发和使用越来越重视。随着计算机网络技术的发展，Internet 已经成为一个开发和使用信息资源的覆盖全球的信息海洋。中国在 1987 年由中国科学院高能物理研究所首先通过 X.25 租用线路实现了国际远程联网。1994 年 5 月，高能物理研究所的计算机正式接入了 Internet。与此同时，以清华大学为网络中心的中国教育与科研网也于 1994 年 6 月正式联通 Internet。1996 年 6 月，中国最大的 Internet 互联子网 ChinaNet 也正式开通并投入运营。

Internet 具有如下特点：

① 开放性。Internet 不属于任何一个国家、部门、单位、个人，并没有一个专门的管理机构对整个网络进行维护。任何用户或计算机只要遵守 TCP/IP，都可进入 Internet。

② 资源的丰富性。Internet 上有数以万计的计算机，形成了一个巨大的计算机资源，可以为全球用户提供极其丰富的信息资源。

③ 技术的先进性。Internet 是现代化通信技术和信息处理技术的融合。它使用了各种现代通信技术，充分利用了各种通信网，如电话网（PSTN）、数据网、综合通信网（DDN、ISDN）。这些通信网遍布全球，并促进了通信技术的发展，如电子邮件、网络视频电话、网络传真、网络视频会议等，增加了人类交流的途径，加快了交流速度，缩短了全世界范围内人与人之间的距离。

④ 共享性。Internet 用户在网络上可以随时查阅共享的信息和资料。如果网络上的主机提供共享型数据库，则可供查询的信息会更多。

⑤ 平等性。Internet 是“不分等级”的。个人、企业、政府组织之间可以是平等的、无等级的。

⑥ 交互性。Internet 可以作为平等自由的信息沟通平台，信息的流动和交互是双向的，信息沟通双方可以平等地与另一方进行交互，及时获得所需信息。

另外，Internet 还具有合作性、虚拟性、个性化和全球性等特点。

从 1996 年起，发达国家就在对互联网进行更深层次的研究。1996 年，美国国家科学基金会资助了下一代互联网（NGI）研究计划，建立了相应的高速网络试验床 vBNS。1998 年，美国大学先进网络研究联盟（UCAID）成立，设立 Internet 2 研究计划，并建立了高速网络试验床 Abilene。1998 年，亚太地区先进网络组织 APAN 成立，建立了 APAN 主干网。2001 年，欧盟资助下一代互联网研究计划，建成 GEANT 高速试验网。通过这些计划的实施，全球已初步建成大规模先进网络试验环境。

2002 年以来，下一代互联网的发展非常迅速。美国的 Abilene 和欧盟的 GEANT 不仅在带宽方面不断升级，而且全面启动 IPv6 的过渡策略，并相继开展了大量基于 IPv6 的网络技术试验和大量基于下一代互联网技术的应用试验。

下一代互联网的特点如下：

① 更大：采用 IPv6 协议，使下一代互联网具有非常巨大的地址空间，网络规模将更大，接入网络的终端种类和数量更多，网络应用更广泛。

② 更快：100MB/s 以上的端到端高性能通信。

③ 更安全：可进行网络对象识别、身份认证和访问授权，具有数据加密和完整性，实现一个可信任的网络。

④ 更及时：提供组播服务，进行服务质量控制，可开发大规模实时交互应用。

⑤ 更方便：无处不在的移动和无线通信应用。

⑥ 更好管理：有序的管理、有效的运营、及时的维护。

⑦ 更有效：有盈利模式，可创造重大社会效益和经济效益。

任务 2 掌握 IP 地址与域名系统

1. IP 地址

为了使连入 Internet 的众多电脑主机在通信时能够相互识别，Internet 中的每一台主机都分配有一个唯一的由 32 位二进制数组成的地址，该地址称为 IP 地址。IP 地址由网络号和主机号两部分组成的。网络号表明主机所连接的网络，主机号标识了该网络上特定的那台主机。

按照 TCP/IP 规定，IP 地址用二进制来表示，每个 IP 地址长 32bit，比特换算成字节，就是 4 个字节。例如，一个采用二进制形式的 IP 地址是“00001010000000000000000000000001”，这么长的地址，人们处理起来很费劲。为了方便人们的使用，IP 地址经常被写成十进制的形式，中间使用符号“.”分开不同的字节。于是，上面的 IP 地址可以表示为“10.0.0.1”。IP 地址的这种表示法称为“点分十进制表示法”，这显然比 1 和 0 容易记忆得多。

IP 地址由 4 个数组成，每个数可取值范围为 0 ~ 255，各数之间用一个点号“.”分开，例如：210.40.132.1。

2. IP 地址分类

（1）公有地址

公有地址（Public address，也可称为公网地址），由 Internet NIC（Internet Network Information Center，因特网信息中心）负责。这些 IP 地址分配给注册并向 Internet NIC 提出申请的组织机构。通过它直接访问因特网，它是广域网范畴内的。公有地址的分类方法为：把 32 位二进制表示的 IP 地址分成 4 个 8 位组，利用第一个 8 位组确定类型。

A 类地址：第一个 8 位组的首位必须是 0，且第一个 8 位组表示网络标识，又称网络地址，而剩余的 24 位表示主机标识，又称主机地址；A 类地址的范围转化为十进制范围是 0 ~ 127（第一字段）。

B 类地址：第一个 8 位组的前两位必须是 10，且表示网络地址的二进制位数为前两个 8 位组。除去固定的两位必须为 10 的位后，表示网络地址共 14 位，主机地址共 16 位；B 类地址的范围是 128 ~ 191。

C 类地址：第一个 8 位组前 3 位为 110，且表示网络地址的 8 位组为前三组，除去固定的前 3 位 110，表示网络地址的位数为 21 位，表示主机地址的位数为 8 位；C 类地址的范围是 192 ~ 223。

D 类地址：第一个 8 位组前 4 位是 1110，该类地址作为多目广播使用，表示一组计算机；D 类地址的范围是 224 ~ 239。

E 类地址：第一个 8 位组前 5 位为 11110，E 类地址的范围是 240 ~ 255，该类地址作为科学研究，所以留用。

常用的是标准的 A、B、C 3 类地址。可以看出，A 类地址的网络数量比较少，但是每个网络中的主机数量比较多；而 C 类地址网络数量比较多，每个网络的主机数量比较少。

（2）私有地址

私有地址（Private address，也可称为专网地址），属于非注册地址，专门为组织机构内部使用。它是局域网范畴内的，出了所在局域网是无法访问因特网的。

留用的内部私有地址主要有以下几类。

A 类：10.0.0.0 ~ 10.255.255.255

B 类：172.16.0.0 ~ 172.31.255.255

C 类：192.168.0.0 ~ 192.168.255.255

3. 域名系统

IP Address 是以数字来代表主机的地址，但是以类似 159.226.60.1 这样的数字来代表某一地址并不是一个容易记忆的方法，若是能以具有意义的文字简写名称来代表该 IP 地址，将更容易地记住各主机的地址。

域名（Domain name）的意义就是以一组英文简写来代替难记的 IP 地址的数字。

域名的管理方式也是层次式的分配，某一层的域名只需向上一层的域名服务器（Domain name Server）注册即可。

例如：210.40.132.8 主机的域名（Domain name）为 www.muc.edu.cn。

cn 是中国的缩写。

edu 代表中国教育科研网络。

muc 代表中央民族大学。

www 代表提供的网络服务类型。

4. 域名含义

常用根域名代码的具体含义如表 3–1 所示。

表 3–1　常用根域名代码的含义

代　　码	名　　称	代　　码	名　　称
com	商业机构	edu	教育机构
gov	政府机构	int	国际机构
mil	军事机构	net	网络机构
org	非盈利机构	arts	艺术类机构
firm	工业机构	info	信息机构
nom	个人和个体	rec	娱乐机构
store	商业销售机构	web	与 WWW 有关的机构

随着 Internet 的不断发展壮大，国际域名管理机构又增加了国家与地区代码这一新根域名。它采用国家（地区）的英文名称的缩写作为根域名中的国家代码。例如，cn 表示中国，uk 表示英国，jp 表示日本。Internet 上部分国家（地区）的域名代码如表 3–2 所示。

表 3–2　部分国家（地区）的域名代码

代　　码	国家 / 地区	代　　码	国家 / 地区
it	意大利	au	澳大利亚
ru	俄罗斯	tw	台湾地区
cn	中国	hk	香港特别行政区
fr	法国	jp	日本
uk	英国	kp	韩国
us	美国	de	德国

视频资源

微视频3-3
IP地址

微视频3-4
域名系统

任务 3 了解 Internet 接入方式

1. 单机连接方式

单机连接方式由拨号用户主机、电话线路和 ISP 提供的远程服务器组成，它是遵循 TCP/IP 中的电话线传输数据的通信协议，通过计算机通信软件建立用户和服务器点到点的连接，在电话线上传输分组信息包。在用户和远程服务之间建立连接时，需要配置参数，包括用户主机配置参数和远程服务器配置参数。

用户主机配置参数如下：

① 连接 Modem 的串行端口，Modem 的产品类型、传输速率等。

② 本机的 IP 地址、主机名及所属域名等。由于 ISP 都是采用动态分配地址的方法，预先配置的本机 IP 地址没有实际意义。

远程服务器配置参数如下：

① ISP 提供的电话号码，呼叫持续时间等参数。

② ISP 为用户开设的账户：用户名和口令。

③ 通信软件支持的协议：SLIP 和 PPP。

④ 能为用户提供域名的域名服务器（DNS）的 IP 地址。

常用的单机上网方式有以下几种：

（1）使用调制解调器接入

调制解调器又称为 Modem，它是一种能够使计算机通过电话线同其他计算机进行通信的设备。其作用是：一方面把计算机的数字信号转换成可在电话线上传送的模拟信号（这一过程称为“调制”）；另一方面把电话线传输的模拟信号转换成计算机能够接收的数字信号（这一过程称为“解调”）。拨号上网是最普通的上网方式，利用电话线和一台调制解调器就可以上网了。其优点是操作简单，只要有电话线的地方就可以上网，但上网速度很低（经常使用的 Modem 传输速率为 56kbit/s），并且占用电话线。使用拨号上网的用户没有固定的 IP 地址。IP 地址由 ISP 服务器动态分配给每个用户，在客户端基本不需要什么设置就可以上网。

（2）ISDN 接入

在 20 世纪 70 年代出现了 ISDN（Integrator Services Digital Network），即综合业务数字网。它将电话、传真、数据、图像等多种业务综合在一个统一的数字网络中进行传输和处理，所以又称为“一线通”。ISDN 接入 Internet 需要使用标准数字终端的适配器（TA）连接设备连接计算机到普通的电话线，即 ISDN 上传送的是数字信号，因此速度较快，可以以 128kbit/s 的速率上网，而且上网的同时可以打电话、收发传真，是用户接入 Internet 及局域网互连的理想方法之一。

（3）ADSL 接入

ADSL 是非对称数字用户线路的简称，是利用电话线实现高速、宽带上网的方法，是目前使用较多的上网方式。“非对称”指的是网络的上传和下载速度的不同。通常人们在 Internet 上下载的信息量要远大于上传的信息量，因此采用了非对称的传输方式，满足用户的实际需要，充分合理地利用资源。ADSL 上传的最大速度是 1Mbit/s，下载的速度最高可达 8Mbit/s，几乎可以满足任何用户的需要，包括视频的实时传送。ADSL 还不影响电话线的使用，可以在上网的同时进行通话，很适合家庭上网使用。

（4）Cable Modem 接入

Cable Modem 又称为线缆调制解调器，它利用有线电视线路接入 Internet，接入速率可以高达 10Mbit/s ~ 30Mbit/s，可以实现视频点播、互动游戏等大容量数据的传输。接入时，将整个电缆（目前使用较多的是同轴电缆）划分为 3 个频带，分别用于 Cable Modem 数字信号上传、数字信号下传及电视节目模拟信号下传，一般同轴电缆的带宽为 5MHz ~ 750MHz，数字信号上传带宽为 5MHz ~ 42MHz，模拟信号下传带宽为 5MHz ~ 550MHz，数字信号下传带宽则是 550MHz ~ 750MHz，这样，数字数据和模拟数据不会冲突。它的特点是带宽高，速度快，成本低，不受连接距离的限制，不占用电话线，不影响收看电视节目。

（5）无线接入

无线接入是指从用户终端到网络的交换节点采用无线手段接入技术，实现与 Internet 的连接。无线接入 Internet 已经成为网络接入方式的热点。无线接入 Internet 可以分为两类：一类是基于移动通信的接入技术；另一类是基于无线局域网的技术。

2. 局域网连接方式

将 LAN 接入 Internet 的方法很多，可以分为软件方法和硬件方法两类。

（1）用软件方法实现 LAN 的接入

软件方法是利用代理服务器（Proxy Server）软件实现小型 LAN 的接入。此时需要以下条件：

① 在 LAN 的网络服务器上安装相应的代理服务器软件，并且每台机器上都有 Proxy 的设置项。

② 将装有代理服务器软件的服务器通过一条电话线和解调器连接到 PSTN 上，这样便可以通过电话拨号入网。

③ 向本地的 ISP 申请一个静态的 IP 地址和一个域名，将该 IP 地址分配给服务器。

（2）用硬件的方式实现 LAN 的接入

硬件方法是利用路由器等硬件来实现大、中型 LAN 的接入。大、中型 LAN 如果想获得最好的访问速率，需采用硬件方式接入 Internet。在硬件方式中，又可分为专线方式和电话拨号方式两种。

① 专线方式。这是对 Internet 访问最快的一种接入方式，通常需要一个路由器，并使用专线与 Internet 相连。但该方式价格高，构造复杂且需要专业人员进行维护，一般较少被采用。

② 电话拨号方式。为了降低费用，不少厂商已经开发出价位较低的，可以通过电话拨号方式访问 Internet 的专用硬件设备。该设备实际上是以硬件的方式完成代理服务功能，且具有路由功能，因此可称此类设备为代理路由器（Proxy Route）。

任务 4 了解 IPv6

IPv6 是 Internet Protocol Version 6 的缩写，意为“互联网协议版本 6”。IPv6 是 IETF（互联

网工程任务组，Internet Engineering Task Force）设计的用于替代现行版本 IP（IPv4）的下一代 IP。

当前全球因特网所采用的协议族是 TCP/IP 协议族。现在我们使用的是第二代互联网 IPv4 技术，核心技术属于美国。它的最大问题是网络地址资源有限，从理论上讲，可编址 1 600 万个网络、40 亿台主机。但采用 A、B、C 3 类编址方式后，可用的网络地址和主机地址的数目大打折扣，以至于 IP 地址已于 2011 年 2 月 3 日分配完毕。其中北美占有 3/4，约 30 亿个，而人口最多的亚洲只有不到 4 亿个。中国截止到 2010 年 6 月 IPv4 地址数量达到 2.5 亿，落后于 4.2 亿网民的需求。地址不足严重地制约了中国及其他国家互联网的应用和发展。

但是与 IPv4 一样，IPv6 也会造成大量的 IP 地址浪费。准确地说，使用 IPv6 的网络并没有 2^{128} 个能充分利用的地址。首先，要实现 IP 地址的自动配置，局域网所使用的子网的前缀必须等于 64，但是很少有一个局域网能容纳 2^{64} 个网络终端；其次，由于 IPv6 的地址分配必须遵循聚类的原则，地址的浪费在所难免。但是，IPv4 实现的只是人机对话，IPv6 则扩展到任意事物之间的对话，它不仅可以为人类服务，还将服务于众多硬件设备，如家用电器、传感器、远程照相机、汽车等，它将是无时不在、无处不在地深入社会每个角落的真正的宽带网，而且它所带来的经济效益将非常巨大。

当然，IPv6 并非十全十美、一劳永逸，不可能解决所有问题。IPv6 只能在发展中不断完善，这也不可能在一夜之间发生，过渡需要时间和成本，但从长远看，IPv6 有利于互联网的持续和长久发展。目前，国际互联网组织已经决定成立两个专门工作组，制定相应的国际标准。

单元 4　计算机网络应用

任务 1　了解信息浏览服务

1. WWW

（1）什么是 WWW

WWW 是 World Wide Web 的英文缩写是 Internet 上应用最广泛的服务，中文译名为万维网。它把 Internet 上的主机通过超级链接连接起来，为用户提供超文本媒体资源文档，还可以通过同样的图形界面（GUI）与 Internet 的其他服务器对接。

（2）Web 站点与网页

网页是网站的基本信息单位，是 WWW 的基本文档。它由文字、图片、动画、声音等多种媒体信息以及链接组成，是用超文本标记语言（HTML）编写的，通过链接实现与其他网页或网站的关联和跳转。网页文件是能被浏览器识别并显示的文本文件，其文件类型扩展名是 .htm 或 .html。

网站由众多不同内容的网页构成。网页的内容可体现网站的全部功能。通常把进入网站首先看到的网页称为首页或主页（Homepage）。

（3）URL

URL（Uniform Resource Locator）称为统一资源定位器，用来标识网络中文件资源的位置、名称及访问方式等。图 3-13 所示是一个 URL 的示例。

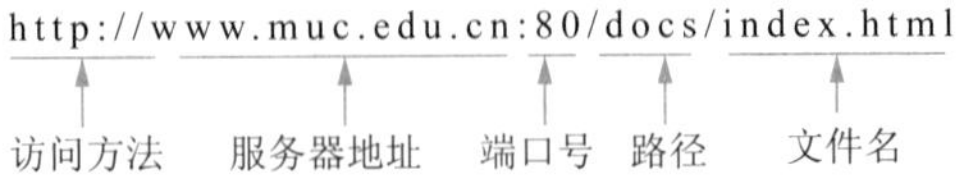

图 3-13　URL 结构

当人们通过 URL 发出请求时，浏览器在域名服务器的帮助下，获取远程服务器主机的 IP 地址，然后建立一条到该主机的连接，远程服务器使用指定的协议发送网页文件到本地计算机的浏览器，再由浏览器显示网页内容。

URL 中的访问方式有多种形式，表达的是不同协议下的远程资源的访问方式。常见的协议访问方式有：

- 超文本：http
- 文件传输：ftp
- 发送电子邮件：mailto
- 远程登录：telnet

（4）HTTP

HTTP（Hypertext Transfer Protocol）即超文本传输协议。HTTP 提供了访问超文本信息的功能，是 WWW 浏览器和 WWW 服务器之间的应用层通信协议。

HTTP 协议会话过程包括 4 个步骤。

① 建立连接：客户端的浏览器向服务器端发出建立连接的请求，服务器端给出响应就可以建立连接了。

② 发送请求：客户端按照协议的要求通过连接向服务器端发送自己的请求。

③ 给出应答：服务器端按照客户端的要求给出应答，把结果（HTML 文件）返回给客户端。

④ 关闭连接：客户端接到应答后关闭连接。

浏览器是显示网页伺服器或档案系统内的 HTML 文件，并让用户与这些文件互动的一种软件，是最经常使用到的客户端程序。

个人电脑上常见的网页浏览器包括微软的 Internet Explorer、Mozilla 的 Firefox、Opera 和 Safari。还有部分基于 IE 浏览器内核的浏览器，应用较多的有：maxthon（傲游）、Tencent Traveler（腾讯 TT 浏览器）、MYIE 等。

2. 浏览器 Microsoft Edge

Windows 10 操作系统自带两款浏览器 Microsoft Edge 和 Internet Explorer 11。其中 Microsoft Edge 是 Windows 10 的默认浏览器，可以在“开始”菜单中找到并启动。而 Internet Explorer 11 则被隐藏，需要使用 Windows 10 的搜索功能定位。下面以 Edge 浏览器为例，介绍浏览器的基本功能和操作技巧。

（1）Microsoft Edge 简介

Microsoft Edge 是微软公司 2015 年推出的全新综合性网络浏览工具，与 Windows 10 操作系统绑定，是用户访问 Internet 网络不可或缺的工具。其窗口界面的操作与其他用程序窗口的操作类似。使用浏览器浏览网页信息的基本流程是：

① 在地址栏输入要访问网站的地址。

② 加载网页后，开始浏览网页内容。

③ 单击超级链接在页面间跳转。

（2）使用 Microsoft Edge

① 启动 Microsoft Edge，浏览中国教育和科研计算机网的信息。

一般情况下，用户可以在开始菜单或桌面找到 Microsoft Edge 并启动，也可以使用 Windows 10 的搜索功能找到该浏览器。在 Edge 地址栏输入要访问的网址：www.edu.cn，打开网站首页，如图 3–14 所示。

图 3–14　网站首页

② 利用超级链接跳转浏览相关网页。

③ 将当前网页添加到收藏夹。

操作方法：单击地址栏右侧的“将此页面添加到收藏夹”按钮，在弹出的对话框中输入名称，并选择保存的位置（收藏夹栏或其他收藏夹）后，单击“完成”按钮。网址收藏后，下次浏览该网站是可以通过收藏夹中保存的地址信息快速访问该网站，如图 3–15 所示。

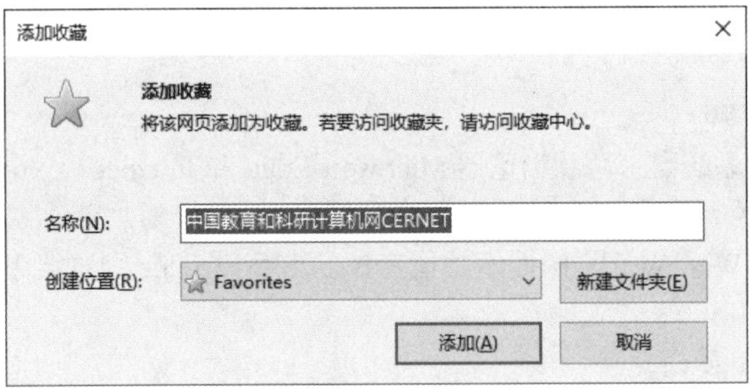

图 3–15　添加收藏

④ 保存网页信息。

- 网页的内容可以被保存到当前磁盘上，Edge 浏览器提供 3 中不同的格式来保存网页。其实现方法是在“保存网页”对话框中，在“保存类型”后的下拉列表中选择不同的文件类型。如图 3–16 所示。
- 网页，完成（*.htm;*.html）：在所需的文件夹中保存整个网页，图片和链接仍以原始的格式分布在页面上。当该保存的网页被打开时，看上去与通过浏览器打开是相同的。
- 网页，单个文件（*.mhtml）：将网页保存成由图片和文字组成的一个页面，目的是将其像一个页面一样进行发布，就好像给整个页面拍照一样。
- 网页，仅 HTML（*.htm;*.html）：仅以 html 格式保存网页，原始网页中图片和对媒体内容不被保存。

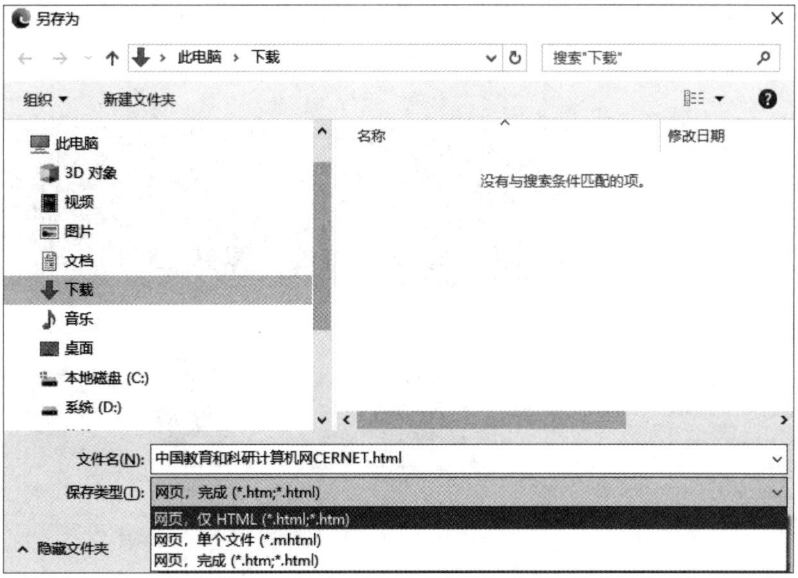

图 3–16　“另存为”对话框

（2）定制 Edge 浏览器

每种浏览器都有其自身的特征，通过这些特征可以定制浏览器，或者个性化浏览器，以使其能满足用户个性化的需求。对于 Edge 浏览器来讲，可以单击右上角“设置及其他”按钮，在下拉菜单中选择“设置”命令来改变和定制 Edge 浏览器，如图 3–17 所示。

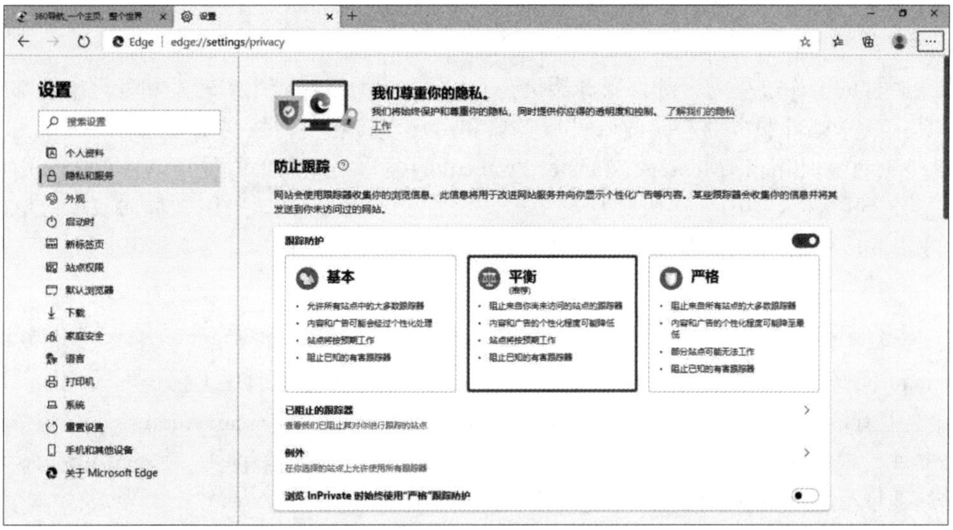

图 3–17　Edge 浏览器设置

（3）扩展 Edge 浏览器

新版的 Edge 浏览器支持扩展程序。用户单击浏览器窗口右上角的“设置及其他”按钮，在下拉菜单中选择“扩展”，即可打开“Microsoft Edge 的扩展”页面，从中轻松选择需要的程序并安装使用，如图 3–18 所示。

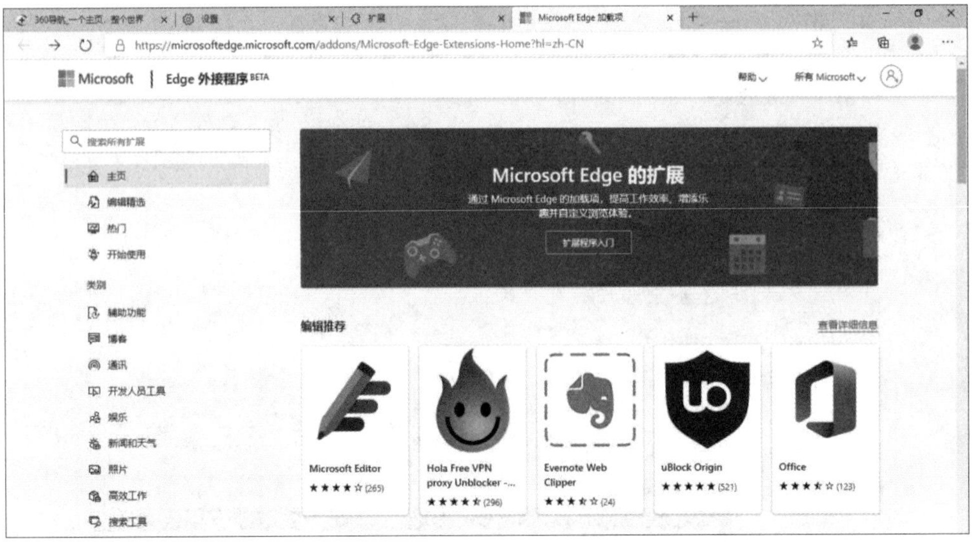

图 3-18　Microsoft Edge 的扩展

任务 2　掌握电子邮件的使用

电子邮件（又称 E-mail），是一种通过网络实现相互传送和接收信息的现代化通信方式，发送、接收和管理电子邮件是 Internet 的一项重要功能。它与邮局收发的普通信件一样，都是一种信息载体。电子邮件和普通邮件的显著差别是：电子邮件中除了普通文字外，还可包含声音、动画、影像信息。

1. 电子邮件的工作过程

电子邮件的工作过程为：邮件服务器是在 Internet 上类似邮局用来转发和处理电子邮件的计算机，其中发送邮件服务器与接收邮件服务器和用户直接相关，发送邮件服务器（又称 SMTP 服务器。SMTP 是 Simple Message Transfer Protocol 的缩写，即简单邮件传输协议）将用户编写的邮件转交到收件人手中。接收邮件服务器（又称 POP 服务器）采用邮局协议（POP3：Post Office Protocol），用于将其他人发送的电子邮件暂时寄存，直到邮件接收者从服务器上读取到本地机上阅读。

2. 电子邮件地址格式

E-mail 像普通的邮件一样，也需要地址，它与普通邮件的区别在于它是电子地址。所有在 Internet 之上有信箱的用户都有自己的 E-mail Address，并且这些 E-mail Address 都是唯一的。邮件服务器就是根据这些地址，将每封电子邮件传送到各个用户的信箱中，E-mail Address 就是用户的信箱地址。用户只有在拥有一个地址后才能使用电子邮件。

一个完整的 Internet 邮件地址由以下两个部分组成，格式为：用户账号 @ 主机名 . 域名其中符号 @ 读作“at”，表示“在”的意思，主机名与域名用“ . ”隔开。如电子邮件地址：liqnet_muc@sina.com。

3. 电子邮箱的申请方法

进行收发电子邮件之前，必须先申请一个电子邮箱。

（1）通过申请域名空间获得邮箱

如果需要将邮箱应用于企事业单位，且经常需要传递一些文件或资料，并对邮箱的数量、大小和安全性有一定的需求，可以到提供该项服务的网站上（如万维企业网）申请一个域名空间，也就是主页空间。在申请过程中用户会得到一定数量及大小的电子邮箱，以便别人能更好地访问用户的主页。这种电子邮箱的申请需要支付一定的费用，适用于集体或单位。

（2）通过网站申请免费邮箱

提供电子邮件服务的网站很多，如果用户需要申请一个邮箱，只需登录到相应的网站，单击提供邮箱的超链接，根据提示信息填写好资料，即可注册申请一个电子邮箱。

提供免费电子邮箱的网站很多，常见的有：

- 网易邮箱：mail.163.com
- 新浪邮箱：mail.sina.com.cn
- 搜狐邮箱：mail.sohu.com

4. 使用电子邮件

申请到电子邮箱后，登录邮件服务器的 Web 页面或使用邮件客户端软件就可以使用电子邮件与好友和同事进行邮件通信了。不管邮件程序怎样，电子邮件信息的组件基本构成是一样的。书写电子邮件一般要包含如下信息：

① 收件人（TO）：邮件的接收者，相当于收信人。

② 抄送（CC）：用户给收件人发出邮件的同时，把该邮件抄送给另外的人，在这种抄送方式中，收件人知道发件人把该邮件抄送给了另外哪些人。

③ 密送（BCC）：用户给收件人发出邮件的同时，把该邮件暗中发送给另外的人，但所有收件人都不会知道发件人把该邮件发给了哪些人。

④ 主题（Subject）：即这封邮件的标题。

⑤ 附件：同邮件一起发送的附加文件或图片资料等。

任务 3　了解信息资源检索

1. 资源搜索

（1）搜索引擎

搜索引擎（Search Engine）是对互联网上的信息资源进行搜集整理，然后供用户查询检索的系统，包含信息搜集、信息整理和用户查询三个部分。

搜索引擎对于用户来讲，就是互联网上提供信息网址等搜索服务的网站或工具。常见的搜索引擎大都以 Web 的形式为客户通过服务，可以通过该 Web 页面搜索网站、图片、音视频等多种信息资源。它帮助用户从浩如烟海的互联网世界中快速检索到自己所需的信息。

（2）常用的搜索引擎

对于国内用户来讲，搜索引擎可分为中文和英文两大类，常用的提供搜索服务的搜索引擎网站有：

- 百度：www.baidu.com。
- 必应：www.bing.com。
- 搜狗：www.sougou.com。

（3）使用搜索技巧

每个搜索引擎都有自己的信息整理和查询方法，不同的搜索引擎提供的查询方法也不完全相同，每个搜索引擎的网站上都会有其各自的搜索方法和技巧的介绍，但是有些通用的方法，各个搜索引擎上基本一致，现在略作介绍。

- 使用双引号：给查询的关键词加双引号，可以实现精确查找。
- 使用加号：在关键词之间用加号连接，表示要查询的结果中要同时包含这些关键词。
- 使用 file：在关键词后加“file：文件扩展名”，查找特定类型的文件。
- 使用 site：在搜索关键词后加“site：网址”，可以在指定的网站上搜索。

快速搜索到自己需要的信息，需要不断练习使用多种搜索策略和技巧，一方面要了解所用搜索引擎特有的搜索功能，另一方面要在实践过程中不断总结搜索经验，提高搜索效率。

（4）搜索特定信息

大多数搜索引擎提供分类搜索的功能，如搜索新闻、网页、图片、音乐、视频等。在搜索特定信息时，可以在搜索引擎的主界面上先选择分类，然后再开始搜索，如百度的主界面上就提供了特定信息的搜索选择，如图 3-19 所示

图 3-19　百度搜索主界面

2. 文献检索

除了这些常用的搜索引擎之外，还有一些专业期刊或者核心期刊杂志类的搜索引擎，比如中国期刊全文数据库（CNKI，http://www.cnki.net）、维普全文电子期刊（http://www.cqvip.com）等，用户可以通过这些专业搜索引擎进行专业期刊或文章检索，如图 3-20 所示。

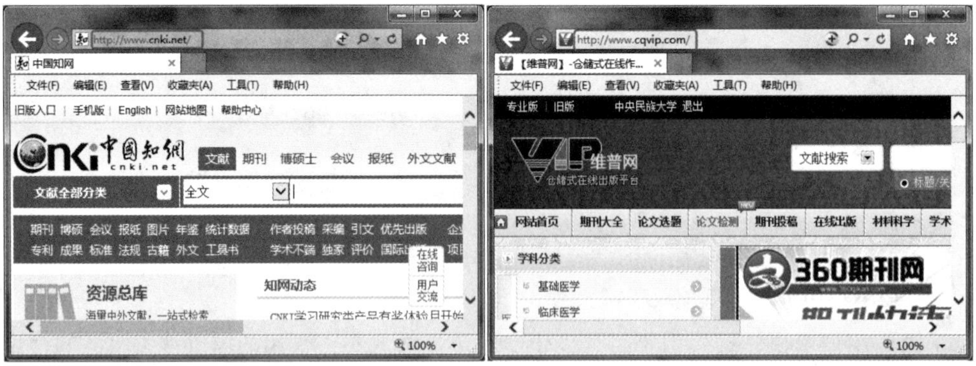

图 3-20　文献检索网站

任务 4　了解文件传输

1. 文件传输

文件传输被用来获取远程计算机上的文件。与远程登录类似，文件传输是一种实时的联机服务，在进行工作时，用户首先要登录到对方的计算机上。与远程登录不同的是，用户在登录后仅可以进行与文件搜索和文件传送有关的操作，如改变当前的工作目录、列文件目录、设置传输参数、传送文件等。使用文件传输协议（File Transfer Protocol，FTP）可以传送多种类型的文件，

如图像文件、声音文件、数据压缩文件等。

FTP 是 Internet 文件传输的基础。通过该协议，用户可以从一个 Internet 主机向另一个 Internet 主机“下载”或“上传”文件。“下载”文件就是从远程主机复制文件到自己的计算机上；“上传”文件就是将文件从自己的计算机中复制到远程主机上。用户可通过匿名（Anonymous）FTP 或身份验证（通过用户及密码验证）连接到远程主机上，并下载文件。FTP 主要用于下载公共文件。

2. 使用 FTP

在 Internet 上使用 FTP 服务一般有 3 种方法。

（1）使用 Windows 中自带的 FTP 应用程序

启动“命令提示符”程序，输入“FTP ftp.muc. edu.cn”，在该窗口中，用户在“user”处输入 anonymous（匿名），按回车键即可。登录成功后，用户利用 FTP 指令即可完成文件的上传与下载，但该方法使用较少，原因是需要掌握 FTP 的指令。

（2）使用 Edge 浏览器

在 Edge 浏览器的地址栏内直接输入 FTP 服务器的地址。例如在 IE 浏览器的地址栏中输入 ftp://ftp.muc.edu.cn（中央民族大学 FTP 服务器地址），出现窗口显示方式及操作方法，与 Windows 的资源管理器类似。如果要下载某一个文件夹或文件，首先右击该文件夹或文件，在弹出的快捷菜单中选择“复制到文件夹”命令，在弹出的对话框中选择要保存的文件或文件夹的磁盘位置，单击“确定”按钮即可。

（3）使用专门的 FTP 下载工具

常见的 CuteFTP、QuickFTP 、FTP Works 等都是 FTP 下载工具。

任务 5　了解其他应用服务

1. 远程登录

用户将个人计算机连接到远程计算机的操作方式称为“登录”。远程登录（Remote Login）是用户通过使用 Telnet 等有关软件，使自己的计算机暂时成为远程计算机的终端的过程。一旦用户成功地实现了远程登录，用户使用的计算机就好像一台与对方计算机直接连接的本地计算机终端那样进行工作，使用远程计算机上所拥有的信息资源，享受远程计算机与本地终端同样的权力。Telnet 是 Internet 的远程登录协议。

用户在使用 Telnet 进行远程登录时，首先应该输入要登录点服务器的域名或 IP 地址，然后根据服务器系统的询问，正确地输入用户名和口令后，远程登录成功。

远程登录服务的典型应用就是电子公告板（BBS），它是一种利用计算机通过远程访问得到的一个信息源以及报文传递系统。用户只要连接在 Internet 上，就可以直接利用 Telnet 方式进入 BBS，阅读其他用户的留言，发表自己的意见。它大致包括新建讨论区、文件交流区、信息布告区和交互讨论区、多线交谈等几部分。BBS 大多以技术服务或专业讨论为主。

2. 即时通信

即时通信（Instant Messenger，IM）是指能够即时发送和接收互联网消息等的业务。即时通信自 1998 年面世以来，特别是近几年的迅速发展，其功能日益丰富，逐渐集成了电子邮件、博客、音乐、电视、游戏和搜索等多种功能。即时通信不再是一个单纯的聊天工具，它已经发展成集交流、资讯、娱乐、搜索、电子商务、办公协作和企业客户服务等为一体的综合化信息平台。是一种终端连接即时通信网络的服务。即时通信不同于 E-mail 之处在于它的交谈是即时的。大部分的即时通信服务提供了状态信息的特性：显示联络人名单、联络人是否在线、能否与联络人交谈。

常用的即时通信工具有 QQ、微信等。

3. 电子公告牌 BBS

BBS 是英文 Bulletin Board System 的缩写，即电子公告牌系统，是 Internet 上的一种电子信息服务系统。它提供一块公共电子白板，每个用户都可以在上面书写，可发布信息或提出看法。传统的电子公告板（BBS）是一种基于 Telnet 协议的 Internet 应用，与人们熟知的 Web 超媒体应用有较大差异，提出了一种基于 CGI（通用网关接口）技术的 BBS 系统实现方法，并通过了网站的运行。

电子公告板是一种发布并交换信息的在线服务系统，可以使更多的用户通过电话线以简单的终端形式实现互连，从而得到廉价且丰富的信息，并为其会员提供进行网上交谈、消息发布、问题讨论、文件传送、学习交流和游戏等的机会和空间。

因特网（Internet）之前，在 20 世纪 80 年代中叶就开始出现基于调制解调器（Modem）和电话线通信的拨号 BBS 及其相互连接而成的 BBS 网络。

4. Blog、RSS

Blog 的全名应该是 Web log，中文意思是“网络日志”，后来缩写为 Blog，而博客（Blogger）就是写 Blog 的人。从理解上讲，博客是“一种表达个人思想，网络链接、内容按照时间顺序排列，并且不断更新的出版方式”。简单地说，博客是一类人，这类人习惯于在网上写日记。

Blog 就是以网络作为载体，简易、迅速、便捷地发布自己的心得，及时、有效、轻松地与他人进行交流，再集丰富多彩的个性化展示于一体的综合性平台。

RSS 又称聚合 RSS（又称聚合内容，Really Simple Syndication），是在线共享内容的一种简易方式。通常在时效性比较强的内容上使用 RSS 订阅能更快速地获取信息。网站提供 RSS 输出，有利于让用户获取网站内容的最新更新。比如用户喜欢浏览 3 个论坛，那么每天要分别登录 3 个论坛才能看到每天更新的帖子内容，如果使用 RSS，就可以在 3 个论坛有更新的时候直接查看，而不需要一个一个地登录论坛的网页来查看。

5. 电子商务

电子商务，英文是 Electronic Commerce，简称 EC。电子商务涵盖的范围很广，一般可分为企业对企业（Business-to-Business）和企业对消费者（Business-to-Consumer）两种。另外还有消费者对消费者（Consumer-to-Consumer）这种大步增长的模式。随着国内 Internet 使用人数的增加，利用 Internet 进行网络购物并以银行卡付款的消费方式已经流行，市场份额也在迅速增长，电子商务网站也层出不穷。

6. 电子政务

电子政务即运用计算机、网络和通信等现代信息技术手段，实现政府组织结构和工作流程的优化重组，超越时间、空间和部门分隔的限制，建成一个精简、高效、廉洁、公平的政府运作模式，以便全方位地向社会提供优质、规范、透明、符合国际水准的管理与服务。

在政府内部，各级领导可以在网上及时了解、指导和监督各部门的工作，并向各部门做出各项指示。这将带来办公模式与行政观念上的一次革命。在政府内部，各部门之间可以通过网络实现信息资源的共建共享联系，既提高了办事效率、质量和标准，又节省了政府开支。

政府作为国家管理部门，其上网开展电子政务有助于政府管理的现代化，实现政府办公电子化、自动化、网络化。通过互联网这种快捷、廉价的通信手段，政府可以让公众迅速了解政府机构的组成、职能和办事章程，以及各项政策法规，增加办事执法的透明度，并自觉接受公众的监督。

在电子政务中，政府机关的各种数据、文件、档案、社会经济数据都以数字形式存储在网络服务器中，可通过计算机检索机制快速查询，即用即调。

实训 1 畅游 Internet

一、实训目的

① 学会使用 Edge 浏览器浏览网页。

② 掌握 Edge 浏览器的基本操作。

③ 学会保存网页信息。

二、实训任务

1. 使用 Edge 访问网络

启动 Edge，在地址栏中输入本校的网址，开始浏览网页；将该网站地址收藏到收藏夹，以便访问。

2. 浏览并保存网页信息

打开本校网站的主页或某一页面，以不同方式保存页面信息到不同文件夹，并作比较。

① 以“网页，完成（*.htm,*.html）”类型保存网页。

② 以“网页，单一文件（*.mhtml）”类型保存网页。

③ 以“网页，仅 html（*.htm,*.html）”类型保存网页。

查看以上 3 个文件夹，对比 3 种保存方式所保存的内容有何区别。

3. 学习 Edge 的基本设置

① 设置本校网站为 Edge 的主页。

②设置跟踪防护为“平衡”，并清除浏览记录。

③在 D 盘新建一个以个人学号姓名命名的文件夹，将其设置为浏览器下载的默认文件夹，并将浏览器设置为每次下载前询问保存位置。

④自定义浏览器主题、缩放与工具栏。

⑤在浏览器收藏夹中创建两个文件夹，分别命名为大数据和5G，使用搜索引擎搜索相关网页，并收藏到相应文件夹。

⑥为浏览器安装 1 至 2 个扩展程序，并尝试使用它们。

实训 2 网上资源搜索与下载

一、实训目的

① 学会使用搜索引擎在网络中搜索信息。

② 学会使用 IE 下载文件。

③ 掌握常用下载工具的使用。

二、实训任务

1. 了解网络搜索引擎，掌握使用搜索引擎搜索信息的基本技能

常用网络搜索引擎有百度、搜狗、微软 Bing 等。不同的搜索引擎搜索信息的机制和方式不同，用户可以根据自己的需要灵活选择网络搜索引擎。本实验的目的是借用某一搜索引擎讲解网络

搜索引擎的使用方法。

常用网络搜索引擎的网站有：

百度：http://www.baidu.com。

必应 bing：http://www.bing.com。

搜狗：http://www.sogou.com。

利用搜索引擎，用户可以检索网页、新闻、音乐、视频、地图等。综合利用各个搜索引擎能够为用户提供多种选择。

① 搜索网页：搜索有关“2020 年全国大学生计算机设计大赛”的相关页面，并链接浏览。

② 搜索图片：搜索有关“天问一号”的图片，下载其中几张。

③ 搜索音乐和视频：搜索当前流行的歌曲一首，在线试听并尝试下载。

④ 地图服务：搜索有关本校的地图信息。

2. 利用搜索引擎搜索感兴趣的专业话题

进入百度主页，在搜索框中输入感兴趣的专业话题，如“计算机网络”，搜索相关内容并浏览，注意检索关键词的确定和选择。

3. 搜索本专业的最新进展

综合利用百度等搜索引擎工具，搜索本专业的最新研究进展情况。

4. 专题数据库信息检索方法

在下列专题数据库中搜索与“云计算”“大数据”等内容相关的学位论文，并保存检索结果。

① 中国知网：www.cnki.net。

② 维普网：www.cqvip.com。

③ 万方数据：www.wanfangdata.com.cn。

实训 3 使用电子邮件

一、实训目的

① 掌握如何在网络中申请电子邮件。

② 掌握如何在 Edge 中收发电子邮件。

③ 掌握使用客户端工具收发电子邮件。

二、实训任务

1. 申请免费电子邮箱

在网站 mail.sina.com 上申请一个免费的电子邮箱，并完成相关设置：

① 为邮箱设置默认的自动签名，内容自定。

② 为邮箱设置在某两个日期之间的自动回复，回复内容自定。

③ 将好朋友的电子邮件地址添加到通讯录，建立所有联系人的邮件通讯录。

2. 利用 Edge 收发电子邮件

用申请到的电子邮件，使用 Edge 浏览器向任课教师的电子邮箱发送一封电子邮件，附带本人照片为附件，邮件具体内容由老师拟定。在书写邮件时注意下列事项：

① 主题：主题是接收者了解邮件内容的第一信息，不要空白，但要简短、有意义，表明邮件内容的主题。

② 称呼与问候：恰当地称呼收件人，要有礼貌。

③ 正文：简明扼要说清事情，如有附件要提示查看，落款要明确本人信息（如自动签名已设，可省略）。

④ 附件：附件文件名应该表达其主体内容。

3. 管理电子邮件

以 Web 方式管理本人电子邮箱中的往来邮件，通过文件夹、标识等实现分类管理。

实训 4 FTP 应用

一、实训目的

① 了解用 FTP 方式上传与下载文件。

② 掌握用 IE 浏览器和工具软件实现文件上传与下载。

二、实训任务

1. 使用 Edge 浏览 FTP 站点的内容

启动 Edge，在地址栏输入教师指定的 FTP 站点的 URL，根据教师给出的用户名和密码，登录该 FTP 站点，然后浏览该站点中的文件和文件夹。

2. 利用 Edge 进行文件下载

利用 Edge，从打开的 FTP 站点中下载指定的文件，并保存到本地磁盘中。

3. 利用 Edge 进行文件上传

将本地磁盘中的相关文件，上载到文件服务器站点上指定的文件夹中。

4. 配置 FTP 客户端工具，连接并浏览 FTP 站点的内容。

① 下载并安装 FTP 客户端工具软件 CuteFTP。

② 使用 CuteFTP 连接到教师指定的 FTP 站点上。

5. 利用工具进行文件上载和下载

利用 CuteFTP 工具从教师指定的 FTP 站点上下载相关文件保存到本地磁盘中，并将指定文件上传到 FTP 站点。

6. 体验工具的断点续传功能

① 在指定的 FTP 站点上下载大文件（如 Office 的安装包），在下载的传送过程中中断下载，退出程序。

② 重新启动 CuteFTP，再次下载中断的文件，体验断点续传功能。

实训 5 远程桌面

一、实训目的

① 了解 Windows 系统远程桌面、远程协助的概念。

② 了解远程桌面和终端服务的区别。

③ 掌握远程桌面功能的开启和连接方法。

二、实训任务

1. 了解远程桌面

查阅帮助信息或相关资料，了解远程桌面的概念和作用。

2. 远程桌面功能的开启设置。

① 创建用于远程桌面连接的用户账户。
② 开启允许远程桌面连接功能，并选择可以连接的用户账户。
③ 告知连接方本机的网络地址或计算机名称。

3. 远程桌面连接

① 启动远程桌面连接程序。
② 输入远程计算机的地址或名称。
③ 设置连接选项，如本地资源、显示配置、体验等。
④ 连接过程，提供正确的用户名和密码，登录到远程计算机。

4. 使用远程桌面

① 登录远程计算机后，操控远程计算机完成特定的任务。
② 在远程计算机和本地计算机之间进行文件传送。

实训 6 即时通信软件的使用

一、实训目的

① 了解常用的即时通信软件。
② 掌握即时通信软件的使用。

二、实训任务

1. 申请并建立即时消息账户

① 申请 QQ 账号，申请地址：http://id.qq.com。
② 下载 QQ 客户端软件，登录并配置本人的 QQ 账户。

2. 添加同学的 QQ 账户为好友

① 查找同学的 QQ 账号，申请添加为好友。
② 管理好友账号。

3. 信息及文件的收发

① 使用 QQ 软件进行信息收发。
② 使用 QQ 软件发送和接收文件。

4. 体验 QQ 软件的高级交流功能

① 语音聊天。
② 视频聊天。
③ 远程控制等。

5. 体验 QQ 软件的群体功能

① 建立 QQ 群。
② 体验 QQ 群内的文件共享等功能
③ 体验 QQ 群内的教学功能。

模块 4

文 字 处 理

模块导读

随着计算机的普及与应用，电子文件的创建、编辑与排版技术已是人们日常生活、学习和工作的必备技能。Word 2016 是 Microsoft 公司开发的 Office 2016 系列软件之一，也是使用者最多的文字处理软件之一。使用 Word 2016 能够创建具备专业水准的信函、文件、杂志、书籍等各类文件，满足日常文字处理工作的需求。本章首先介绍 Word 2016 的功能和特点，然后重点讲述文件的创建与编排、图文混排和表格处理的操作步骤与方法，最后列举了几种常用的高级操作。Word 2016 的工作流程和文件处理方法，体现了办公自动化的思想及其优势，是计算思维和面向对象设计思想的成功应用。

单元 1　Word 2016 概述

任务 1　认识 Word 2016

1. Microsoft Office 2016 简介

Microsoft Office 2016 是微软公司推出的新一代办公软件，主要有专业版、家庭和学生版、小型企业版等版本。

Microsoft Office 2016 在旧版本的基础上做出了很大的改变。首先，Office 2016 采用了简洁明快的 Ribbon 新界面主题；另一方面， Office 2016 进行了许多功能上的优化，如改进的菜单和工具、增强的图形处理和格式设置功能等。Office 2016 还增加了许多新功能，特别是在线应用，使用户可以更自由地去表达和交流。

2. Word 2016 的新增功能

Word 2016 在继承旧版本功能的基础上还增加了许多新的功能。

① 新增“搜索框”功能，搜索 Office 命令更方便。

在 Word 2016 中，新用户可以通过选项卡标签右侧的搜索框快速搜索 Office 命令，方便高效。

② 新增主题色彩，让界面颜色更加丰富。

在 Word 2016 中，用户可以设置的主题色彩包括 4 种：彩色、深灰色、黑色、白色，其中彩色和黑色是新增加的，彩色是默认的主题颜色。

③ 改良“文件”选项卡，让文件操作更简便。

Word 2016 对“打开”和“另存为”操作界面进行了改良，存储位置排列、浏览功能、当前位置和最近使用的排列，都变得更加清晰明了。

④ 新增共享文件功能，让协同办公更快捷。

Word 2016 新增共享文件的功能，只要通过窗口右上方的共享功能按钮发出邀请，就可以与其他使用者一起编辑文件，而且每个使用者编辑过的地方，也会出现提示，让协同文档的编辑工作更快捷。

任务 2　了解 Word 2016 的基本操作

1. Word 2016 的启动和退出

Word 2016 应用程序的启动和退出有多种方式，详见微视频 4–1 Word 的启动和退出。

2. Word 2016 窗口的基本操作

启动 Word 2016 应用程序后，其操作界面如图 4–1 所示，详见微视频 4–2。

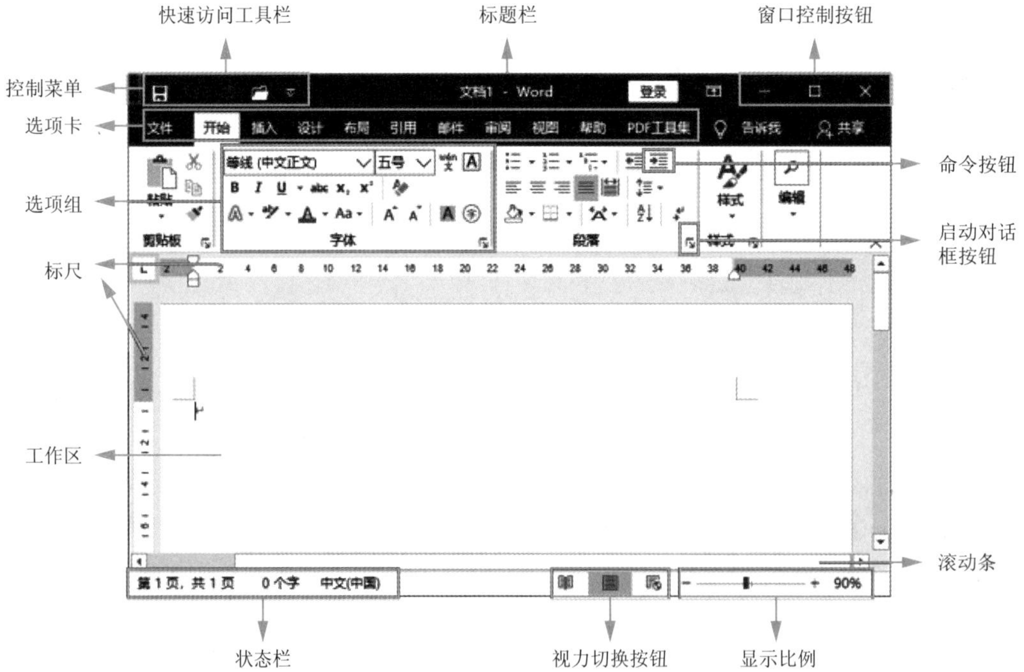

图 4–1　Word 2016 操作界面

Word 2016 的工作窗口中主要包括标题栏、工具栏、标尺、状态栏及工作区等。用户选用的视图不同，显示出来的屏幕元素也不同。另外，用户也可以定义某些屏幕元素的显示或隐藏。

① 标题栏：窗口顶端的水平栏，显示文件的名称。它的左端显示控制菜单和快速访问工具栏，其后显示文件名称，它的右端显示最小化、最大化或还原和关闭按钮图标。

② 快速访问工具栏：显示在标题栏最左侧，包含一组独立于当前所显示选项卡的命令，是一个可以自定义的工具栏。用户可以在快速访问工具栏中添加一些最常用的命令。

③ 窗口控制按钮：使用这些按钮可以缩小、放大和关闭 Word 窗口。

④ 标尺：在 Word 中使用标尺计算出编辑对象的物理尺寸，如通过标尺可以查看文件中图

片的高度和宽度。标尺分为水平标尺和垂直标尺。默认情况下标尺上的刻度以字符为单位。

⑤ 文件编辑区：是 Word 文件的输入和编辑区域。

⑥ 状态栏：文件的状态栏中分别显示了该文件的状态内容，包括当前的页数 / 总页数，文件的字数，校对文件出错内容、语言设置、改写状态等。

⑦ 视图切换按钮：切换文件以不同的视图方式显示。

⑧ 显示比例：调整文件的显示比例。

⑨ 滚动条：默认情况下，在文件编辑区内仅显示 15 行左右的文字，因此为了查看文件的其他内容，可以拖动文件编辑区上的垂直滚动条和水平滚动条，或者单击上三角按钮▲或下三角按钮▼，使屏幕向上或向下滚动一行来查看。

⑩ 选项卡：为了方便浏览，功能区中设置了多个围绕特定方案或对象组织的选项卡。每一个选项卡通过选项组把一个任务分解为多个子任务，来完成对文件的编辑，每个选项卡包含一些常用的功能按钮。

3. Word 2016 文件视图

Word 2016 提供了多种视图模式供用户选择。用户可以在“视图”选项卡中选择需要的视图，也可以在 Word 2016 文件窗口的右下方单击视图切换按钮选择视图，详见微视频 4–3 Word 2016 文件视图。

（1）页面视图

页面视图可以显示 Word 2016 文件的打印结果外观，主要包括页眉、页脚、图形对象、分栏设置、页面边距等元素，是最接近打印结果的页面视图。

（2）阅读版式视图

阅读版式视图以图书的分栏样式显示 Word 2016 文件。“文件”选项卡、功能区等窗口元素被隐藏起来。在阅读版式视图中，用户还可以单击“工具”按钮选择各种阅读工具。

（3）Web 版式视图

Web 版式视图以网页的形式显示 Word 2016 文件，适用于发送电子邮件和创建网页。

（4）大纲视图

大纲视图主要用于设置和显示文件标题的层级结构，并可以方便地折叠和展开各种层级的内容。大纲视图广泛用于 Word 2016 长文件的快速浏览和设置中。

（5）草稿视图

草稿视图取消了页面边距、分栏、页眉页脚和图片等元素，仅显示标题和正文，是最节省计算机系统硬件资源的视图方式。当然，现在计算机系统的硬件配置都比较高，基本上不存在由于硬件配置偏低而使 Word 2016 运行遇到障碍的问题。

（6）打印预览

在打印预览中，能够通过缩小尺寸显示多页文件；可以查看分页符、隐藏文字以及水印；还可以在打印前编辑和改变格式。若要切换到打印视图，可单击“文件”选项卡，选择“打印”命令，窗口右侧会显示打印预览视图。

4. Word 2016 帮助系统

用户在使用 Microsoft Word 2016 的过程中遇到问题时，可以使用其强大的“帮助”功能，详见微视频 4–4 Word 2016 帮助系统。

视频资源

微视频4-1 Word 2016的启动和退出

微视频4-2 Word 2016窗口基本操作

微视频4-3 Word 2016文件视图

微视频4-4 Word 2016帮助系统

单元2 文件创建及排版

任务1 创建文件

1. 文件的创建

创建 Word 2016 文件的方法如下：

① 创建空白文件，详见微视频 4–5 创建空白文件。

② 根据模板和向导创建新文件。任何 Word 文件都是以模板为基础的。模板决定了文件的基本结构和文件设置，例如，自动图文集词条、字体、快捷键指定方案、宏、菜单、页面设置、特殊格式和样式。Word 2016 包含了多个常用模板，使用这些模板可以快速地生成具有相应结构和参数设置的文件，详见微视频 4–6 根据模版创建文件。

2. 文件的保存

完成文件后需要将其保存，用于设置文件保存路径和名称的“另存为”对话框如图 4–2 所示。

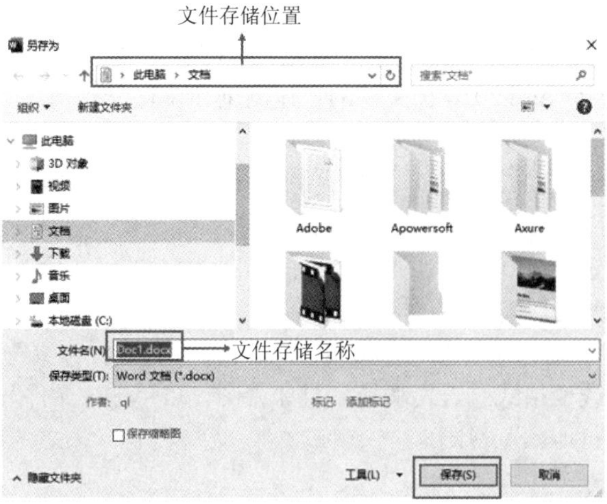

图 4–2 保存文件

① 保存新建文件。保存文件时，需要在“另存为”窗口中设置文件的存储路径和文件名称，详见微视频 4–7 保存新建文件。

② 另存文件。文件保存后，如果想在其他位置再保存一份文件，可以选择“文件”选项卡

→“另存为”命令，将文件另存到其他位置。

视频资源

微视频4-5
创建空白文件

微视频4-6
根据模版
创建文件

微视频4-7
保存新建文件

任务 2　编辑文件

1. 页面设置

页面设置包括页边距、页面的方向（“纵向”或“横向”）、纸张大小等内容的设置。用户可以在“页面布局”选项卡→“页面设置”选项组中进行相关设置。

页边距是指页面四周文字到页面边缘间的空白区域（用上、下、内侧、外侧的距离指定）。通常可在页边距内部的可打印区域中插入文字和图形，也可以将某些项目放置在页边距区域中，如页眉、页脚和页码等。

（1）设置页边距

Microsoft Word 提供了下列页边距选项，如图 4–3 所示。用户可以对页边距做如下设置：

① 使用默认的页边距或指定自定义页边距。

② 添加用于装订的边距。使用装订线边距在要装订的文件两侧或顶部的页边距添加额外的空间。装订线边距的设置可以保证不会因装订而遮住文字。

③ 设置对称页面的页边距。使用对称页边距设置双面文件的对称页面，例如，书籍或杂志。在这种情况下，左侧页面的页边距是右侧页面页边距的镜像（即内侧页边距等宽、外侧页边距等宽）。

④ 添加书籍折页。打开“页面设置”对话框，在“页码”范围选项区域，单击“普通”下拉按钮，在其下拉列表中选择“书籍折页”选项，可以创建菜单、请柬、事件程序或任何其他类型的使用单独居中折页的文件。

⑤ 如果将文件设置为小册子，可用编辑任何文件的相同方式在其中插入文字、图形和其他可视元素。

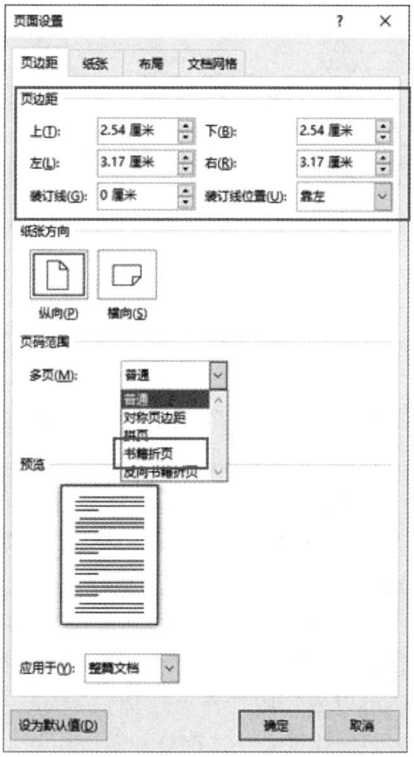

图 4–3　页面设置

（2）在同一文件中使用纵向和横向方向

① 选择要更改为横向或纵向的页。

② 单击“页面布局”选项卡。

③ 在“页面设置”选项组中单击“纸张方向”下拉按钮，在其下拉列表中选择“纵向”或“横向”命令。

2. 文字输入

Word 2016 的基本功能是实现文字的录入和编辑。下面主要介绍文字录入时的各种技巧。

（1）输入中文

输入中文时，第一段开始可先空两个汉字（即按空格键输入 4 个半角空格）。段落内容结束时，按【Enter】键可分段，插入一个段落标记↵ 。

如果前一段的开头输入了空格，下一段首行将自动缩进。输入满一页将自动分页，如果对内容进行增删，文本会在页面间重新调整，按【Ctrl+Enter】组合键可强制分页，即加入一个分页符，确保文件在此处分页。

（2）自动更正

使用自动更正功能，可以自动检测和更正拼写错误和语法错误。例如，如果输入“teh”和一个空格，自动更正功能将输入的内容替换为“the”。如果输入“This is theh ouse”和一个空格，自动更正功能将输入的内容替换为“This is the house”。也可使用自动更正功能快速插入在内置“自动更正”词条中列出的符号。例如，输入“（c）”插入 ©。自动更正的参数设置窗口如图 4–4 所示，详见微视频 4–8 使用自动更正功能。

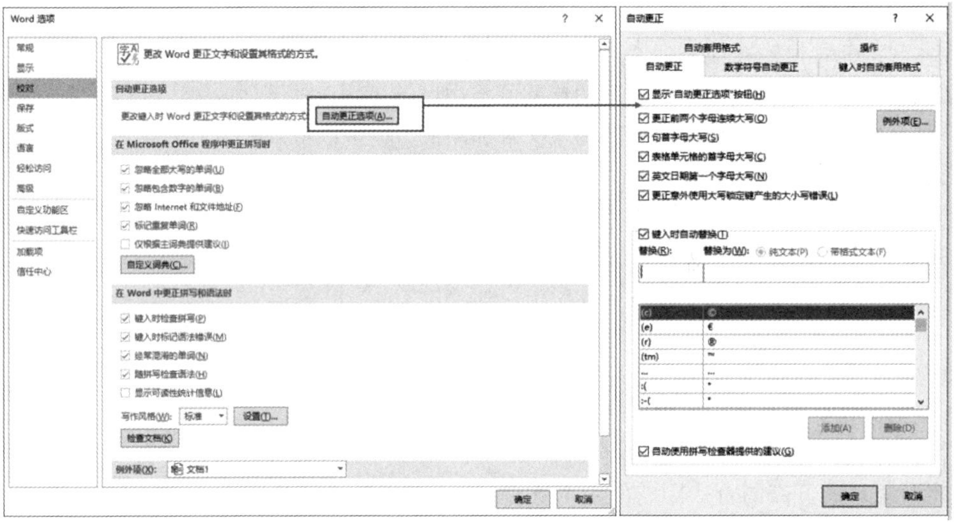

图 4–4　自动更正选项

（3）即点即输

使用即点即输可以在空白区域中快速插入文字、图形、表格或其他项目。只需要在空白区域中双击，“即点即输”功能将自动应用双击处所需的段落格式。

（4）插入日期和时间

操作详见微视频 4–9 插入日期和时间。

（5）插入符号和特殊字符。计算机显示器和打印机可以输出键盘所没有的符号和特殊字符，如符号 ¼ 和 ©、特殊字符长破折号“——”、省略号“……”、国际通用字符 ë 等。

可以插入的符号和特殊字符取决于所应用的字体。例如，一些字体可能包含分数（¼）、国际通用字符（Ç、ë）和国际通用货币符号（£、¥）。内置符号字体包括箭头、项目符号和科学符号。还可以使用附加符号字体，例如，“Wingdings”“Wingdings2”“Wingdings3”等，它包括很多装饰性符号。“符号”窗口如图 4–5 所示，详见微视频 4–10 插入符号和特殊字符。

3. 文本的选定、编辑

在编辑文件过程中，最基本的操作过程为：移动光标到指定位置，选择要编辑的对象，如文本、图形或表格等，然后进行编辑操作，如插入、删除、复制、剪切、粘贴等。编辑对象一般包括字符、词、句、行、一段或多段、表格、图片、形状等。移动光标是各种编辑操作的前提。

（1）移动光标

移动光标的方法主要有以下几种：

① 利用鼠标移动光标，在指定位置单击即可。

② 利用键盘移动光标，各按键功能如表4–1所示。

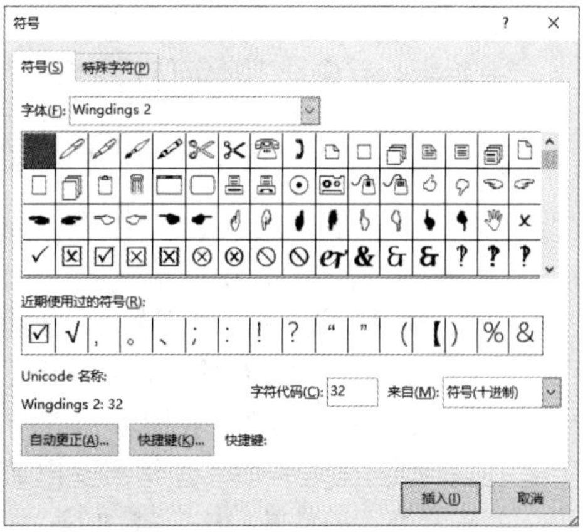

图 4–5　插入符号

表 4–1　光标移动键的功能列表

按　键	插入点的移动
↑/↓，←/→	向上 / 下移一行，向左 / 右侧移动一个字符
Ctrl+ 向左键← /Ctrl+ 向右键→	左移一个单词 / 右移一个单词
Ctrl+ 向上键↑ /Ctrl+ 向下键↓	上移一段 / 下移一段
Page Up/Page Down	上移一屏（滚动）/ 下移一屏（滚动）
Home/End	移至行首 / 移至行尾
Tab	右移一个单元格（在表格中）
Shift+Tab	左移一个单元格（在表格中）
Alt+Ctrl+Page Up/Alt+Ctrl+Page Down	移至窗口顶端 / 移至窗口结尾
Ctrl+Page Down/Ctrl+Page Up	移至下页顶端 / 移至上页顶端
Ctrl+Home/Ctrl+End	移至文件开头 / 移至文件结尾
Shift+F5	移至前一处修订（执行文件修订修改时）
Shift+F5	移至上一次关闭文件时插入点所在位置（执行关闭文件时）

（2）字符的插入、删除和修改

① 插入字符。首先把光标移到准备插入字符的位置，在“插入”状态下输入待添加的内容即可。对新插入的内容，Word 将自动进行段落重组。如系统处于“改写”状态，输入内容将代替插入点后面的内容。按【Insert】键可以在“插入”和“改写”状态之间进行切换。

② 删除字符。首先把光标移到准备删除字符的位置，删除光标后边的字符按【Del】键，删除光标前边的字符按【Backspace】键或【←】键。

③ 修改字符。有两种方法：

- 首先把光标移到准备修改的字符的位置，先删除字符，再插入正确的字符。
- 首先把光标移到准备修改的字符的位置，先选择要删除的字符，再插入正确的字符。

（3）行的基本操作

① 删除行。选定行后，按【Del】键或【Backspace】键。

② 插入空行。在某两个段落之间插入若干空行，可将插入点移动到第一个段落结束处，按【Enter】键即可。

③ 整行的左右移动。设定一行内容居中、居左或居右，把插入点移到这行上，选择“开始”

选项卡→“段落”选项组→“对齐方式”按钮，选择所需对齐方式即可。

④ 拆行。首先把光标定位到准备拆行的位置，根据需要执行下列操作之一：

- 按【Enter】键，产生一个段落结束标记↵，则把一行拆分为两行，且两行分属两个段落。
- 按【Shift+Enter】键，产生一个向下箭头标记↓，则把一行拆分为两个逻辑行，且两行属于一个段落。

⑤ 并行。有两种方法：

- 把光标移到前一行的结束处，按【Del】键。
- 把光标移到后一行的开始处，按【Backspace】键。

（4）复制或移动文字和图形

在编辑 Word 文件时，经常需要把某些内容从一处移到另一处，或把某些内容或格式复制到另一处或多处。通常的操作步骤如下：

① 选定要移动或复制的对象。

② 执行下列操作之一：

- 若要进行移动，单击“开始”选项卡→“剪贴板”选项组→“剪切”按钮✂。
- 若要进行复制，单击“开始”选项卡→“剪贴板”选项组→“复制”按钮。

③ 如果要将所选对象移动或复制到其他文件，首先切换到目标文件。

④ 单击要显示所选对象的位置。

⑤ 单击“开始”选项卡→“剪贴板”选项组→“粘贴”按钮。

⑥ 若要确定粘贴项的格式，可单击“开始”选项卡→“剪贴板”选项组→“粘贴”按钮下拉箭头→“选择性粘贴”命令，如图 4–6 所示。

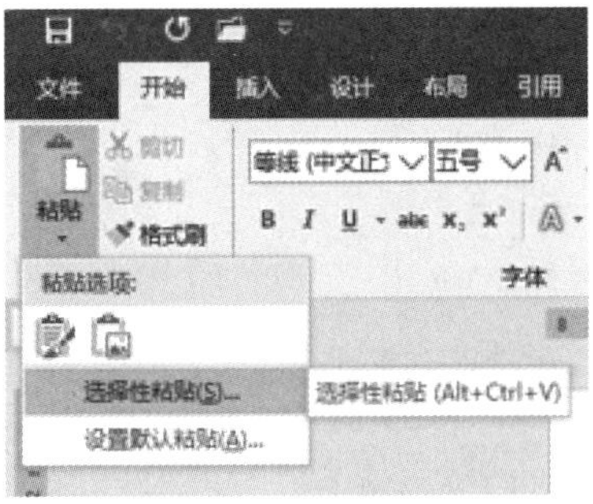

图 4–6　粘贴选项

（5）拖放式编辑功能

详见微视频 4–11 拖放式编辑功能。

（6）Office 剪贴板

使用 Office 剪贴板可以从 Office 文件或其他程序中收集文字、表格、数据表和图形等内容，再将其粘贴到 Office 文件中。例如，可以从一篇 Word 文件中复制一些文字，从 Microsoft Excel 中复制一些数据，从 Microsoft PowerPoint 中复制一个带项目符号的列表，从 Microsoft FrontPage 复制一些文字，从 Microsoft Access 中复制一个数据表，再切换回 Word，把收集到的部分或全部内容粘贴到 Word 文件中。

Office 剪贴板可与标准的“复制”和“粘贴”命令配合使用。只要将对象复制到 Office 剪贴板中，需要时再将其粘贴到任何 Office 文件中。在退出 Office 之前，收集的对象都将保留在 Office 剪贴板中。

（7）撤销和恢复操作

在编辑 Word 文件时，如果发现某一操作有误，可以使用“撤销”和“恢复”功能，其操作步骤如下：

① 在快速访问工具栏上，单击“撤销”旁边的向下箭头，将显示最近执行的可撤销操作的列表。

② 单击要撤销的操作。如果该操作不可见，滚动列表选择。撤销某项操作的同时，也将撤销列表中该项操作之上的所有操作。

视频资源

微视频4-8
使用自动更正功能

微视频4-9
插入日期和时间

微视频4-10
插入符号和特殊字符

微视频4-11
拖放式编辑功能

任务 3　保护文件

若想限制他人浏览或编辑 Word 文件，可以对文件进行保护，设置密码，或是限制编辑权限，详见微视频 4–12 为文件设置密码。

关闭文件后，若想再次打开 Word 文件，需要输入设置的密码，如果忘记密码，则文件将处于锁定状态，不能显示内容。

视频资源

微视频4-12
为文件设置密码

任务 4　掌握文件的排版

1. 字符格式设置

设置字符的基本格式是 Word 对文件进行排版美化的最基本操作，包括对文字的字体、字号、字形、颜色和效果等字体属性的设置。图 4–7 所示给出了部分字符属性的效果。

字体选项卡包括的属性有：
字体例：宋体，新宋体，华文行楷，华文行楷，黑体，华文楷体，幼圆。
字形例：常规、*倾斜*、**加粗**、***加粗倾斜***
字号例：三号、小三号、四号、小四号、五号、小五号。
颜色例：有 256*256*256 种颜色；三种基本颜色：红色、绿色、蓝色；自定义颜色。
下画线例：下画线、双下画线、粗下画线、虚轻下画线、虚重下画线。
效果例：~~删除线~~、~~双删除线~~、上标 x^2、下标 x_2、阴影、空心、阳文、阴文、小型大写字母 ABC、全部大写字母 ABC、隐藏文字(选择后，在屏幕上看不见)。
字符间距选项卡包括的属性有：
缩放：指水平缩放文本，缩放50%，缩放 80%，缩放 100%，缩放 120%，缩放 150%
间距：标准，加宽 0.5 磅，加宽 1 磅，加 宽 2 磅，紧缩0.5 磅，紧缩1磅，紧缩2磅。
位置：标准位置，位置提升 2 磅，位置提升 4 磅，位置下降 2 磅，位置下降 4 磅

图 4–7　部分字符属性的设置效果

可以通过 4 种方式设置字符属性：使用“字体”对话框，使用格式工具栏，使用快捷菜单和使用快捷键。

（1）使用“字体”对话框

使用“字体”对话框设置字符属性，对话框如图 4–8 所示。

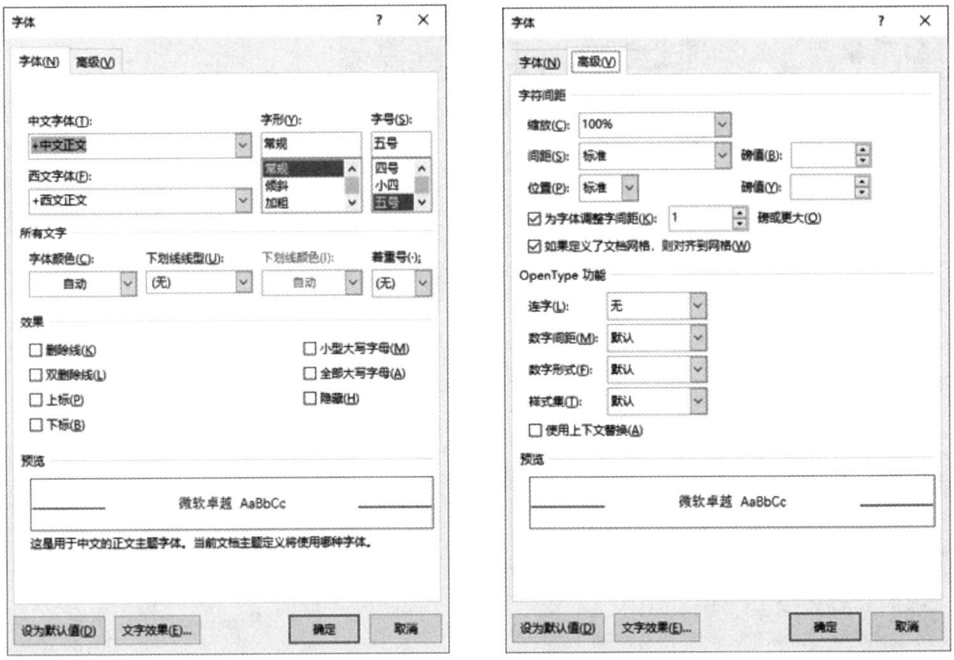

图 4–8 “字体”对话框

①“字符边框”和“字符底纹”属性需要使用工具栏按钮设置，不能在“字体”对话框中设置。

② 在“字体”对话框中可同时设置其中的多个属性。

③ 使用“字体”对话框时，选择相应的选项即可，同时在预览区中可以看到选择效果。

（2）使用格式工具框

使用工具栏按钮设置字符属性的基本操作步骤如下：

① 选择要设置文本格式的文本。

② 单击“字体”选项组中相关按钮。

（3）使用快捷菜单

使用快捷菜单按钮设置字符属性的基本操作步骤如下：

① 选择要设置文本格式的文本。

② 右击，在弹出的快捷菜单中选择相应命令。

（4）使用快捷键设置字符属性

表 4–2 所示是完成字符属性设置的一些快捷键。

2. 中文版式

在 Word 中，可以调整文件的中文版式。具体操作是：选择“文件”选项卡→“选项”标签，打开“Word 选项”对话框，在左侧窗格单击“版式”选项，在右侧菜单中设置中文版式，如图 4–9 所示。

表 4–2　设置字符属性的快捷键

组　合　键	功　　能	组　合　键	功　　能
Ctrl+Shift+C	从文本复制格式	Ctrl+U	应用下画线格式
Ctrl+Shift+V	将已复制格式应用于文本	Ctrl+ Shift +W	只给单词加下画线，不给空格加下画线
Ctrl+Shift+F	更改字体	Ctrl+Shift+D	给文字添加双下画线
Ctrl+Shift+P	更改字号	Ctrl+Shift+H	应用隐藏文字格式
Ctrl+Shift+>	增大字号	Ctrl+I	应用倾斜格式
Ctrl+Shift+<	减小字号	Ctrl+Shift+K	将所有字母设成小写
Ctrl+]	逐磅增大字号	Ctrl+=（等号）	应用下标格式（自动间距）
Ctrl+[	逐磅减小字号	Ctrl+Shift++(加号)	应用上标格式（自动间距）
Ctrl+D	更改字符格式(“格式”→“字体”命令)	Ctrl+ 空格键	删除手动设置的字符格式
Shift+F3	更改字母大小写	Ctrl+Shift+Q	将所选部分更改为 Symbol 字体
Ctrl+Shift+A	将所有字母设为大写	Ctrl+Shift+*(星号)	显示非打印字符
Ctrl+B	应用加粗格式		

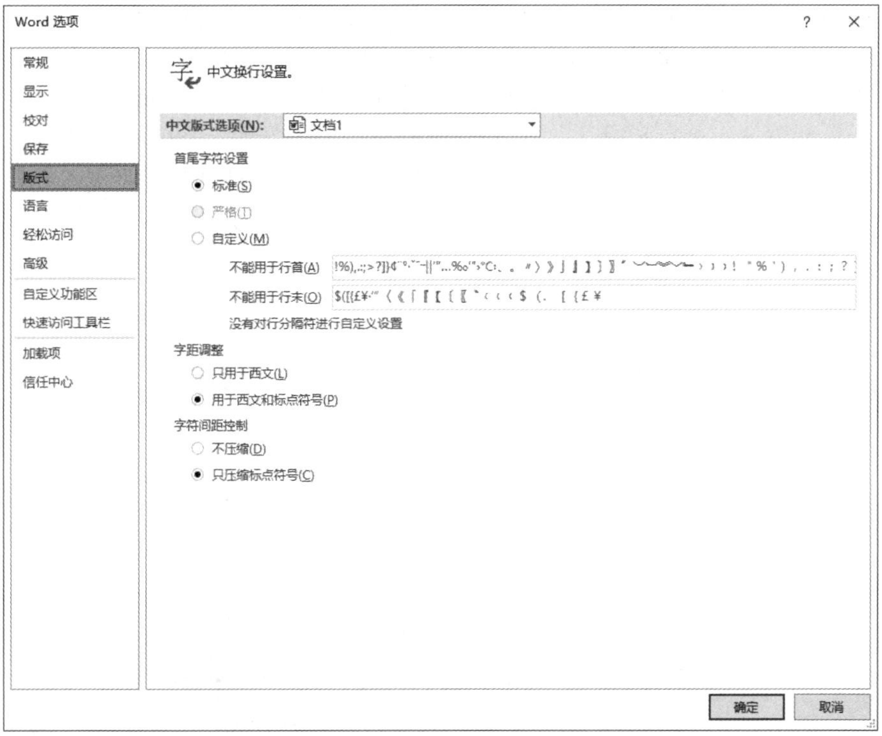

图 4–9　中文版式设置

除上述方法外，在“段落”选项组中单击“中文版式”下拉按钮，也可为文件内容设置“纵横混排”“合并字符”“双行合一”等中文版式。此外，用户还可以在“段落”对话框单击“中文版式”标签设置中文版式。

3. 段落格式设置

文本的段落格式与许多因素有关，例如页边距、缩进量、水平对齐方式、垂直对齐方式、行间距、段前和段后间距等，使用“段落”对话框可以方便地设置这些值。

（1）对齐方式

对齐方式分为水平对齐方式和垂直对齐方式两种。

① 水平对齐方式：是指所选段落内容水平方向上的对齐方式，包括左对齐、右对齐、居中或两端对齐。两端对齐是指调整文字的水平间距，使其均匀分布在左右页边距之间。两端对齐使两侧文字具有整齐的边缘

② 垂直对齐方式：决定段落相对于上或下页边距的位置。这是很有用的，例如，当创建一个标题页时，可以很精确地在页面的顶端或中间放置文本。

（2）文本缩进

缩进决定了段落文本与左 / 右页边距之间的距离。调整缩进距离，可以创建反向缩进（即凸出），使段落超出左边的页边距；还可以设置悬挂缩进，使段落中的第一行文本不缩进，但是下面的行缩进。

（3）行间距与段间距

① 行间距是指从一行文字的底部到另一行文字底部的间距，决定段落中各行文本间的垂直距离。Word 可以调整行间距以容纳该行中最大的字体和最高的图形。行间距的默认值是单倍行距，意味着间距可容纳所在行的最大字体并附加少许额外间距。如果某行包含大字符、图形或公式，Word 将增加该行的行距。如果一行中某些项目不能完整显示，用户可以增加行间距，使之完全显示出来。

② 段间距是指相邻两段之间的空白距离，其大小可以由用户自行设置。

（4）边框与底纹

为段落添加边框和底纹，可以突出重点，美化版面，详见微视频 4–13 设置段落的边框与底纹。

（5）项目符号与编号

① 项目符号是指文件中并列内容前的统一符号，可以使文件条理分明、清晰易读。Word 为用户提供了多种项目符号，用户还可以根据需要添加新的自定义项目符号，如图 4–10 所示。

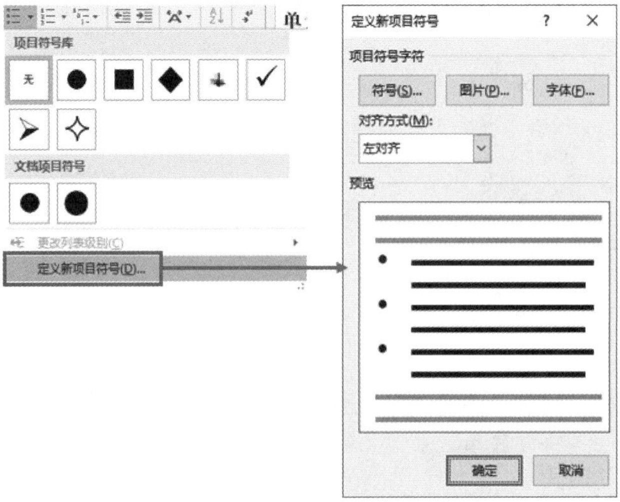

图 4–10　项目符号

② 编号与项目符号基本相同，只不过编号是连续的，使文件内容有条理地罗列出来，层次分明，重点突出。单击“开始”选项卡→“段落”选项组→“编号”下拉按钮，即可在其下拉列表中为选中的文本内容设置编号。

（6）分栏

Word 可以为选中段落分栏。默认状态下，Word 文件的分栏格式是一栏，但用户可以进行复杂的分栏排版，在同一页中实现多种分栏形式，详见微视频 4–14 段落分栏。

4. 分节符的使用

节是文件页面版式及格式设置的单位，结尾处以“分节符”……分节符(连续)……标识。分节符包含节的格式设置元素，例如页边距、页面的方向、页眉和页脚，以及页码的顺序。默认状态下，Word 将整个文件作为一节。若要在一页之内或不同页面之间采用不同的页面版式或格式，则要将文件按需分成多节进行设置，如图 4–11 所示，操作方法详见微视频 4–14 段落分栏。

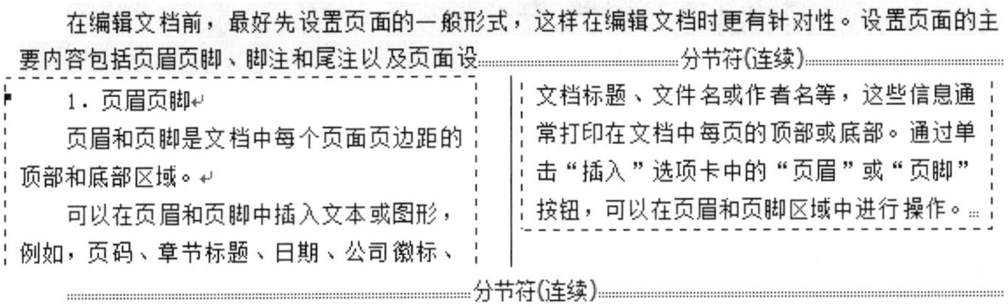

图 4–11　分节符与分栏效果

进行分节操作时，采用如下方法：

① 将光标定位到准备插入分节符的位置，单击“页面布局”选项卡→“页面设置”选项组→“分隔符”下拉按钮。

② 在打开的分隔符列表中，“分节符”区域有 4 种不同类型的分节符，选择合适的分节符即可。

5. 页面格式设置

在编辑文件前，最好先设置页面的格式，这样在编辑文件时会更有针对性。设置页面格式包括页眉页脚、脚注、尾注以及页面设置。

（1）页眉页脚

页眉和页脚是文件中每个页面的顶部和底部区域，一般用来显示文件的附加信息。

用户可以在页眉和页脚中插入文本或图形，例如页码、章节标题、日期、公司徽标、文件标题、文件名或作者名等。单击“插入”选项卡→“页眉和页脚”选项组中的按钮即可插入页眉或页脚，详见微视频 4–15 创建页眉和页脚。

若要将页眉页脚中的内容居中放置，可按一次【Tab】键；若要右对齐某项内容，按两次【Tab】键。

（2）脚注与尾注

脚注通常用于注释说明文件内容，一般出现在注释对象下方或其所在页面的底部；尾注则用于说明引用的文献，位于节或文件的尾部。

单击“引用”选项卡→“脚注”选项组右下角的按钮，打开“脚注与尾注”对话框，选中“脚注”单选按钮，设置文件脚注格式；选中“尾注”单选按钮，设置尾注格式，单击“确定”按钮，即可为文件添加脚注和尾注，如图 4–12 所示。

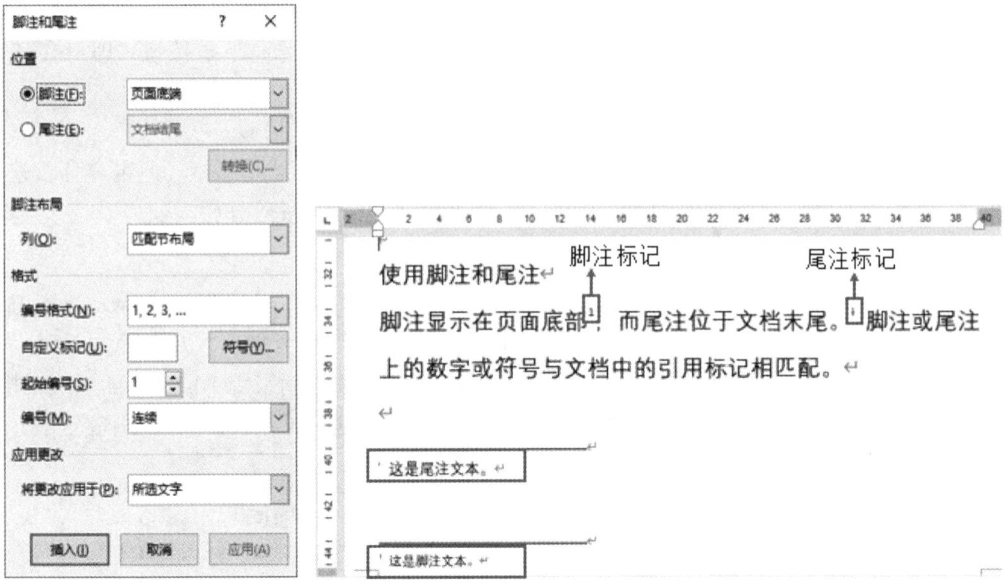

图 4-12 脚注与尾注

视频资源

微视频4-13
设置段落的边框与底纹

微视频4-14
段落分栏

微视频4-15
创建页眉和页脚

任务 5 打印文件

创建好 Word 文件后，有时需要将文件打印出来，下面介绍文件的打印功能。

1. 打印前的准备工作

在打印文件前要准备好打印机：接通打印机电源，连接打印机与主机，添加打印纸等。

2. 打印文件

一般情况下，打印前要预览打印页面。预览页面与最终的打印效果是一致的。在预览页面时，如果发现有不妥之处，可随时修正，既节约打印纸，又提高了工作效率。选择“文件”选项卡→“打印”命令，即可打开打印预览视图，如图 4-13 所示。用户可以在窗口左侧设置打印参数，在右侧即时预览打印效果。

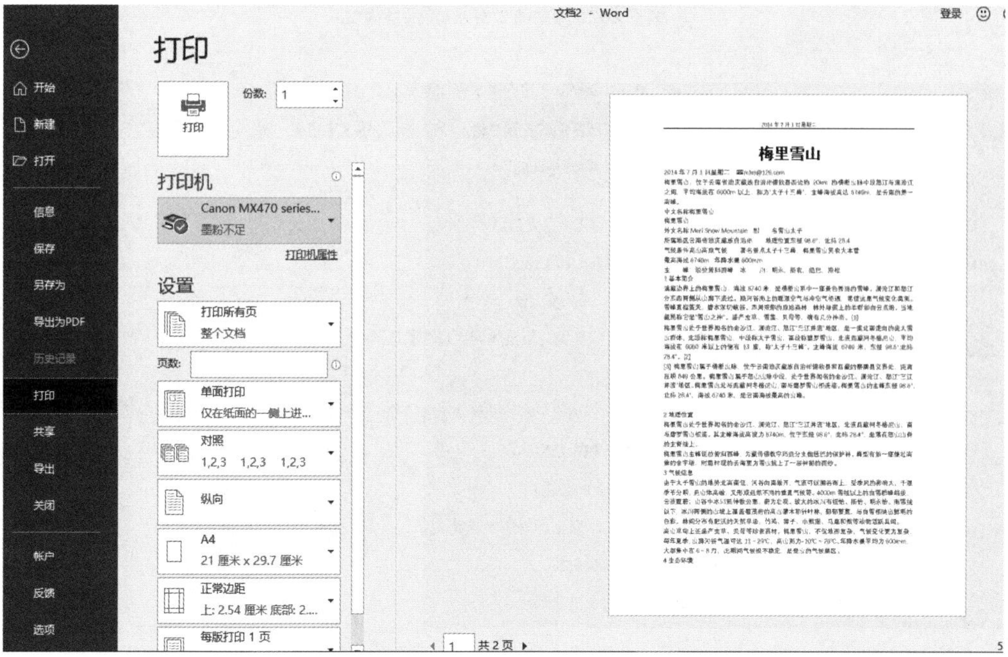

图 4–13　打印预览

3. 打印文件

在打印预览视图中设置好打印参数后，单击“打印”按钮，即可打印文件。

实训　Word 文件的创建与排版

一、实训目的

① 掌握 Word 2016 的启动和退出方法。

② 熟悉 Word 2016 界面。

③ 掌握 Word 文件的创建及保存方法。

④ 熟练输入文件内容，练习自动更正、插入日期和时间、插入特殊符号等操作。

⑤ 练习文件内容的选定、复制及剪切操作。

⑥ 掌握设置文件密码的方法。

⑦ 熟练设置文件的字体属性。

⑧ 熟练设置段落格式。

二、实训任务

① 创建空白文件并保存，将其命名为“2020 级营销 3 班郊游通知 .docx”。

② 添加自动更正项目，用“中央民族大学”替换“民大”。

③ 根据图 4–14 所示输入文件内容。

④ 设置第一段“关于…通知”字体为“微软雅黑”，字号为“三号”，粗体，居中。

⑤ 设置第二段“秋天是个…通知如下：”首行缩进 2 个字符，段前间距 2 行，段后间距 1 行。

⑥ 如图 4–14 所示，在活动主题、时间、地点、参加人员和行程安排前加入编号。

⑦ 如图 4–14 所示，在“5. 行程安排”下各段落前添加项目符号。

⑧ 在“2020 级营销 3 班班委会”的下一段插入日期时间“2020 年 10 月 12 日”。

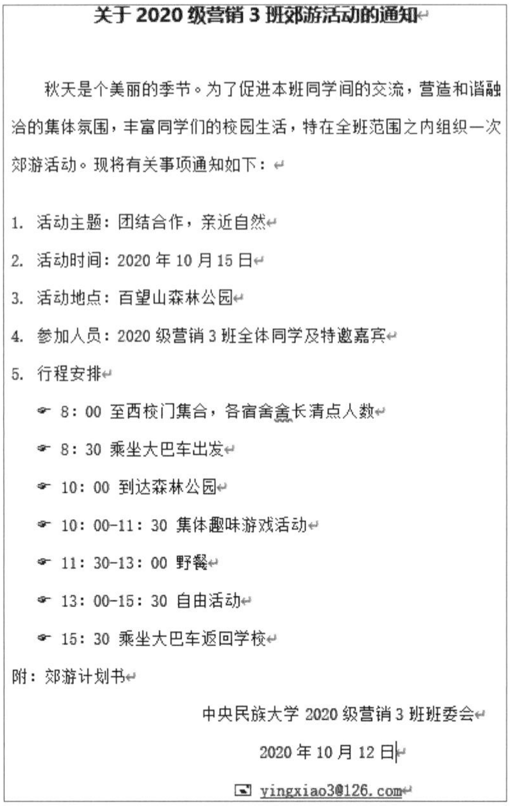
关于 2020 级营销 3 班郊游活动的通知

秋天是个美丽的季节。为了促进本班同学间的交流，营造和谐融洽的集体氛围，丰富同学们的校园生活，特在全班范围之内组织一次郊游活动。现将有关事项通知如下：

1. 活动主题：团结合作，亲近自然
2. 活动时间：2020 年 10 月 15 日
3. 活动地点：百望山森林公园
4. 参加人员：2020 级营销 3 班全体同学及特邀嘉宾
5. 行程安排
   - 8：00 至西校门集合，各宿舍舍长清点人数
   - 8：30 乘坐大巴车出发
   - 10：00 到达森林公园
   - 10：00-11：30 集体趣味游戏活动
   - 11：30-13：00 野餐
   - 13：00-15：30 自由活动
   - 15：30 乘坐大巴车返回学校

附：郊游计划书

中央民族大学 2020 级营销 3 班班委会

2020 年 10 月 12 日

yingxiao3@126.com

图 4–14　郊游通知样张

⑨ 如图 4–14 所示，在上一步插入的日期后另起一段，输入特殊符号“+”（包含在 Windings 字体中），然后输入班级电子邮件地址 yingxiao3@126.com。

⑩ 设置正文及落款（从“秋天是个美丽的季节”至“2020 年 10 月 12 日”）字体为“宋体”，字号为“四号”，1.5 倍行距。

⑪ 为文件设置密码。

三、实训提示

① 创建空白文件，按指定文件名保存。

② 设置自动更正替换项。

③ 根据图 4–14 所示输入通知内容。

④ 选中第一段，应用“开始”选项卡→“字体”选项组按要求设置字符格式。

⑤ 选中第二段，应用“开始”选项卡→“段落”选项组按要求设置段落格式。

⑥ 选中题目指定内容，应用“开始”选项卡→“段落”选项组中的编号按钮设置编号。

⑦ 选中题目指定内容，应用“开始”选项卡→“段落”选项组中的项目符号按钮设置项目符号。

⑧ 在题目指定位置，单击“插入”选项卡→“文本”选项组→“日期和时间”按钮插入日期。

⑨ 在题目指定位置，单击“插入”选项卡→“符号”选项组→“符号”→“其他符号”项目，插入特殊符号。

⑩ 按照题目要求设置正文格式。

⑪ 应用“文件”选项卡→“信息”标签→“保护”下拉列表中的命令为文件设置密码。

文件编辑结果如图 4–14 所示。

四、拓展思考与练习

① 如何将行程安排前的项目符号替换成自定义图片？

② 如何将电子邮件地址设置成超链接？

单元 3　图 文 混 排

任务 1　插入图形图片对象

在单调的文本文件中插入图片、图形、艺术字等对象，可以使文件变得更加引人注目。同时，Word 中也提供强大的美化图像功能，它可以使文件更加丰富多彩。

Word 中可插入的图形图片对象有很多种，如图片、自绘图形、艺术字、数学公式以及图形文件等，下面一一介绍。

① 图片。Word 可以显示和编辑多种格式的图片，详见微视频 4–16 插入并编辑图片。

② 自绘图形。图形可以调整大小、旋转、翻转、着色或者组合以生成更复杂的图形。许多图形都有调整控点，可以用来更改图形的大多数重要特性。可以将文本添加到图形中，添加的文本将成为图形的一部分，并随图形一起旋转或翻转。文本框可作为图形处理，它与图形的格式设置方式有很多相同之处，如设置填充颜色、边框及效果等，详见微视频 4–17 插入图形。

③ 艺术字。单击“插入”选项卡→“文本”选项组→“艺术字”下拉按钮，在其下拉列表中选择一种艺术字效果，即可在文件中插入艺术字。

④ 数学公式。Word 2016 提供了强大的公式快速插入功能，单击“插入”选项卡→“符号”选项组→“公式”下拉按钮，在其下拉列表中选择要添加的常见公式即可。用户也可以自行创建公式，并将其插入到文件中，详见微视频 4–18 插入、编辑数学公式。

⑤ SmartArt 图形。SmartArt 图形可以快速、轻松、有效地传达信息和观点。单击“插入”选项卡→“插图”选项组→“SmartArt”按钮，在弹出的“选择 SmartArt 图形”对话框中选择一种图形样式，如图 4–15 所示，即可在文件中插入所选图形。

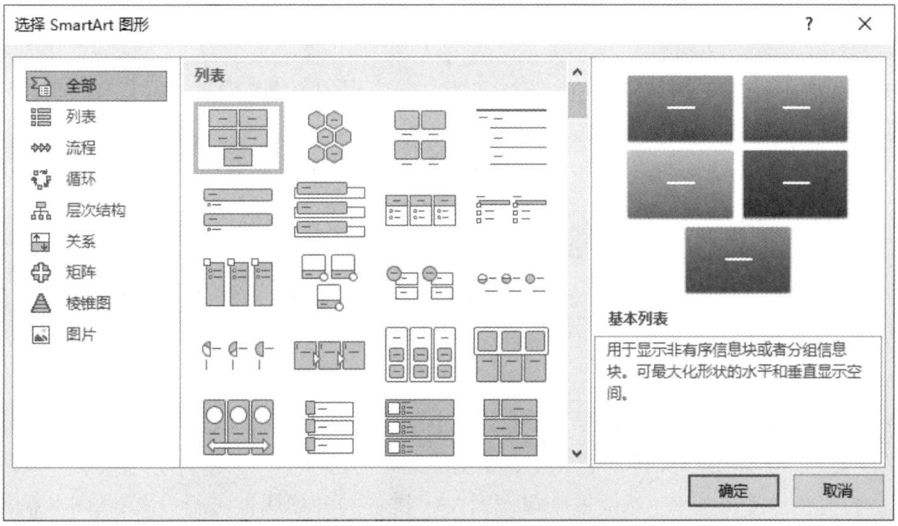

图 4–15　“选择 SmartArt 图形”对话框

视频资源

微视频4-16
插入并编辑图片

微视频4-17
插入并编辑图形

微视频4-18
插入、编辑数学公式

任务 2 设置文字图形效果

1. 首字下沉

首字下沉效果经常出现在报刊杂志中。文章或章节开始的第一个字字号明显较大并下沉数行，能起到吸引眼球的作用。在 Word 中，设置这种效果的操作非常简单：将光标置于需要设置的段落前，单击“插入”选项卡→“文本”选项组→“首字下沉”下拉按钮，执行“下沉”命令，即可设置首字下沉效果。

如果用户在“首字下沉”下拉列表中选择“首字下沉选项”命令，则可以在弹出的“首字下沉”对话框中设置下沉的文字字体、下沉的行数和距正文的距离，如图 4–16 所示。

设置首字下沉后，首字将被一个图文框包围，单击图文框边框，拖动控点可以调整其大小，里面的文字也会随之改变大小。

2. 调整文字方向

文字方向是指排版中文字的排列方向。为了满足不同的排版需求，Word 中提供了横排和竖排两种文字方向，对于竖排文字提供了从左到右和从右到左两种排列方式。设置文字方向的方法有如下两种。

（1）在“文字方向”对话框中调整

选择文字后，右击并执行“文字方向”命令，在弹出的“文字方向”对话框中选择一种文字方向，接着单击“应用于”下拉按钮，选择文字方向应用的范围，设置完成后单击“确定”按钮，即可设置所选文字的方向，如图 4–17 所示。

在“文字方向”对话框中有五种文字排列样式供选择，但此时只有三种能用，当用户在文件中插入一个文本框并写入文字时，就可以选择其他两种文字排列样式了。

（2）在“页面布局”选项卡中调整

单击“页面布局”→“页面设置”→“文字方向”下拉按钮，选择一种文字方向，如“垂直”，即可调整文字方向。

3. 给文本添加拼音

用户可以使用拼音指南功能查看 Word 文件中汉字的读音，也可以为汉字添加拼音。

操作方法为：选择要添加拼音的文字，单击“开始”选项卡→“字体”选项组→“拼音指南”按钮，在打开的“拼音指南”对话框中可以对文字拼音的各项属性进行设置，单击“确定”按钮，即可对文字添加拼音，如图 4–18 所示。

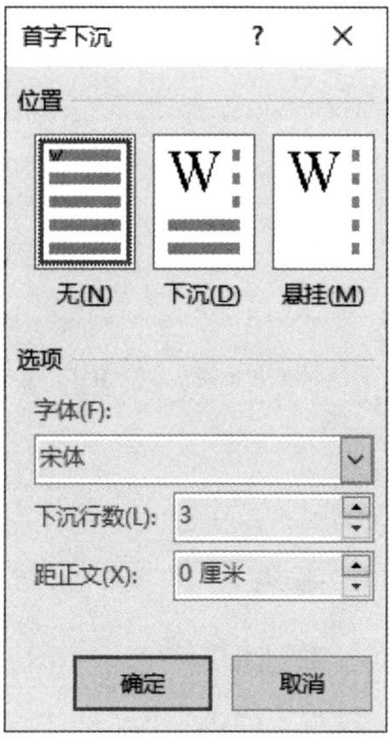

图 4–16　“首字下沉”对话框

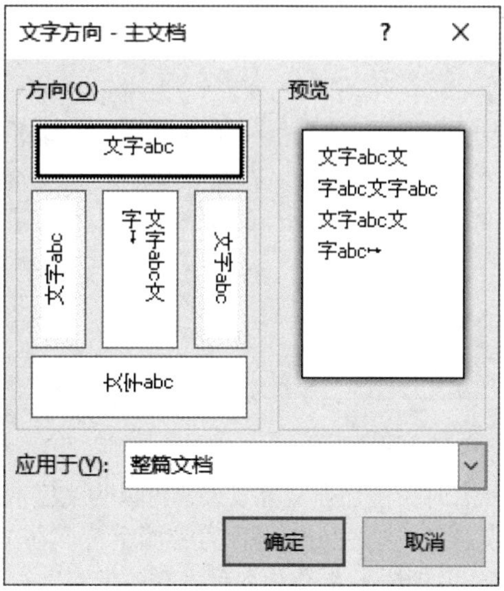

图 4–17　“文字方向”对话框

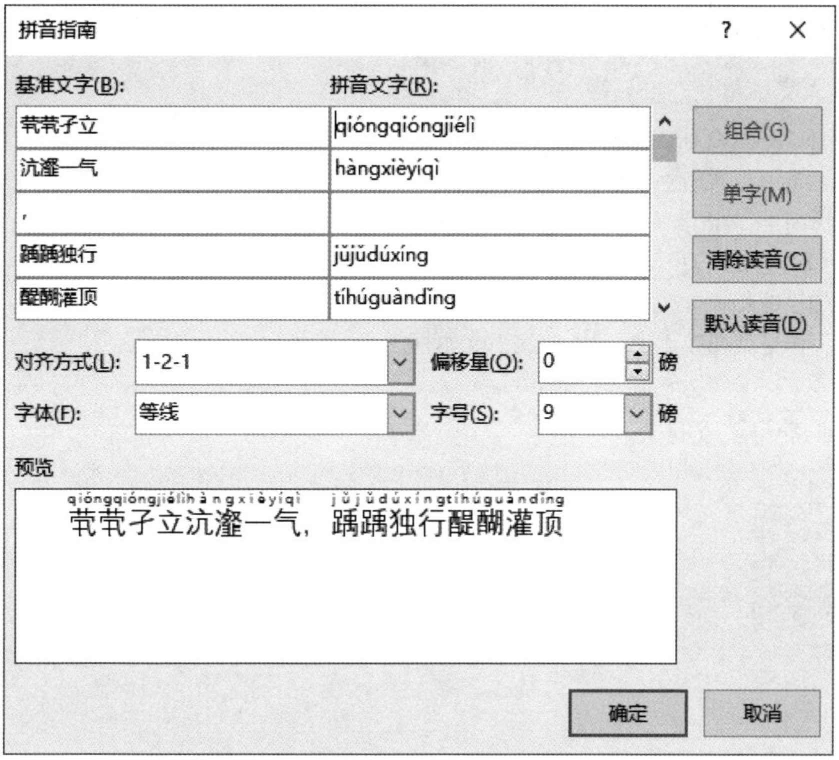

图 4–18　“拼音指南”对话框

在“拼音指南”对话框中，各个设置项的说明如表 4–3 所示。

表 4–3 拼音指南各项说明

设置项名称	说　明
基准文字	在该文本框中显示要添加的文字
拼音文字	在该文本框中显示要添加的拼音
对齐方式	单击该按钮，选择拼音与文字之间的对齐方式
偏移量	单击其微调按钮，将设置拼音与文字之间的行间距
字体	设置拼音在文件中显示的字体
字号	设置拼音在文件中显示的字号
组合按钮	为多个文字添加拼音时，单击“组合”按钮，则设置拼音的对齐方式时，将所有字体组合到一起设置
单字	将以单个文字为单位来设置拼音对齐

4. 带圈字符

有时为了加强文字效果，可以为文字或数字加上一个圈，以突出其意义，这些文字就称为带圈字符。在 Word 中，可以轻松地为字符添加圈号，制作出各种各样的带圈字符。

操作方法为：选择文本，单击“开始”选项卡→“字体”选项组→“带圈字符”按钮㊫，在弹出的“带圈字符”对话框中设置样式和圈号，如图 4–19 所示。

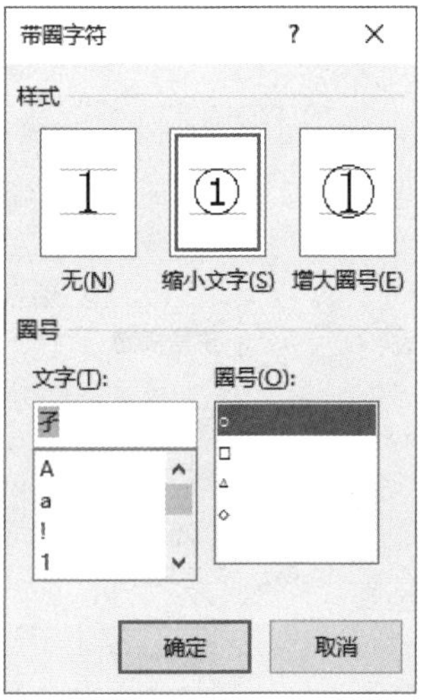

图 4–19 “带圈字符”对话框

任务 3 插入文本框

文本框是一种可移动、可调大小的文字或图形容器。使用文本框，可以在一页上放置数个文字块，或使文字与文件中其他文字以不同的方向排列。

可以使用“绘图工具”→“格式”选项卡中的工具来增强文本框的效果，如更改填充颜色等。文本框的添加与编辑方法与其他图形对象相同，详见微视频 4–19 插入、编辑文本框。

视频资源

微视频4–19
插入、编辑
文本框

任务 4 绘制图形

1. 绘制基本图形

（1）绘图画布。

在 Word 中可以使用绘图画布绘制图形。当图形对象包括几个图形时，使用绘图画布非常方便。绘图画布还在图形和文件的其他部分之间提供了一条类似框架的边界。在默认情况下，绘图画布没有背景或边框，但是同处理图形对象一样，可以对绘图画布应用格式。

（2）创建绘图

① 将光标放置在文件中要创建绘图的位置。

② 单击“插入”选项卡→“插图”选项组→“形状”下拉按钮，选择“新建绘图画布”选项，绘图画布就插入文件中了。

③ 在“插入形状”选项组中选择所需的图形或图片。

2. 对齐、排列图形对象

在 Word 中，可以方便地对图形对象进行对齐和排列等操作。

对齐图形对象：可以根据图形对象的边框、中心（水平）或中心（垂直）排列两个或更多图形对象，也可以根据整个页面或其他锁定标记的位置对齐一个或多个图形对象。

分布图形对象：可以将 3 个或更多图形对象垂直或水平等距分布。

在分布排列前，必须先将图形对象的文字环绕方式设置为非“嵌入型”。然后同时选中所有需要分布排列的图形对象，根据需要设置为“横向分布”或“纵向分布”，如图 4–20 所示。

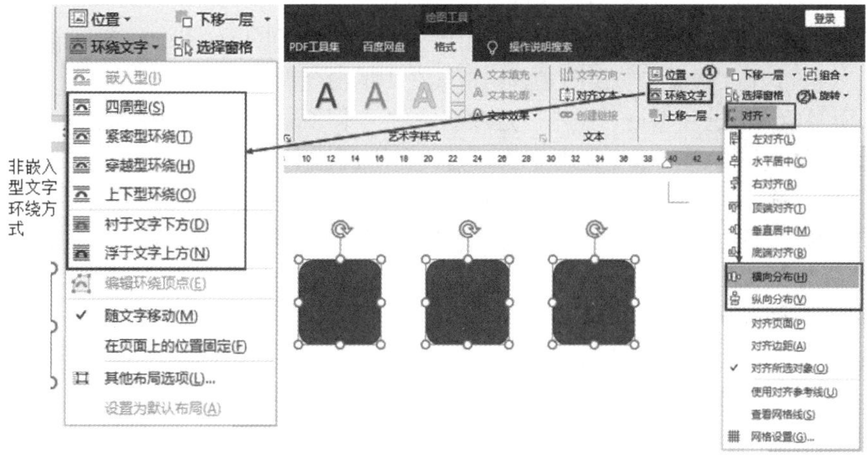

图 4–20　分布排列图形对象

实训　图文混排

一、实训目的

① 掌握在 Word 文件中插入各种图片文件的方法。

② 熟练设置艺术字格式。

③ 熟练应用文本框。

④ 练习在文件中应用文字图形效果。

⑤ 掌握绘制自选图形的方法。

二、实训任务

① 创建空白文件并保存，文件名为“郊游邀请函 .docx”。

② 进行页面设置：纸张大小为“信封 Mornarch”，纸张方向为“横向”，页面背景为图片“背景 .jpg”。

③ 如图 4–21 所示，插入图片“鸟 .jpg”，设置自动换行方式为“浮于文字上方”，取消“锁

定纵横比”，调整其大小，自行设置图片显示效果，并将其放置在页面左上角。

④ 如图 4–21 所示，插入文本框，输入邀请函内容，设置文本框字体为“宋体”，字号为“四号”。文本框填充颜色自选（可设置为无），无轮廓线，请自行设置其形状效果。

⑤ 如图 4–21 所示，插入艺术字，内容为“秋书”，字体为“隶书”，字号为“四号”，自行设置字体颜色、艺术字样式和效果。

⑥ 在文件中绘制喜爱的图形，在其中添加文本“憧憬一段任性的旅行，最好在青春飞扬的时节，最好有个遥远美丽的目的地，最好能伴阳光前行，最好，有你们。”。文本字体为“隶书”，四号字，自行设置文本颜色及图形的填充颜色、轮廓颜色、轮廓粗细、形状效果、大小和方向，将其放置到文件的下方。

⑦ 将艺术字“秋书”中的“秋”字设置成带圈字符，如图 4–21 所示。

三、实训提示

① 创建一个空白文件，并按指定文件名保存。

② 应用“页面布局”选项卡中的按钮进行页面设置。

③ 单击“插入”选项卡→“插图”选项组→“图片”按钮插入图片。选中图片，选择上下文选项卡“图片工具 – 格式”中的命令设置图片格式。

④ 应用“插入”选项卡→“文本”选项组→“文本框”下拉列表中的项目插入文本框。选中文本框，选择上下文选项卡“绘图工具 – 格式”中的命令设置图片格式。

⑤ 应用“插入”选项卡→“文本”选项组→“艺术字”下拉列表中的项目插入艺术字。选中艺术字，选择上下文选项卡“绘图工具 – 格式”中的命令设置艺术字格式。应用“开始”选项卡→“字体”选项组中的命令设置字体格式。

⑥ 应用“插入”选项卡→“插图”选项组→“形状”下拉列表中的项目插入图形。选中该图形，选择上下文选项卡“绘图工具 – 格式”中的命令设置图形格式。应用“开始”选项卡→“字体”选项组中的命令设置字体格式。

⑦ 选中艺术字，应用“开始”选项卡→“字体”选项组→“带圈字符”按钮设置带圈字符。

⑧ 文件编辑结果如图 4–21 所示。

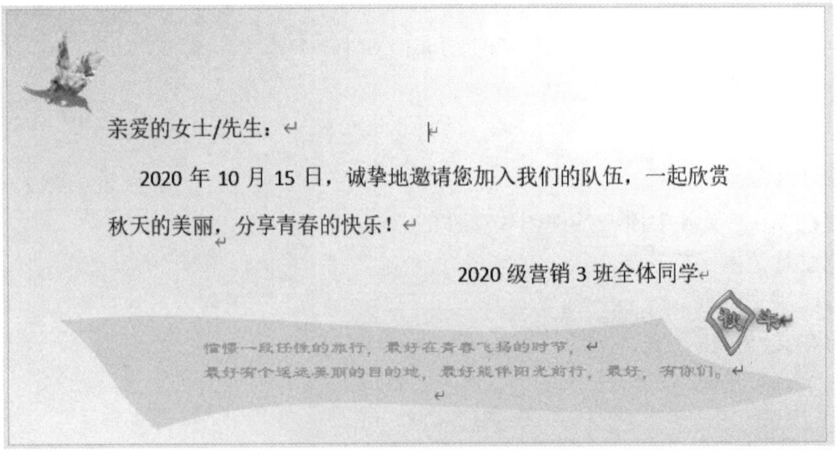

图 4–21　郊游邀请函

四、拓展思考与练习

① 练习多个自选图形的组合、排列和对齐。

② 样张中的自选图形为波形，进行了顶点调整。请尝试对图形进行顶点调整，得到个性化形状。

③ 应用画布，将文件中的多种图片组合起来，并对它们进行快速对齐和排列。

④ 应用图片、图形、文本框、艺术字等图片对象设计个性化邀请函。

单元 4　表 格 处 理

任务 1　创建表格

表格由行和列交叉组成。用户可以在行列交叉所得的单元格中填写文字或插入图片。表格可以用来组织和显示信息、快速引用和分析数据、进行排序及公式计算、创建有趣的页面版式，或创建 Web 页中的文本、图片和嵌套表格。

Word 提供了以下几种创建表格的方法。

1. 自动插入表格

① 单击要创建表格的位置。

② 单击“插入”选项卡→“表格”选项组→“表格”下拉按钮，弹出如图 4–22 所示的网格。

③ 拖动鼠标，选定所需的行、列数。

2. 使用“插入表格”

① 单击要创建表格的位置。

② 单击“插入”选项卡→“表格”选项组→“表格”下拉按钮→“插入表格”命令，打开“插入表格”对话框。

③ 在“表格尺寸”选项区域设置所需的行数和列数，如图 4–23 所示。

图 4–22　插入表格

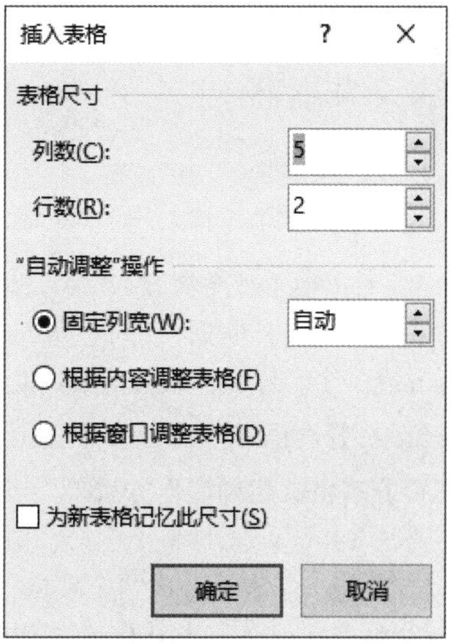

图 4–23　指定行、列数

④ 在“自动调整”操作下设置表格大小。

⑤ 若要使用内置的表格格式，单击“插入”选项卡→“表格”选项组→“表格”下拉按钮→“快速表格”命令，在弹出的菜单中选择所需选项。

3. 绘制更复杂的表格

Word 中可以手动绘制复杂的表格，例如，包含高度不同的单元格或每行包含的列数不同的表格。单击“插入”选项卡→“表格”选项组→“表格”下拉按钮→“绘制表格”命令，用户可以创建自己所需的表格，详见微视频 4–20 绘制表格。

4. 创建嵌套表格

若表格的单元格中又包含了表格，称其为嵌套表格。将光标定位到已有表格的某个单元格中，使用上述“绘制表格”功能绘制一个新的表格，即可得到嵌套表格。也可以将一个已有表格复制并粘贴到另一个表格内，得到嵌套表格。

5. 设置表格属性

使用“表格属性”对话框可以方便地改变表格的各种属性，如对齐方式、文字环绕、边框和底纹、默认单元格边距、默认单元格间距、自动调整大小以适应内容、行、列、单元格，详见微视频 4–21 设置表格属性。

需要注意的是，Word 能够依据分页符自动在新的一页上重复表格标题，如果在表格中插入了手动分页符，则 Word 无法重复表格标题。

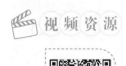

视频资源

微视频4–20
绘制表格

微视频4–21
设置表格属性

任务 2 编辑表格

1. 行、列操作

为表格添加单元格、行或列的操作详见微视频 4–22 表格的行、列操作。

2. 单元格合并与拆分

Word 可以将同一行或同一列中的两个或多个单元格合并为一个单元格，也可以将一个单元格拆分成多个，详见微视频 4–23 单元格的合并与拆分。

3. 拆分表格

拆分表格有两种操作方法。

方法 1：

① 要将一个表格分成两个表格，单击要成为第二个表格的首行的行。

② 单击“表格”选项卡→“布局”选项组→“拆分表格”命令。

方法 2：

选择要成为第二个表格的行或行中的部分连续单元格（不连续选择仅对选择区域的最后一行有效），然后按【Shift+Alt+ ↓】组合键，即可按要求拆分表格。

4. 删除表格或清除其内容

可以删除整个表格，也可以清除单元格中的内容，而不删除单元格本身。

① 删除表格及其内容。右击表格，选择“删除表格”命令。

② 删除表格内容。选择要删除的项，按【Delete】键。

③ 删除表格中的单元格、行或列。选择要删除的单元格、行或列，右击表格选择“删除表格”命令，然后单击“单元格”“行”或“列”命令。

④移动或复制表格内容。选定要移动或复制的单元格、行或列，执行下列操作之一：

- 要移动选定内容，可将选定内容拖动至新位置。
- 要复制选定内容，可在按住【Ctrl】键的同时将选定内容拖动至新位置。

视频资源

微视频4–22 表格的行、列操作

微视频4–23 单元格的合并与拆分

任务 3　表格格式化

1. 表格外观格式化

表格外观格式化包括为表格添加边框和底纹，以及套用表格样式等。

（1）为表格添加边框

在 Word 中操作表格时，选择“表格工具 – 设计”选项卡→“表格样式”选项组→“边框”下拉按钮→“边框和底纹”命令，在弹出的“边框和底纹”对话框中进行设置，同样也可以在“边框”下拉按钮中选择一种边框样式对边框进行设置，如图 4–24 所示。

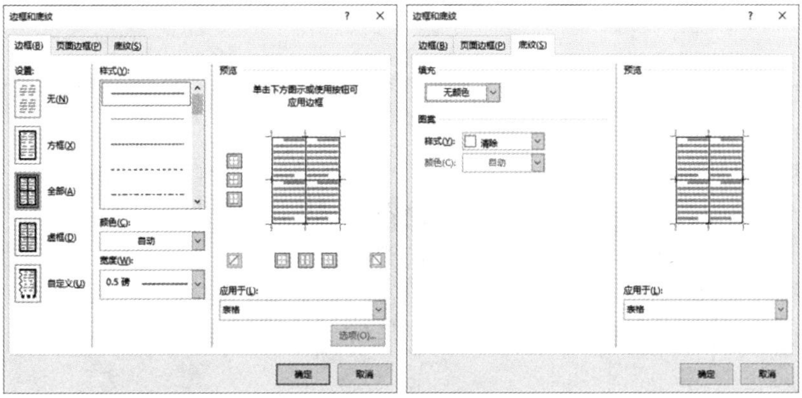

图 4–24　设置边框和底纹

（2）为表格添加底纹

选择要添加底纹的区域，单击“表格样式”→“底纹”下拉按钮，选择一种色块，如“橙色”。

也可以在“边框和底纹”对话框中单击“底纹”标签，在“填充颜色”下拉列表中选择一种色块。

（3）套用表格样式

Word 2016 为用户提供了多种表格样式，选择“设计”选项卡→“表格样式”选项组中的下拉按钮，在“内置”区域选择一种表格样式，即可套用表格样式，如图 4–25 所示。

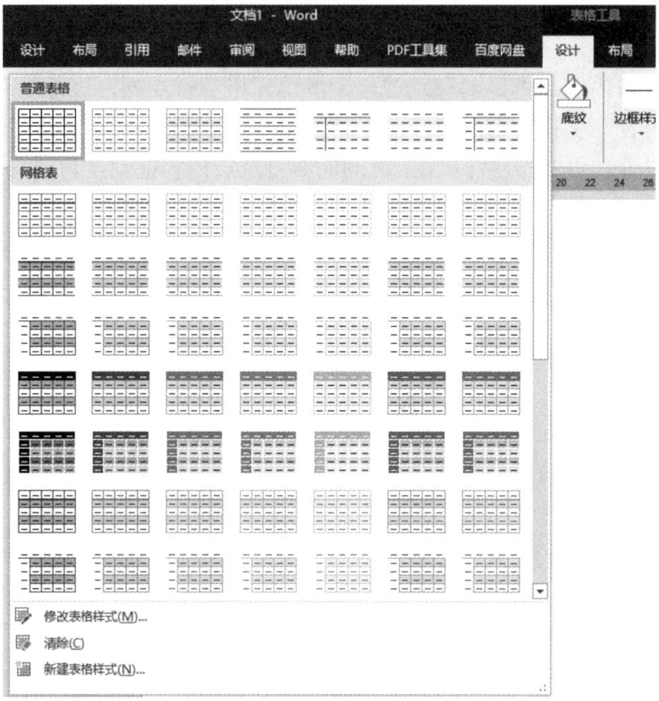

图 4–25　套用表格样式

2. 表格内容格式化

对表格内容进行格式化，除了设置表格的对齐方式、文字方向等，还可以在表格和文本间进行相互转换。

将文本转换成表格时，使用逗号、制表符或其他分隔符标记新的列开始的位置，操作方法如下：

① 在要划分列的位置插入所需的分隔符。例如，在一行有两个字的列表中，在第一个字后插入逗号或制表符，从而创建一个两列的表格。

② 选择要转换的文本。

③ 选择“插入”选项卡→“表格”→“文本转换成表格”命令。

④ 在“文字分隔位置”下单击所需的分隔符选项。

⑤ 选择其他所需选项。如果需要有关某个选项的帮助，可单击问号按钮，然后单击该选项。

将表格转换成文本的操作步骤与此类似，只是在第③步中选择“将表格转换为文本”即可。

任务 4　表格数据处理

1. 表格计算

（1）在表格中进行计算

Word 向用户提供了许多公式，如 average、sum、max、min 等。用户可以直接使用这些公式对表格中的数据进行计算。

在表格中进行计算时，可用 A1、A2、B1、B2 的形式引用表格单元格，其中字母表示“列”，数字表示“行”，如图 4–26 所示。

① 引用单独的单元格。在公式中引用单元格时，用逗号分隔单个单元格。

② 引用整行或整列。用以下方法在公式中引用整行和整列。

使用只有字母或数字的区域表示整行或整列。例如，1:1 表示表格的第一行。如果以后要添加其他的单元格，这种方法允许计算时自动包括一行中所有单元格。

③ 引用某个区域内的所有单元格。通过标识区域左上角和右下角的单元格表示整个区域。例如，A1:A3 表示只引用 A 列中的第 1 行到第 3 行，A1:C2 表示引用左上角为 A1 单元格、右下角为 C2 单元格的区域。

用户可以在计算公式中通过以上几种方式对指定单元格的内容进行计算，被引用的多个单元格或单元格区域间用英文逗号分隔，如图 4–27 所示。

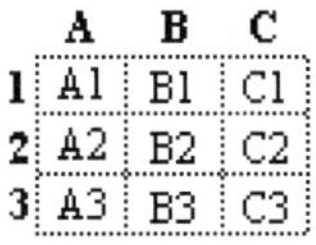

图 4–26　引用单元格

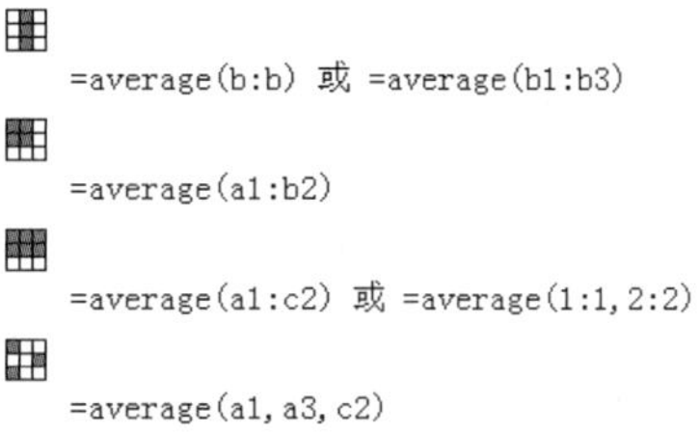

图 4–27　单元格引用

（2）计算行或列中数值的总和

① 单击要放置求和结果的单元格，如表 4–4 所示，学生成绩表第一行的“总分”列。

表 4–4　学生成绩表

学号	姓名	性别	数学	语文	政治	物理	总分	平均分
070002	王坤	男	75	85	88	95	343	84.75
070003	李丽	女	96	98	86	96	376	85.75
070001	张辉	男	95	80	85	90	350	87.5

② 选择“表格工具 – 布局”选项卡→“数据”选项组→“公式”命令。

③ 如果选定的单元格位于一列数值的底端，Word 将建议采用公式 =SUM（ABOVE）进行计算。如果该公式正确，可单击“确定”按钮。如果选定的单元格位于一行数值的右端，Word 将建议采用公式 =SUM（LEFT）进行计算。如果该公式正确，可单击“确定”按钮。

- 若单元格中显示的是大括号和代码（例如，{=SUM（LEFT）}）而不是实际的求和结果，则表明 Word 正在显示域代码。要显示域代码的计算结果，可按【Shift+F9】组合键。
- 若该行或列中含有空单元格，则 Word 将不对这一整行或整列进行累加。要对整行或整列求和，可在每个空单元格中输入零值。

（3）在表格中进行其他计算，如计算表 4–4 第一行的平均分

① 单击要放置计算结果的单元格。

② 选择“表格工具 – 布局”选项卡→“数据”选项组→“公式”命令。

③ 若 Word 提议的公式非所需，可将其从“公式”框中删除。不要删除等号，如果删除了等号，

要重新插入。

④ 在“粘贴函数”框中单击所需的公式。例如，求平均，单击“AVERAGE”函数。

⑤ 在公式的括号中输入单元格引用，可引用单元格的内容。如果需要计算单元格 D2 至 G2 中数值的平均值，应建立这样的公式：=AVERAGE（D2:G2）。

⑥ 在“编号格式”框中输入数字的格式。例如，要以带小数点的百分比显示数据，可单击“0.00%”。

Word 是以域的形式将结果插入选定单元格的。如果所引用的单元格发生了更改，可选定该域，然后按【F9】键刷新，即可更新计算结果。

2. 表格的排序

可以将列表或表格中的文本、数字或数据按升序（A 到 Z、0 到 9，或最早到最晚的日期）进行排序；也可以按降序（Z 到 A、9 到 0，或最晚到最早的日期）进行排序。在表格中对文本进行排序时，可以选择对表格中单独的列或整个表格进行排序；也可在单独的表格列中用多于一个的单词或域进行排序。

对“学生成绩表”按平均分降序排列，操作步骤如下：

① 选定要排序的表格。

② 选择“表格工具－布局”选项卡→“数据”选项组→“排序”命令。

③ 打开“排序”对话框，选择所需的排序选项。如果需要关于某个选项的帮助，可单击问号，然后单击该选项。

实训　表格处理

一、实训目的

① 掌握在 Word 中创建表格的方法。

② 掌握表格、行、列、单元格的选择、插入、删除、合并与拆分。

③ 掌握表格样式的设置方法。

二、实训任务

① 创建 Word 文件，将其命名为“个人简历 .docx”。

② 输入文件标题“个人简历”，字体为“宋体”，字号为“二号”，粗体，居中。

③ 如图 4–28 所示，输入“1 . 个人资料”……“5. 自我评价”这五项内容

④ 如图 4–28 所示，在每一个项目下创建表格，通过插入、删除、拆分与合并得到样张中的表格。

⑤ 在表格中输入信息。

三、实训提示

① 创建空白文件，按指定文件名保存。

② 输入文件标题，应用“开始”选项卡→“字体”选项组按要求设置字体格式。

③ 输入文件小标题内容。

④ 在“1. 个人资料”的下一行，应用“插入”选项卡→“表格”选项组→“表格”下拉列表中的命令插入一个 6 行 9 列的表格。按图 4–28 所示，对表格中的单元格进行合并与拆分。其他表格的创建同上。

⑤ 在表格中输入信息或插入图片。

文件编辑结果如图 4–28 所示。

个人简历

1. 个人资料

姓名	刘锡	性别	男	出生日期	1993.4.5	籍贯	西安	照片
学历	本科	专业	历史	毕业院校	中央民族大学			
身份证号码	110102199304053333							
现住地址	北京市海淀区			现工作单位	XX 公司			
职务	业务经理			联系电话	13506439123			
紧急联系人	张善			与人关系	堂兄	联系电话	13209874562	

2. 实习经历

工作单位	受雇时间		部门	职位	月薪	离职原因
	由（年/月）	至（年/月）				
XX 公司	2015.1	2017.3	销售	业务员	2000	薪水低
XX 公司	2017.5	2020.1	销售	经理	5000	频繁出差

3. 申请职位

申请职位		希望薪金	可上班时间
第一选择	第二选择		
办公室主任	总经理秘书	8000	2020.4

4.（中学开始）/专业培训经历

学校/学院/大学	专业	完成年份		证书/文凭/学位
		起	止	
中央民族大学附中	文科	2009	2012	高中
中央民族大学	历史	2012	2015	本科

5. 自我评价

- 爱国、爱党、爱人民
- 正直、善良、开朗
- 业务能力强，擅于人际交往

图 4–28　个人简历

四、拓展思考与练习

① 将 Excel 文件中的内容复制粘贴到 Word 文件中。

② 实现表格和文本的相互转换。

③ 用公式计算表格中的数据。

单元 5　Word 高级操作

任务 1　了解样式与模板

1. 样式

（1）显示所有样式

要把样式应用到文件，先单击选中文字，然后从“开始”选项卡→“样式”的下拉列表框选择样式。如果要把文字格式转化成 3 种主要的标题样式：“标题 1”“标题 2”“标题 3”，也可以直接使用键盘组合键方式，它们分别是：【Ctrl+ Alt+1】、【Ctrl+Alt+2】、【Ctrl+Alt+3】。

（2）去掉文本的一切修饰

假如用 Word 编辑了一段文本，并进行了多种字符排版格式，有宋体、楷体，有上标、下标等。

如果对这段文本中字符排版格式不太满意，可以选中这段文本，然后按下【Ctrl+Shift+N】组合键，则去掉选中文本的一切修饰，以缺省的字体和大小显示文本。

（3）设置表格样式

在对表格设置样式时，如果在表格样式下拉列表中选择样式，样式会应用到表格中所有单元格。

如果想要修改一个单元格的样式，可以选中单元格，在“样式”选项组中单击“边框”和“底纹”下拉按钮，为指定单元格设置样式。

2. 模板

所谓共用模板，就是模板中的全部样式和设置能够应用在所有的Word新建文件中。在Word 2016中，最常用的共用模板就是Normal.dotm。除此之外，用户可以根据实际需要设置自定义的共用模板。

任务2 了解拼写和语法检查

完成对文件的编写后，逐字逐句地检查文件内容会显得费力、费时，此时可以使用Word中的“拼写和语法”功能对文件内容进行检查。

单击“审阅”选项卡→“校对”选项组→“拼写和语法”按钮，打开“拼写和语法”窗格，窗格中会显示出系统认为的错误原因和错误词句。单击“忽略规则”，可以忽略当前错误，并显示下一处错误；单击“忽略”，则忽略系统认为有语法错误的全部内容，完成拼写和语法检查，如图4–29所示。

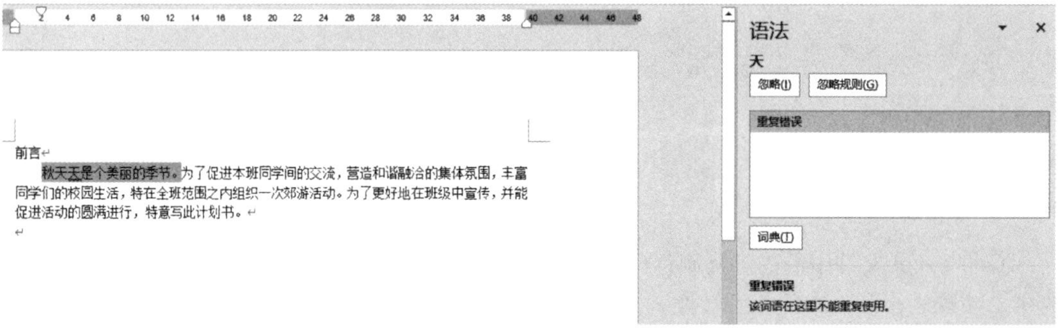

图4–29 “拼写和语法”对话框

任务3 掌握文件修订

为了便于联机审阅，Word允许在文件中快速创建和查看修订和批注。为了保留文件的版式，Word在文件的文本中显示标记元素，而其他元素则在页边距上显示，如图4–30所示。

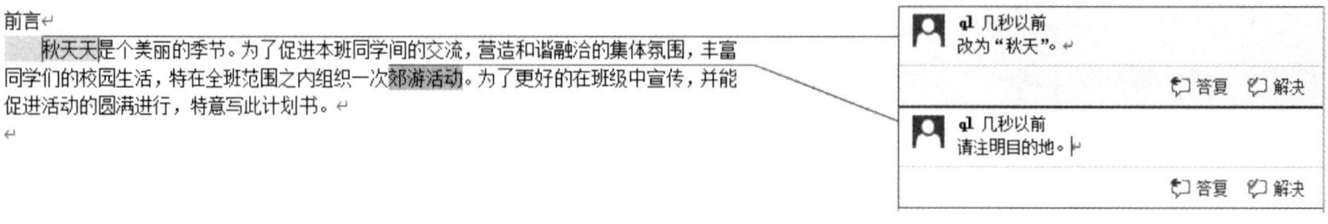

图4–30 修订与批注标记

修订用于标记用户对文件所做的编辑操作，如删除、插入等。启用修订功能时，对文件的每一次插入、删除或格式更改都会被标记出来。用户可以接受或拒绝修订标记出的更改操作。选择“审阅”选项卡→“修订”选项组→“修订”命令或按【Ctrl+Shift+E】组合键，可以打开或关闭“修订”模式。

批注是作者或审阅者为文件添加的注释。每一个批注名称都是以 Word 用户名的缩写开头，后面加一个批注号。批注不会影响到文件的格式，也不会被打印出来。

插入批注的操作步骤如下：

① 选择要设置批注的文本或内容，或单击文本的尾部。

② 选择“审阅”选项卡→“批注”选项组→“新建批注”命令。

③ 此时所选的文字将以“红色”括号括起来，并以“红色”底纹突出显示，而在右页边距位置显示批注框，在批注框中输入批注文字。

任务 4 创建目录

目录是文件中标题的列表，可使用 Word 中的内置标题样式和大纲级别格式来创建目录。

1. 添加标题样式

添加标题样式的操作方法如下：

① 选中要设置标题样式的文本。

② 单击“开始”选项卡→“样式”选项组→“其他”下拉菜单，在下拉列表中选择“标题 1”“标题 2”等标题，每级标题与大纲视图级别是一样的，如标题 1 在大纲视图中的级别为 1 级。

2. 应用标题样式

如果已经使用了大纲级别或内置标题样式，可按下列步骤操作：

① 单击要插入目录的位置（一般为文件首页）。

② 单击“引用”选项卡→“目录”选项组→“目录”下拉菜单→“插入目录”命令。

③ 打开“目录”对话框，即可显示文件目录结构，系统默认只显示 3 级目录，如果长文件目录级别超过 3 级，在“常规”列表中的“显示级别”文本框中手动设置要显示的级别，单击“确定”按钮，即可在文件首页为单元格添加目录。

任务 5 掌握邮件合并

如果批量生成具有统一格式和相似内容的信函或文件，并使用电子邮件发送或统一打印，用户可以使用 Word 的邮件合并功能。

1. 启用“信函”功能及导入收件人信息

① 打开通知，单击“邮件”选项卡→“开始邮件合并”选项组→“开始邮件合并”下拉按钮，在其下拉列表中选择“信函”选项。

② 在“开始邮件合并”选项组中单击“选择收件人”下拉按钮，在其下拉列表中选择“使用现有列表”选项。

③ 打开“选择数据源”对话框，在对话框的“查找范围”中选中要插入的收件人的数据源。

④ 单击“打开”按钮，打开“选择表格”对话框，在对话框中选择要导入的工作表。

⑤ 单击“确定”按钮，返回文件中，可以看到之前不能使用的“编辑收件人列表”“地址块”“问候语”等选项按钮被激活。如果要编辑导入的数据源，可以单击“编辑收件人列表”按钮，打开“邮件合并收件人”对话框。

2. 插入可变域

在文件中将光标定位到文件头部，切换到“邮件”选项卡，在“编写和插入域”选项组中单击“插入合并域”下拉按钮，在其下拉列表中选择要插入的内容域，即可在光标所在位置插入公司名称域。

3. 批量生成通知

① 单击“邮件”选项卡→“完成”选项组→“完成并合并”下拉按钮，在其下拉列表中选择“编辑单个文件”选项。

② 打开“合并到新文件”对话框，如果要合并全部记录，则选中“全部”单选按钮；如果要合并当前记录，则选中“当前记录”单选按钮；如果要指定合并记录，则可以选中最底部的单选按钮，并设置要合并的范围。选中“全部”单选项，直接单击“确定”按钮，即可生成“信函”文件，并将所有记录逐一显示在文件中。

4. 以“电子邮件”方式发送通知

① 在文件中“邮件”选项卡下的“完成”选项组中单击“完成并合并”下拉按钮，在其下拉列表中选择“发送电子邮件”选项。

② 打开“合并到电子邮件”对话框，在“邮件选项”栏下的“收件人”列表中选择收件人，在“主题行”文本框中输入邮件主题。

③ 设置完成后，单击“确定”按钮，即可启用 Outlook 2016，发送使用邮件合并功能生成的文件。

实训 1　样式及自动目录的应用

一、实训目的

① 掌握样式的设置、修改和应用方法。

② 熟练掌握文字图形的设置方法，如首字下沉、添加拼音等。

③ 复习字符及段落格式化的方法，重点掌握分栏、字符边框及底纹、段落边框及底纹等。

④ 掌握页面设置的方法，如分页，设置页面背景、边框、页眉页脚等。

⑤ 复习图文混排方法，重点掌握数学公式的创建和编辑，熟悉图片应用不同自动换行方式的显示效果。

⑥ 掌握在文件中添加脚注和尾注的方法。

⑦ 掌握自动生成目录的方法。

二、实训任务

① 修改样式，为文件各级内容应用样式。要求如下：

设置样式“标题”字体为“黑体”，字号为“小三”，加粗，左对齐；将文件中“前言”两个字及标号为“一、”“二、”……“七、”的内容设置为“标题”样式。

设置样式“副标题”字体为“黑体”，字号为“小四”，加粗，左对齐；将文件中标号为“（一）”“（二）”……的内容设置为“副标题”样式。

设置样式“正文”字体为“宋体”，字号为“五号”，两端对齐；将文件其他内容设置为“正文”样式。

② 设置前言段落“秋天是……计划书。”首字下沉，字体为“黑体”，下沉“2行”，距正文“0.5厘米”。

③ 设置文件标题“郊游活动计划书”字体为“微软雅黑”，字号为“一号”，粗体、居中；“20

级市场营销 3 班”字体为“微软雅黑”，字号为“小二”，粗体、左对齐；作者及其专业字体为“微软雅黑”，字号为“三号”，粗体，如图 4–31 所示。

④ 将现状分析部分的内容（“二、现状分析……同学的关爱。”）分成两栏，加分隔线。

⑤ 为“六、计划设计”中的第二项内容“（二）活动的要求……10. 关于本次活动的未尽事宜，将另行通知。”加段落边框，具体参数为：方框、双实线、红色、0.5 磅；设置段落底纹为黄色。

⑥ 在文件作者姓名后面添加“分页符”，将文件封面和内容分为两页。

⑦ 为文件添加页眉页脚，页眉内容为“营销 3 班郊游计划书”，页脚内容为“- 页数 -”，自行设置页眉页脚的样式。

⑧ 如图 4–31 所示，为整篇文件设置背景颜色或背景图片及边框。其中颜色、图片、边框的样式自行设置。

⑨ 在“七、附录”中，删除“3. 相关费用的具体说明”后面的“（略）”，插入如下费用计算公式（用 Word 提供的插入公式功能实现）。

$$\text{人均费用}=\frac{(\text{车费}+\text{门票}\times\text{人数}+\text{饭费}+\text{各游乐项目费用})}{\text{人数}}$$

⑩ 为“四、计划方针”中“（二）活动内容”最后的“相关活动”添加脚注。脚注内容为“活动项目尚未确定，各位同学可于 10 月 10 日前向班委会提交活动策划书。”。为“前言”最后三个字“计划书”添加尾注，内容为“计划书由班委执笔，提交全体同学讨论。”。

⑪ 在作者姓名后面插入新的空白页，生成文件目录。设置目录文本字体为“微软雅黑”，字号为“小四”。

三、实训提示

① 单击“开始”选项卡→“样式”选项组→ 按钮，打开“样式”窗格，单击“标题”“副标题”和“正文”的下拉按钮，修改其的格式。选中对象，应用各个样式。

② 光标定位到段落“秋天是……计划书。”，单击“插入”选项卡→“文本”选项组→“首字下沉”按钮设置首字下沉。

③ 应用“开始”选项卡→“样式”选项组中的工具设置文件标题及作者的字符格式。

④ 选中要分栏的内容，应用“页面布局”选项卡→“页面设置”选项组→“分栏”下拉列表中的命令按要求分栏。

⑤ 选中指定段落，应用“开始”选项卡→“段落”选项组→“边框和底纹”下拉列表→“边框和底纹”命令设置段落的边框和底纹。

⑥ 将光标定位到作者姓名后面，单击“插入”选项卡→“页”选项组→“分页”按钮分页。

⑦ 应用“插入”选项卡→“页眉和页脚”选项组中的工具为文件添加页眉页脚，格式可以自行设置。

⑧ 应用“页面布局”选项卡→“页面背景”选项组的工具设置页面的背景和边框。

⑨ 应用“插入”选项卡→“符号”选项组→“公式”下拉列表→“插入新公式”命令编辑、插入公式。

⑩ 应用“引用”选项卡→“脚注”选项组的工具添加脚注和尾注。

⑪ 定位光标到作者姓名后面，单击“插入”选项卡→“页”选项组→“空白页”按钮添加空白页。光标定位到空白页，应用“引用”选项卡→“目录”选项组→“目录”下拉列表→“插入目录”命令生成目录。

文件结果样张如图 4–31、图 4–32 所示。

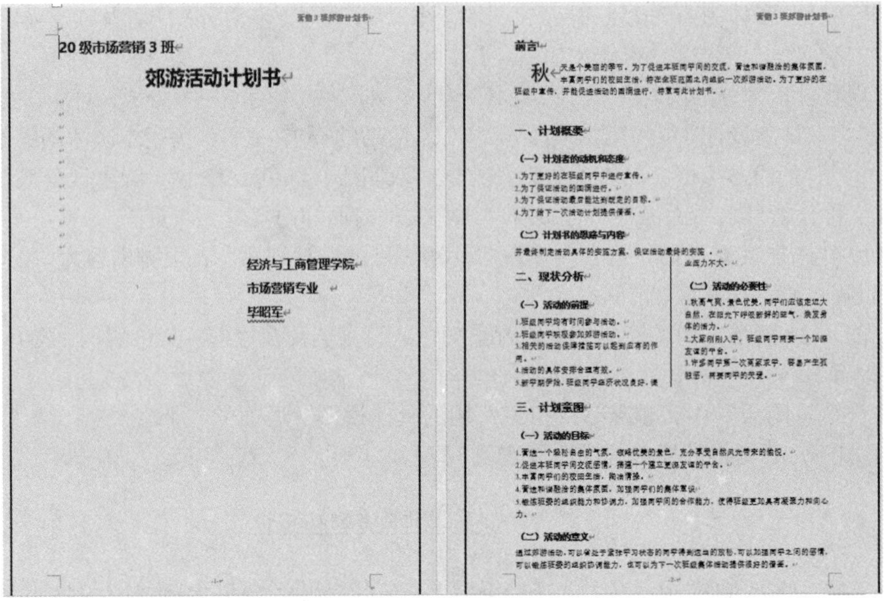

图 4–31　郊游计划书 1

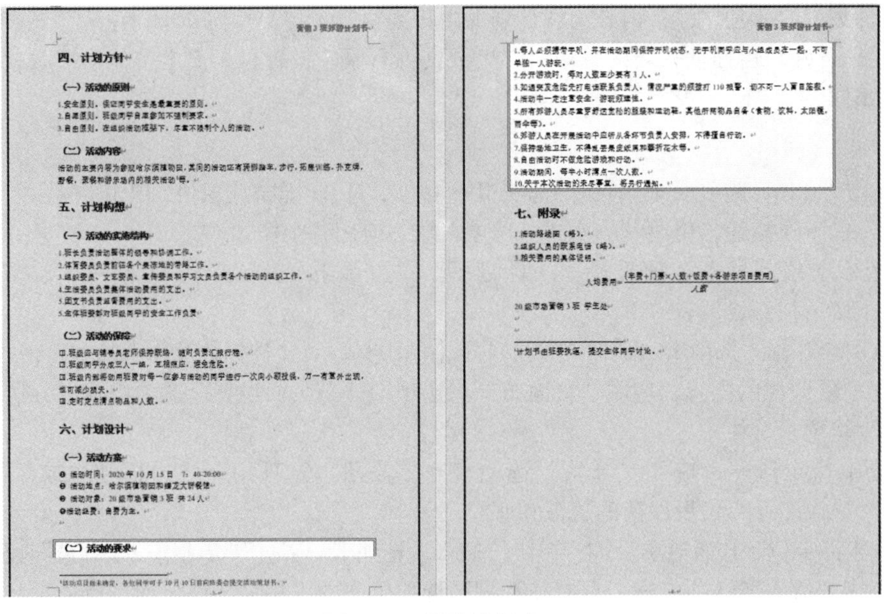

图 4–32　郊游计划书 2

四、拓展思考与练习

① 新建样式，格式化文件内容。

② 将文件各级内容标号改为“1”“1.1”“1.1.1”的形式，并将其和相应的样式关联起来。

③ 不应用标题样式，设置文件的大纲级别。

④ 应用导航窗格浏览文件、迅速定位。

⑤ 应用格式刷快速复制格式。

⑥ 利用分节符实现封面不设置页眉和页脚；正文页脚从 1 开始。

⑦ 应用修订功能修改的 Word 文件。

实训 2　邮件合并

一、实训目的

应用 Word 的邮件合并功能，批量生成具有统一格式和相似内容的信函或文件，并用电子邮件发送或统一打印。

二、实训任务

① 对文件“郊游邀请函 .docx”应用邮件合并功能。

② 根据文件“通讯录 .xlsx”中收件人的姓名和性别信息，生成邀请函中被邀请人的姓名和称呼信息。

③ 在“亲爱的”后面显示被邀请人的姓名，并根据性别显示称呼“先生”或“女士”。

④ 生成信函。

三、实训提示

① 打开文件“郊游邀请函 .docx”，执行“邮件”选项卡→“开始邮件合并”选项组→“开始邮件合并”下拉列表→“信函”命令。

② 应用“邮件”选项卡→“开始邮件合并”选项组→“选择收件人”下拉列表→“应用现有列表”命令，导入文件“通讯录 .xlsx”中收件人的姓名和性别信息。

③ 应用“邮件”选项卡→“编写和插入域”选项组→“插入合并域”下拉列表中选择“姓名”命令。

④ 应用“邮件”选项卡→“编写和插入域”选项组→“规则”下拉列表→“如果…那么…否则”命令，设置姓名后面的文本，如果性别为男，显示“先生”，否则显示“女士”

⑤ 应用“邮件”选项卡→“完成”选项组→“完成并合并”下拉列表→“编辑单个文件”命令，批量生成邀请函。

文件编辑结果如图 4–33 所示。

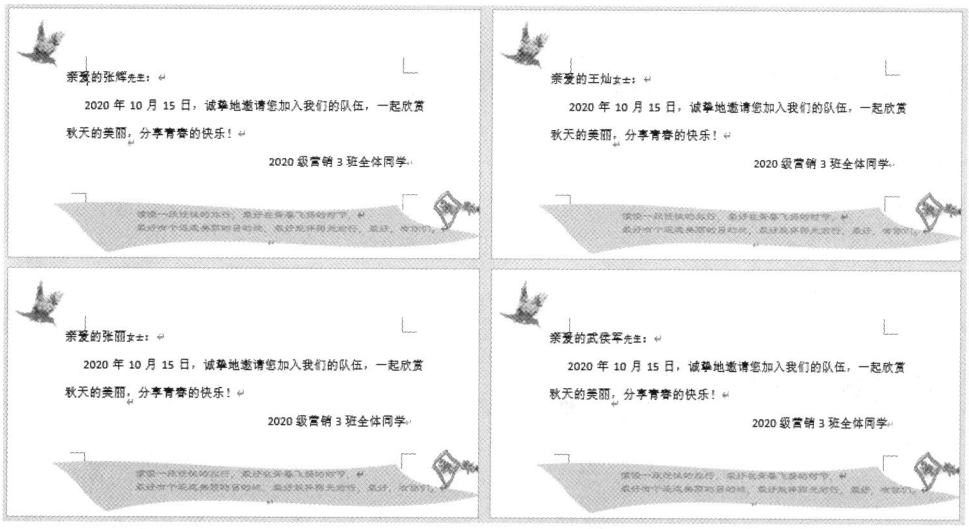

图 4–33　批量生成的邀请函

四、拓展思考与练习

批量生成邀请函，并用邮件发送。

模块 5

电 子 表 格

模块导读

金融、管理、统计、财经等领域已经在广泛应用计算机软件实现数据处理、统计分析和辅助决策等功能。Excel 2016 是 Microsoft 公司开发的 Office 2016 系列软件之一，使用者众多，能够轻松实现日常办公数据的格式化存储、计算和分析工作。本章首先介绍 Excel 2016 的功能和特点，然后重点叙述应用 Excel 2016 实现工作簿和工作表的创建与编辑、应用公式与函数进行统计计算、根据数据创建编辑图表，以及数据管理等操作的步骤与方法。Excel 2016 的工作流程和数据处理方法，体现了信息时代数据共享和管理的基本思想，反映了数据信息化对提高工作效率和正确决策的重要作用。

单元 1　Excel 2016 概述

任务 1　认识 Excel 2016

Excel 2016 是 Microsoft Office 中的电子表格程序。用户可以使用 Excel 创建、编辑工作簿（电子表格集合），跟踪数据，生成数据分析模型，编写公式对数据进行计算和分析，以多种方式透视数据，并以各种具有专业外观的图表来显示数据，从而支持业务决策。

Excel 2016 的基本功能如下：

- 表格编辑：编辑制作各类表格，利用公式对表格中的数据进行各种计算，对表格中的数据进行增、删、改、查找、替换和超链接，对表格进行格式化。
- 制作图表：根据表格中的数据制作柱型图、饼图、折线图等各种类型的图表，直观地表现数据和说明数据之间的关系。
- 数据管理：对表格中的数据进行排序、筛选、分类汇总操作，利用表格中的数据创建数据透视表和数据透视图。
- 公式与函数：Excel 2016 提供的公式与函数功能大大简化了 Excel 的数据统计工作。
- 科学分析：利用系统提供的多种类型的函数对表格中的数据进行回归分析、规划求解、方案与模拟运算等各种统计分析。
- 网络功能与发布工作簿：将 Excel 的工作簿保存为 Web 页，供用户通过网络查看或交互使用工作簿数据。

任务 2 了解 Excel 2016 的基本操作

1. Excel 2016 的启动和退出

Excel 2016 的启动、退出步骤同 Word 类似，在此不再赘述。

2. Excel 2016 应用程序窗口

（1）Excel 2016 的窗口组成元素

Excel 工作窗口组成元素如图 5–1 所示，主要包括快速访问工具栏、选项卡、选项组、功能区、名称框、命令按钮、编辑栏、工作区、状态栏等，用户可定义某些屏幕元素的显示或隐藏，其操作详见微视频 5–1。

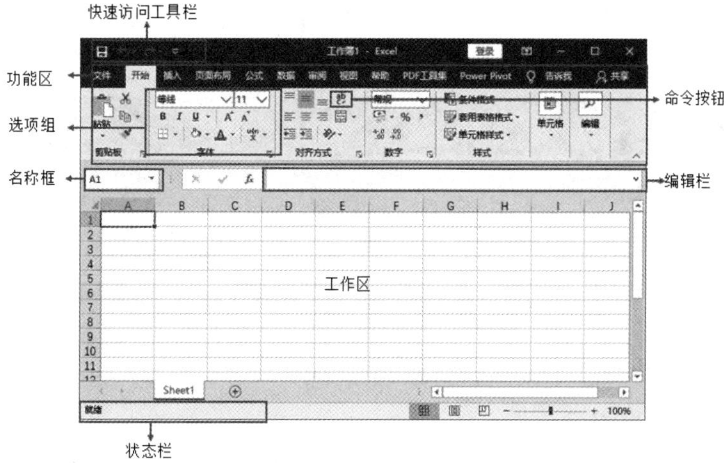

图 5–1 Excel 2016 窗口组成元素

- 功能区：Excel 2016 的功能区由选项卡、选项组和一些命令按钮组成，这里集合了 Excel 2016 绝大部分的功能。
- 选项卡：位于功能区的顶部。默认显示的选项卡有文件、插入、页面布局、公式、数据、审阅和视图，缺省的选项卡为“开始”选项卡，用户单击选项卡即可选中它。
- 选项组：位于每个选项卡内部。例如，“开始”选项卡中包括“剪贴板”“字体”“对齐方式”等选项组，相关的命令组合在一起来完成各种任务。
- 命令：命令的表现形式有下拉列表框、按钮下拉菜单或按钮，它们放置在选项组内。
- 快速访问工具栏：用于放置用户经常使用的命令按钮，单击按钮即可快速执行命令。用户可以自定义快速访问工具栏中的按钮。
- 名称框：用于显示工作簿中当前活动单元格的单元引用。
- 编辑栏：用于显示工作簿中当前活动单元格中存储的数据。
- 工作区：用于编辑数据的单元格区域，Excel 中所有对数据的编辑操作都在此进行。
- 状态栏：位于 Excel 2016 主界面的最下方，用于显示软件的状态。其右侧包含了 3 个视图切换按钮和一个显示比例调节功能的滑块。

（2）Excel 2016 工作区操作术语

- 单元格：由行列相交处所构成的方格称为单元格。它是 Excel 的基本存储单元。
- 当前活动单元格：粗线方框围着的单元格是活动单元格，用户只可以在活动单元格中输入数据。用鼠标单击任意一个单元格，可以使其成为活动单元格。

- 行标号：标记表格所在行的数字。
- 列标号：标记表格所在列的字符。
- 工作表标签：显示工作表的名称，单击即显示该工作表。
- 活动工作表标签：正在编辑的工作表的名称。
- 填充柄：位于活动单元格右下角，鼠标在此成实心十字，拖动填充柄可快速填充单元格。
- 标签滚动按钮：单击不同的标签滚动按钮，可以左右滚动工作表标签来显示隐藏的工作表。
- 工作表标签分割线：移动分割线可以增加或减少工作表标签在屏幕上显示的数目。
- 窗口水平和垂直拆分线：移动拆分线可把窗口从水平或垂直方向划分为 2 个或 4 个窗口。

3. Excel 2016 的帮助系统

类似于 Word 的帮助系统，在“视图”选项卡标签右侧的文本框中输入内容，如图 5–2 所示。然后按照相应的提示，即可获取相应的帮助信息。

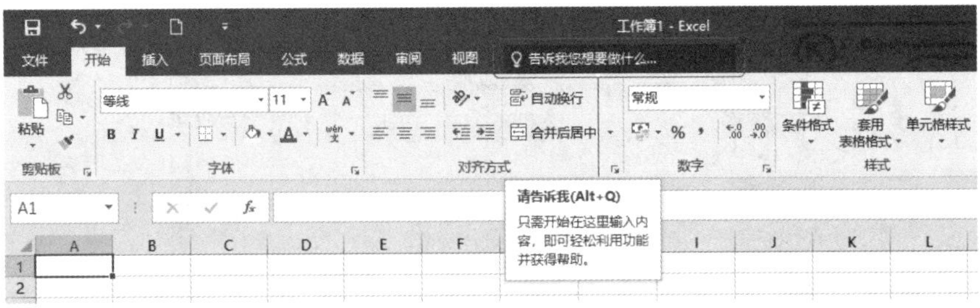

图 5–2 Excel 的帮助系统

4. 建立工作簿

每个工作簿是多张电子表格（即工作表）的集合，视为一个 Excel 文件。Excel 2016 工作簿的文件后缀名为“.xlsx”。创建工作簿有 2 种方法：一是建立空白工作簿；二是使用模板创建。

（1）建立空白工作簿

建立空白工作薄的操作步骤如下：

① 启动 Excel 后，进入欢迎界面，如图 5–3 所示。

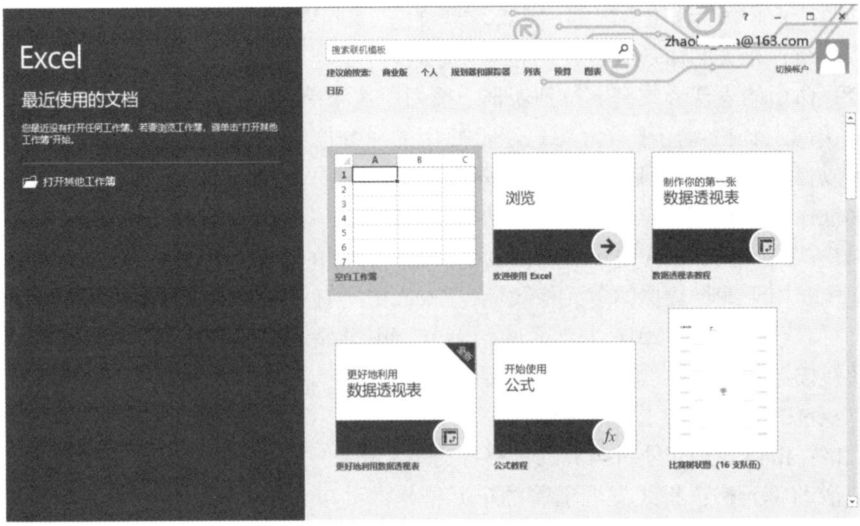

图 5–3 Excel 欢迎界面

② 单击右侧的“空白工作簿”即可创建一个新的空白工作簿。

（2）根据模板建立工作簿

根据模板建立工作簿的操作步骤如下：

① 启动 Excel 后，进入欢迎界面。

② 单击右侧已有的模块，或在“搜索联机模板”文本框中输入要搜索的模板名称，按照相应的提示，即可完成利用模板创建工作簿。

5. 工作表的基本操作

工作表是由行列构成的二维电子表格。每个工作表都有唯一名称进行标识，名称显示在工作表标签中。

（1）工作表的基本操作

用户可以对工作表进行重新命名、移动或复制、插入和删除操作，详见微视频 5–2 工作表的基本操作。需要注意的是，工作表被删除后，不可用“撤销”按钮恢复。

（2）在工作表中滚动显示数据

当工作表的数据较多而一屏不能完全显示时，可以拖动垂直滚动条或水平滚动条来显示上下或左右的单元格数据，也可以单击滚动条两边的箭头按钮来显示数据。

单元格操作也可使用键盘快捷键，如表 5–1 所示。

表 5–1　选择单元格的快捷键

键盘快捷键	单元格操作
箭头键（↑、↓、←、→）	向上、下、左或右移动一个单元格
Ctrl+ 箭头键	移动到当前数据区域的边缘
Home	移动到行首
Ctrl+Home	移动到工作表的开头
Ctrl+End	移动到工作表的最后一个单元格，该单元格位于数据所占用的最右列的最下行中
Page Down	向下移动一屏
Page Up	向上移动一屏
Alt+Page Down	向右移动一屏
Alt+Page Up	向左移动一屏
F6	切换到被拆分（“窗口”菜单上的“拆分”命令）的工作表中的下一个窗格
Shift+F6	切换到被拆分的工作表中的上一个窗格
Ctrl+Backspace	滚动以显示活动单元格
F5	显示“定位”对话框
Shift+F5	显示“查找”对话框
Shift+F4	重复上一次“查找”操作
Tab	在受保护的工作表上的非锁定单元格之间移动

（3）选择工作表

当输入或更改数据时，会影响所有被选中的工作表。这些更改可能会替换活动工作表和其他被选中的工作表上的数据。

选择工作表有以下操作方法。

① 选择单张工作表：单击工作表标签。如果看不到所需的标签，可单击标签滚动按钮来显示此标签，然后再单击它。

② 选择两张或多张相邻的工作表：先选中第一张工作表的标签，再按住【Shift】键，单击最后一张工作表的标签。

③ 选择两张或多张不相邻的工作表：单击第一张工作表的标签，再按住【Ctrl】键，单击其他要选择的工作表标签。

④ 工作簿中所有工作表：右击工作表标签，选择快捷菜单上的“选定全部工作表”。

要取消对多张工作表的选取，操作方法为：单击工作簿中任意一个未选取的工作表标签。若未选取的工作表标签不可见，可右击某个被选取的工作表的标签，选择快捷菜单上的“取消成组工作表”命令。

6. 单元格的基本操作

单元格操作包括以下几项，详见微视频 5–3 单元格的基本操作。

（1）清除单元格格式或内容

清除单元格，只是删除了单元格中的内容（公式和数据）、格式或批注，但是空白单元格仍然保留在工作表中。

（2）删除单元格、行或列

删除单元格，是指从工作表中移去选定的单元格以及数据，然后调整周围的单元格填补删除后的空缺。

（3）插入空白单元格、行或列

用户可以在指定位置插入新的空白单元格、行、列。

（4）行列转换

把行和列进行转换，就是把复制区域的顶行数据变成粘贴区域的最左列，而复制区域的最左列变成粘贴区域的顶行

（5）数据清单

数据清单，又称数据列表，是工作表中一个数据连续的区域。它就像一张二维表，数据由若干行和若干列组成，行为记录，列为字段，每列有一个列标题，也称字段名称，每一列有相同类型的数据，如图 5–4 所示。

	A	B	C	D	E	F	G	H	I	J
1	学号	姓名	性别	民族	出生日期	团队合作	体能	耐力	力量	组织能力
2	20200501	张茜	女	汉族	2001/2/10	4	5	3	4	5
3	20200502	刘洋	男	苗族	2001/11/28	4	4	4	3	5
4	20200503	赵阳	男	蒙古族	2000/6/1	4	3	3	5	3
5	20200504	梁萧	男	汉族	2001/2/10	3	3	3	4	4
6	20200505	苗鑫源	女	傣族	2000/1/15	4	5	5	5	5
7	20200506	李一海	男	朝鲜族	2000/4/2	3	5	2	4	3
8	20200507	王源	女	彝族	2000/3/22	5	3	4	4	4
9	20200508	吕建强	男	汉族	2000/10/10	5	4	3	3	5
10	20200509	孙楠	男	汉族	2000/5/9	3	5	4	3	3
11	20200510	陆翔	男	壮族	2000/5/19	3	4	4	5	3
12	20200511	潘玉欣	女	蒙古族	2000/6/21	3	5	4	3	5
13	20200512	王建	男	苗族	2001/7/5	4	5	5	3	4
14	20200513	李欣	女	朝鲜族	2001/11/2	5	5	5	5	5
15	20200514	张海涛	女	朝鲜族	2000/8/8	5	3	3	4	4
16	20200515	刘旭冉	女	苗族	2000/12/23	4	3	5	4	4

图 5–4　数据清单

数据清单中不能有空行或空列；数据清单与其他数据间要至少留有一空行或一空列。

（6）移动行或列

用户可以移动选定的整行或整列。

（7）移动或复制单元格

移动或复制单元格的操作步骤如下：

① 选定要移动或复制的单元格。

② 执行下列操作之一。

- 移动单元格：单击“开始”选项卡→“剪贴板”选项组→“剪切”按钮，再选择粘贴区域的左上角单元格。
- 复制单元格：单击“开始”选项卡→“剪贴板”选项组→“复制”按钮，再选择粘贴区域的左上角单元格。
- 将选定单元格移动或复制到其他工作表：单击“剪切”按钮或“复制”按钮，再单击新工作表标签，然后选择粘贴区域的左上角单元格。
- 将单元格移动或复制到其他工作簿：单击“剪切”按钮或“复制”按钮，再切换到其他工作簿，然后选择粘贴区域的左上角单元格。

③ 单击“粘贴”按钮，也可单击“粘贴”按钮旁的箭头，再选择列表中的选项。

此外，还可以用鼠标拖动来进行移动或复制操作。

移动：先选定要移动的单元格或区域，然后用鼠标指向其边框线，鼠标变成“+”字鼠标时，拖动到目的位置即可。

复制：先选定要移动的单元格或区域，然后用鼠标指向其边框线，鼠标变成“+”字鼠标时，再按住【Ctrl】键并拖动到目的位置即可。

7. 保护工作表和工作簿

Microsoft Excel 中可以隐藏、锁定数据，或使用密码保护工作表和工作簿。这些功能有助于防止其他用户对数据进行不必要的更改。但 Excel 不会对工作簿中隐藏或锁定的数据进行加密。只要用户具有访问权限，并花费足够的时间，即可获取并修改工作簿中的所有数据。若要防止修改数据和保护机密信息，可将包含这些信息的所有 Excel 文件存储到只有授权用户才可访问的位置，并限制这些文件的访问权限。

（1）工作表保护

① 设置允许用户进行的操作。为工作表设置允许用户进行的操作，可以有效保护工作表数据安全，详见微视频 5–4 保护工作表。

② 隐藏含有重要数据的工作表。除了可通过设置密码对工作表实行保护外，还可利用隐藏行列的方法将整张工作表隐藏起来，以达到保护的目的。

操作方法为：切换到要隐藏的工作表中，单击“开始”选项卡，在“单元格”选项组中单击“格式”下拉按钮。在下拉菜单中选中“隐藏和取消隐藏”命令，在子菜单中选中“隐藏工作表”命令，即可实现工作表的隐藏。

（2）工作簿保护

① 保护工作簿不被修改。如果不希望其他用户对整个工作表的结构和窗口进行修改，可以对其进行保护。

② 加密工作簿。如果工作簿中内容比较重要，不希望其他用户打开，可以给该工作簿设置一个打开权限密码，这样不知道密码的用户就无法打开工作簿了。

保护工作簿的操作详见微视频 5–5 保护工作簿。

视频资源

微视频5-1 Excel 2016窗口基本操作

微视频5-2 工作表的基本操作

微视频5-3 单元格的基本操作

微视频5-4 保护工作表

微视频5-5 保护工作簿

实训 Excel 基本操作

一、实训目的

① 掌握 Excel 2016 的启动与退出。

② 熟悉 Excel 2016 的界面。

③ 熟练 Excel 2016 工作簿的创建和保存。

④ 掌握工作表的命名、移动、复制方法。

⑤ 练习录入各类型数据。

⑥ 掌握自动填充功能。

⑦ 为 Excel 2016 工作簿设置保护密码。

二、实训任务

① 创建 Excel 工作簿，将其命名为“营销 3 班郊游拓展训练统计数据 .xlsx”，并保存。

② 将工作表 Sheet1 命名为“郊游拓展训练数据”，并自行练习工作表的插入、删除、复制、移动、保护和隐藏。

③ 根据图 5-5 所示在上述工作表中录入数据。

④ 应用自动填充功能填充“学号”字段的数据。

⑤ 为工作簿设置密码。

三、实训提示

① 创建工作簿，保存，并按指定名称命名。

② 在工作表名称标签上右击，在弹出的快捷菜单中选择命令完成相应的操作。

③ 根据图 5-5 所示在上述工作表中录入数据。

④ 输入第一个编号，使用填充柄填充剩余数据。

⑤ 应用“文件”选项卡→“信息”→“保护工作簿”→“用密码进行加密”命令。

工作簿编辑结果如图 5-5 所示。

	A	B	C	D	E	F	G	H	I	J	K
1	学号	姓名	性别	民族	出生日期	团队合作	体能	耐力	力量	组织能力	拓展训练总分
2	20200501	张茜	女	汉族	1991/2/10	4	5	3	4	5	
3	20200502	刘洋	男	苗族	1991/11/28	4	4	4	3	5	
4	20200503	赵阳	男	蒙古族	1990/6/1	4	3	3	5	3	
5	20200504	梁萧	男	汉族	1991/2/10	3	3	3	4	4	
6	20200505	苗鑫源	女	傣族	1990/1/15	4	5	5	5	5	
7	20200506	李一海	男	朝鲜族	1990/4/2	3	5	2	4	3	
8	20200507	王源	女	彝族	1990/3/22	5	3	4	4	4	
9	20200508	吕建强	男	汉族	1990/10/10	5	4	3	3	5	
10	20200509	孙楠	男	汉族	1990/5/9	3	5	4	3	3	
11	20200510	陆翔	男	壮族	1990/5/19	3	4	4	5	3	
12	20200511	潘玉欣	女	蒙古族	1990/6/21	3	5	4	3	5	
13	20200512	王建	男	苗族	1991/7/5	4	5	5	3	4	
14	20200513	李欣	女	朝鲜族	1991/11/2	5	5	5	5	5	
15	20200514	张海涛	女	朝鲜族	1990/8/8	5	3	3	4	4	
16	20200515	刘旭冉	女	苗族	1989/12/23	4	3	5	4	4	

图 5–5 “郊游拓展训练数据”工作表

四、拓展思考与练习

① 练习录入分数、时间以及用科学计数法表示的数据。

② 练习使用自动填充功能输入等差、等比数列，并自行创建填充序列。

单元 2 表格创建及格式化

任务 1 了解数据类型及数据输入

1. 常见数据类型

Excel 单元格中的数据有类型之分，常用的数据类型有：文本型、数值型、日期 / 时间型和逻辑型。

① 文本型：由字母、汉字、数字和符号组成。

② 数值型：除了由数字（0 ~ 9）组成的字符外，还包括 +、–、（、）、E、e、/、$、% 以及小数点“.”和千分位符“，”等字符。

③ 日期 / 时间型：输入日期 / 时间型时，要遵循 Excel 内置的一些格式。常见的日期 / 时间格式为“yy/mm/dd”“yy-mm-dd”“hh:mm［:ss］［AM/PM］”。

④ 逻辑型：包括 TRUE 和 FALSE。

2. 数据输入

单击要选定的单元格，或双击要选定的单元格，直接输入内容即可。

（1）文本型数据输入

① 字符文本：直接输入英文字母、汉字、数字和符号，如 ABC、姓名、a12。

② 数字文本：全部文本都是由数字组成的字符串。先输入单引号，再输入数字。如：’100081。

单元格中输入文本的最大长度为 32 767 个字符。单元格最多只能显示 1 024 个字符，在编辑栏可全部显示。单元格中的内容默认为左对齐。当文字长度超过单元格宽度时，如果相邻单元格无数据，则可显示出来，否则隐藏。

（2）数值型数据输入

① 输入数值：直接输入数字，数字中可包含一个千分位分隔符和小数点，如 123，300 表示 123300。如果在数字中间出现任一字符或空格，则认为它是一个文本字符串，而不再是数值，

如 123A45、234 567。

② 输入分数：带分数的输入是在整数和分数之间加一个空格，如 4 3/5。真分数的输入是先输入 0 和空格，再输入分数，如 0 3/5。

③ 输入货币数值：先输入 $ 或￥，再输入数字，如 $123、￥345。

④ 输入负数：先输入减号，再输入数字，或用圆括号（ ）把数括起来，如 -234、（234）。

⑤ 输入科学计数法表示的数：直接输入，如 3.46E+10。

单元格中的数值数据默认为右对齐。当数据太长，Excel 自动以科学计数法表示。如输入 123456789012，显示为 1.23457E+11。当单元格宽度变化时，科学计数法表示的有效位数也会变化，但单元格存储的值不变。数字精度为 15 位，当超过 15 位时，多余的数字转换为 0。

（3）日期 / 时间型数据输入

① 日期数据输入：直接输入格式为“yyyy/mm/dd”或“yyyy-mm-dd”的数据，也可是“yy/mm/dd”或“yy-mm-dd”的数据，也可输入“mm/dd”的数据，如 2005/08/05，07-04-21，8/20。

② 时间数据输入：直接输入格式为“hh:mm［:ss］［AM/PM］”的数据。如 9:35:45，9:21:30 PM。

③ 日期和时间数据输入：日期和时间用空格分隔，如 2007-4-21 9:03:00。

④ 快速输入当前日期：按【Ctrl+；】组合键。

⑤ 快速输入当前时间：按【Ctrl+：】组合键。

单元格中的日期 / 时间型数据默认为右对齐。当输入了系统不能识别的日期或时间时，系统将认为输入的是文本字符串。

注意：

① 单元格太窄时，非文本数据将以“#”号显示。

② 分数和日期数据输入的区别，如分数为 0 3/6，日期为 3/6。

（4）逻辑型数据输入

① 逻辑真值输入：直接输入“TRUE”。

② 逻辑假值输入：直接输入“FALSE”。

图 5–6 所示的工作表里包含了不同类型的数据。

	A	B	C	D
1	此列文本数据	此列数值数据	此列日期时间数据	此列逻辑数据
2	李丽	2020	2020/1/10	TRUE
3	VUN	2020.05	10:00:00	FALSE
4	123a	189	5月12日	
5	100 081	20%	2020/5/12 0:00	

图 5–6 不同类型数据的输入

任务 2 格式化工作表

1. 设置工作表的数据格式

在单元格中输入数据时，系统一般会根据输入的内容自动确定它们的类型、字体、大小、对齐方式等数据格式。用户也可以根据需要，在如图 5–7 所示的对话框中选择数据类型，设置数据格式，详见微视频 5–6 设置工作表的数据格式。

图 5–7　设置数据格式

2. 边框和底纹

设置边框和底纹的操作详见微视频 5–7 设置边框和底纹。

（1）设置边框

设置边框的对话框如图 5–8 所示。

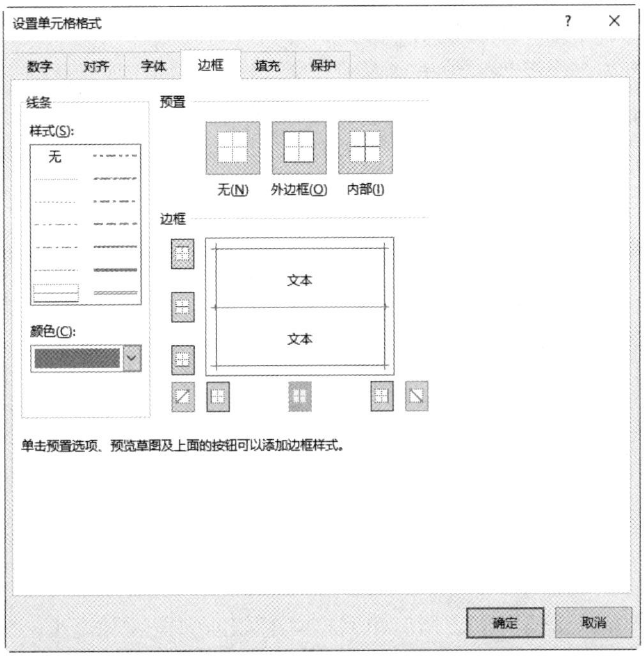

图 5–8　设置边框

（2）设置底纹

设置底纹的对话框如图 5–9 所示。

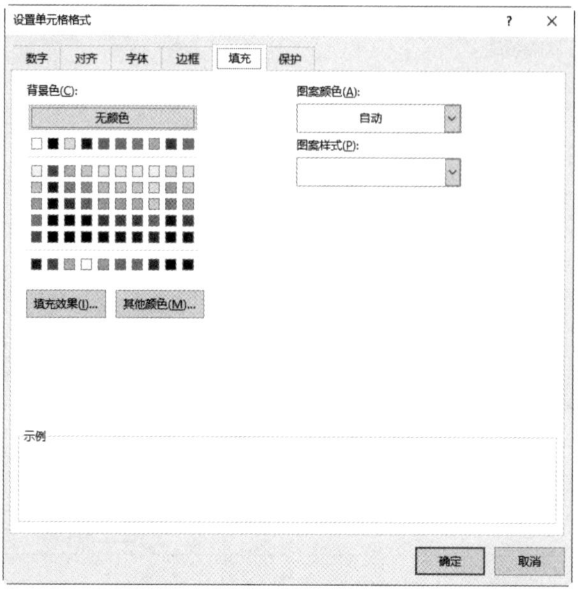

图 5–9　设置底纹

3. 条件格式

条件格式是指当指定条件为真时，系统自动应用于单元格的格式，如单元格底纹或字体颜色。例如，将就业行业是“金融”的数据以红色标记出来，详见微视频 5–8 设置条件格式。

① 如果要更改格式，单击相应条件的“条件格式”按钮，打开“条件格式规则管理器”对话框，如图 5–10 所示，单击“编辑规则”按钮，即可进行更改。

② 若要删除一个或多个条件，单击“管理规则”按钮，打开其对话框，如图 5–10 所示，然后选中要删除条件的复选框，单击“删除规则”按钮即可。

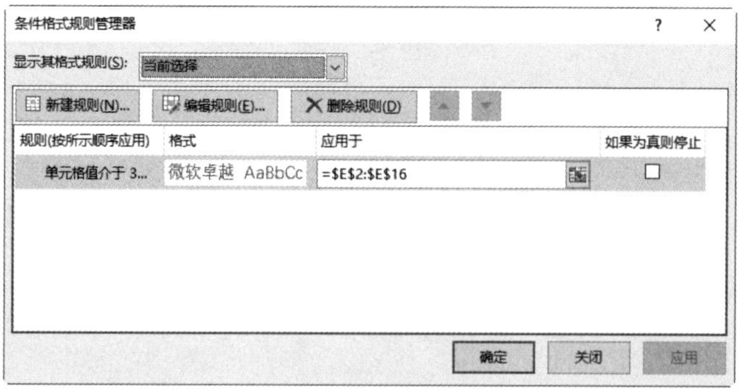

图 5–10　“条件格式规则管理器”对话框

4. 行高和列宽的设置

创建工作表时，在默认情况下，所有单元格具有相同的宽度和高度。当输入的字符串超过列宽时，超长的文字在左右相邻单元格有数据时会被隐藏，数字数据则以“#######”显示。可通过行高和列宽的调整来完整地显示数据。

（1）鼠标拖动调整列高和行宽

① 将鼠标移到列标或行号两列或两行的分界线上，拖动分界线以调整列宽和行高。

② 鼠标双击分界线，列宽和行高会自动调整到最适当大小。

③ 用鼠标单击某一分界线，会显示有关的列宽度和行高度的信息。

（2）行高和列宽的精确调整

操作方法详见微视频 5–9 设置行高和列宽。

5. 单元格样式

样式是格式的集合。样式中的格式包括数字格式、字体格式、字体种类、大小、对齐方式、边框、图案等。当不同的单元格需要重复使用同一格式时，逐一设置很浪费时间。如果利用系统的样式功能，便可提高工作的效率。Excel 的样式功能同 Word 的样式功能类似，详见微视频 5–10 应用单元格样式。

6. 文本和数据

在默认情况下，单元格中数据的字体是宋体、12 号字。文本类型数据靠左对齐，数字类型数据靠右对齐。用户可根据实际需要对其重新进行设置。

设置文本字体的操作步骤如下：

① 选中要设置格式的单元格或文本，右击。

② 选择快捷菜单中的“设置单元格格式”命令，打开其对话框。

③ 执行下列一项或多项操作：

单击“开始”选项卡→“字体”选项组右下角的按钮，打开“设置单元格格式”对话框。对“字体”“字形”“字号”“下画线”“颜色”等进行设置，操作基本同 Word。

在“设置单元格格式”对话框中单击“对齐”选项卡，如图 5–11 所示，进行具体设置。

- 自动换行：对输入的文本根据单元格的列宽自动换行。
- 缩小字体填充：减小字符大小，使数据的宽度与列宽相同。如果更改列宽，则将自动调整字符大小。此选项不会更改所应用的字号。

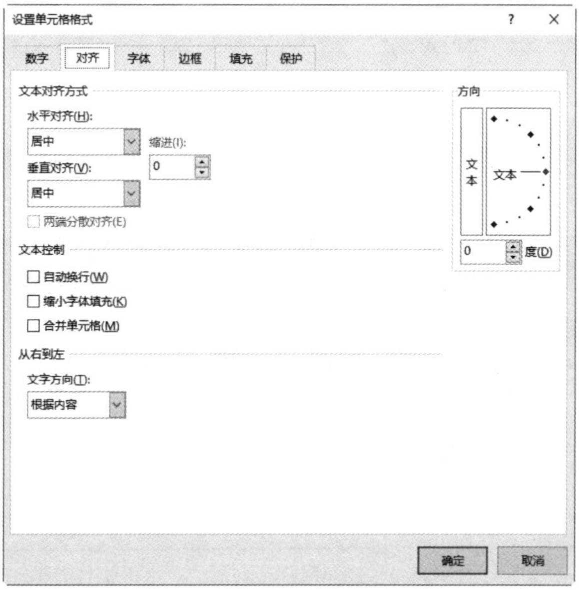

图 5–11 “对齐”选项卡

- 合并单元格：将所选的两个或多个单元格合并为一个单元格。合并后的单元格引用为最初所选区域中位于左上角的单元格中的内容。和“水平对齐”中的“居中”按钮结合，一般用于标题的对齐显示，也可用工具栏上的“合并及居中”按钮完成此种设置。
- 文字方向：选择选项以指定阅读顺序和对齐方式。
- 方向：用来改变单元格中文本旋转的角度。

单击“确定”按钮完成设置。

7. 套用表格样式

利用系统的“套用表格样式”功能，可以快速地对工作表进行格式化，使表格变得美观大方。操作步骤如下：

① 选中要设置格式的单元格或区域。

② 单击“开始”选项卡→“样式”选项组→“套用表格样式”下拉按钮，展开下拉列表，如图 5-12 所示。

③ 单击选择一种格式即可应用。

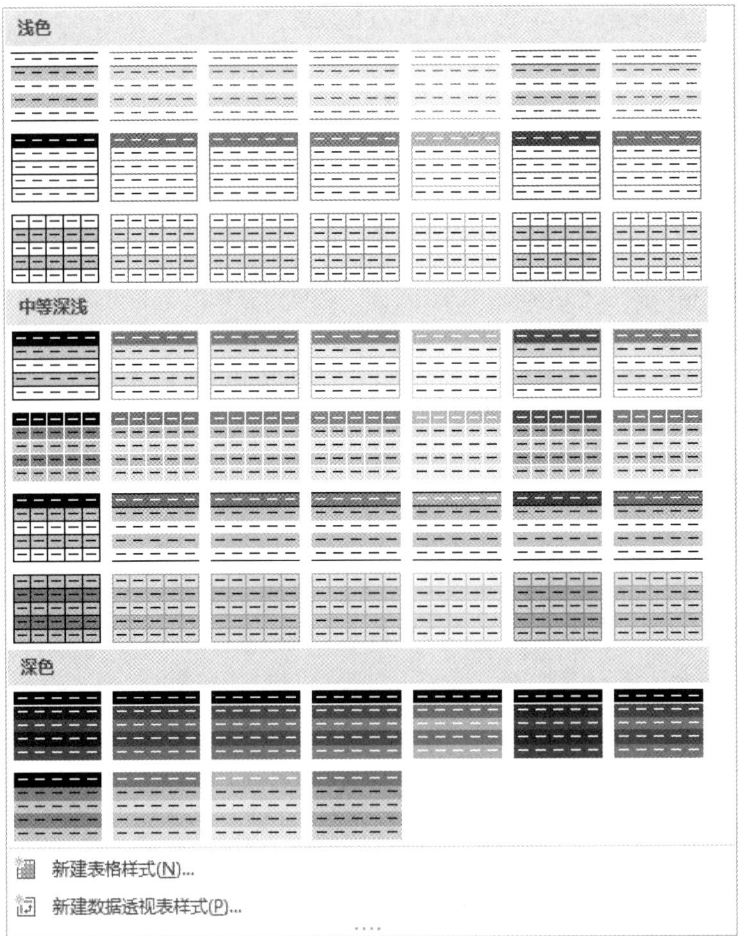

图 5-12 “套用表格样式”下拉列表

视频资源

微视频5-6
设置工作表的数据格式

微视频5-7
设置边框和底纹

微视频5-8
设置条件格式

微视频5-9
设置行高和列宽

微视频5-10
应用单元格样式

实训　表格编辑及格式化

一、实训目的

① 练习选定连续或不连续的单元格、区域、行或列。

② 掌握单元格的合并与拆分操作。

③ 掌握修改、移动、复制、清除单元格中的数据或格式的方法。

④ 熟练设置单元格的数据格式。

⑤ 熟练设置单元格的边框和底纹。

⑥ 熟练设置行高与列宽。

⑦ 掌握行列的隐藏方法。

⑧ 熟练套用表格及单元格样式。

⑨ 熟练应用条件格式。

二、实训任务

① 打开“营销 3 班郊游拓展训练统计数据”工作簿，选择“郊游拓展训练数据”工作表，练习选定连续或不连续的单元格、区域、行或列。

② 在第 1 行前插入一行，合并 A1:K1 单元格，输入文字“郊游拓展训练数据”，设置其字体为“微软雅黑”，字号为“20”，粗体，居中。

③ 设置“出生日期”字段为年月日格式（如“1991 年 1 月 1 日”）。

④ 设置 A1:K17 单元格区域边框为粗实线、外边框、蓝色。

⑤ 设置第 1 行行高为 30，E 列列宽为 17。

⑥ 隐藏“学号”字段。

⑦ 将团队合作能力为“5”的单元格用蓝色填充。

⑧ 自行练习套用表格或单元格样式。

三、实训提示

① 使用【Ctrl】键、【Shift】键辅助选定对象。

② 选中指定单元格区域，应用“开始”选项卡→“对齐方式”选项组→“合并后居中”命令合并单元格。录入文字，并选中，设置文字字符格式。

③ 应用“开始”选项卡→“单元格”选项组→“格式”下拉列表→“设置单元格格式”命令，或者右击指定区域，使用快捷菜单中的命令设置数据格式。

④ 选中制定区域，应用“开始”选项卡→“单元格”选项组→“格式”下拉列表→“设置单元格格式”命令。

⑤ 应用“开始”选项卡→“单元格”选项组→“格式”下拉列表中的“行高”或“列宽”命令，或者使用快捷菜单命令。

⑥ 应用“开始”选项卡→“单元格”选项组→“隐藏和取消隐藏”命令，或者使用快捷菜单命令。

⑦ 应用“开始”选项卡→“样式”选项组→“条件格式”下拉列表中的命令。

⑧ 应用“开始”选项卡→“样式”选项组中的命令。

工作表编辑结果如图 5–13 所示。

	B	C	D	E	F	G	H	I	J	K
1	郊游拓展训练数据									
2	姓名	性别	民族	出生日期	团队合作	体能	耐力	力量	组织能力	拓展训练总分
3	张茜	女	汉族	2001年2月10日	4	5	3	4	5	
4	刘洋	男	苗族	2001年11月28日	4	4	4	3	5	
5	赵阳	男	蒙古族	2000年6月1日	4	3	3	5	3	
6	梁萧	男	汉族	2001年2月10日	3	3	3	4	4	
7	苗鑫源	女	傣族	2000年1月15日	4	5	5	5	5	
8	李一海	男	朝鲜族	2000年4月2日	3	5	2	4	3	
9	王源	女	彝族	2000年3月22日	5	3	4	4	4	
10	吕建强	男	汉族	2000年10月10日	5	4	3	3	5	
11	孙楠	男	汉族	2000年5月9日	3	5	4	3	3	
12	陆翔	男	壮族	2000年5月19日	3	4	4	5	3	
13	潘玉欣	女	蒙古族	2000年6月21日	3	5	4	3	5	
14	王建	男	苗族	2001年7月5日	4	5	5	3	4	
15	李欣	女	朝鲜族	2001年11月2日	5	5	5	5	5	
16	张海涛	女	朝鲜族	2000年8月8日	5	3	3	4	4	
17	刘旭冉	女	苗族	2000年12月23日	4	3	5	4	4	

图 5–13 “郊游拓展训练数据”工作表

四、拓展思考与练习

保护工作表中指定的数据不被修改。

单元 3 公式与函数

任务 1 了解 Excel 公式

Excel 中除了进行一般的表格处理工作外，数据计算也是其主要功能之一。公式就是进行计算和分析的运算表达式，它可以对数据进行加、减、乘、除等运算，也可以对文本进行比较等运算。

1. 标准公式

Excel 单元格中只能输入常数和公式。公式以“=”开头，后面是用运算符把常数、函数、单元格引用等连接起来的有意义的表达式。在单元格中输入公式后，按回车键即可确认输入，这时显示在单元格中的将是公式计算的结果。函数是公式的重要成分。

标准公式的形式为“= 操作数和运算符”。

操作数为具体引用的单元格、区域名、区域、函数及常数。

运算符表示执行哪种运算，具体包括以下运算符：

① 算术运算符：( )、%、^、*、/、+、-。

② 文本字符运算符：&（它将两个或多个文本连接为一个文本）。

③ 关系运算符：=、>、>=、<=、<、<>（按照系统内部的设置比较两个值，并返回逻辑值“TRUE”或“FALSE”）。

④ 引用运算符：引用是对工作表的一个或多个单元格进行标识，以告诉公式在运算时应该引用的单元格。引用运算符包括：

区域（:）：表示包括引用区域内的所有单元格，A1:D4 表示引用左上角为 A1、右下角为 D4 的区域内所有的单元格。

联合（,）：表示多个区域，如 B2:B6，E3:F5 表示引用 B2:B6 和 E3:F5 这两个区域内的所有单元格。

交叉（空格）：表示引用两个区域交叉部分的单元格，如 B1:E4 C3:G5 表示引用 B1:E4 区域和 C3:G5 区域交叉部分的单元格。

运算符的优先级为：算术运算符＞字符运算符＞关系运算符。

2. 创建及更正公式

（1）创建和编辑公式

操作方法：选定单元格，在其单元格中或其编辑栏中输入或修改公式，详见微视频 5–11 创建和编辑公式。

（2）更正公式

Excel 有几种不同的工具可以帮助查找和更正公式。

① 监视窗口：选择“公式”→“公式审核”→“监视窗口”命令，显示“监视窗口”对话框，在该对话框中观察单元格及其中的公式，甚至可以在看不到单元格的情况下进行。参见“帮助”。

② 公式错误检查：就像语法检查一样，Excel 用一定的规则检查公式中出现的问题。这些规则不保证电子表格不出现问题，但是对找出普通的错误会大有帮助。

上述问题可以由两种方式检查出来：一种是像拼写检查一样；另一种是立即显示在所操作的工作表中。当找出问题时，会有一个三角显示在单元格的左上角。单击该单元格，在其旁边会出现一个按钮，单击此按钮，出现如图 5–14 所示的选项菜单。第一项是发生错误的原因，可根据需要选择忽略错误、编辑修改、错误检查等操作来解决问题。

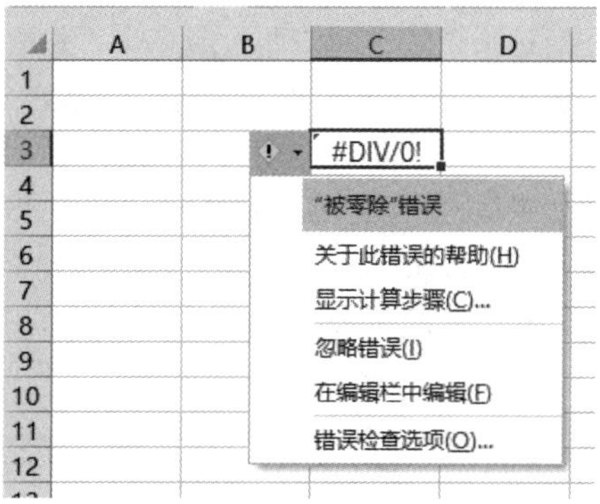

图 5–14 错误更正及选项

常出现错误的值如下：

- #DIV/0！：被除数字为 0。
- #N/A：数值对函数或公式不可用。
- #NAME？：不能识别公式中的文本。
- #NULL！：使用了并不相交的两个区域的交叉引用。
- #NUM！：公式或函数中使用了无效数字值。
- #REF！：无效的单元格引用。
- #VALUE！：使用了错误的参数或操作数类型。
- #####：列不够宽，或者使用了负的日期或负的时间。

（3）复制公式

复制公式可以避免大量重复输入相同公式的操作，方法有以下两种。

① 利用填充柄。操作方法为：选定原公式单元格，拖动其填充柄到最后一位同学，即可计算并填上每个同学的综合评定成绩。

② 利用"复制""粘贴"命令或按钮。操作方法为：选定原公式单元格，再选择"复制"命令或按钮，然后再选中要粘贴公式的单元格，最后选择"粘贴"命令或按钮，将公式粘贴到新的位置。

在粘贴公式的过程中，默认的是粘贴公式的全部格式和数据，但系统还允许进行选择性粘贴，即只粘贴原复制对象的部分。粘贴时，在快捷菜单中选择"选择性粘贴"命令，或选择"编辑"→"选择性粘贴"命令，打开"选择性粘贴"对话框。在对话框中进行具体的选择，然后单击"确定"按钮。

复制公式的操作详见微视频 5–12 复制公式。

（4）相对引用、绝对引用和混合引用

详见微视频 5–13 公式复制操作中单元格的引用方式。

① 相对引用。在复制公式的操作中，公式中所引用的单元格会随着目的单元格的改变而自动调整。公式中引用的单元格的"地址"是"相对的"。系统默认的引用为相对引用。如 E3，表示复制公式时行列均会发生变化。

② 绝对引用。在复制公式的操作中，公式中所引用的单元格不会随着目的单元格的改变而改变。在行号和列号前均加上"$"符号来表示绝对引用。如 $E$3，表示复制公式时行列均不发生变化。

③ 混合引用。混合引用具有绝对行和相对列，或是绝对列和相对行。用在行号或列号前加上"$"符号来表示，如 $E3 或 E$3。$E3 表示复制公式时行不变列变，而 E$3 表示行变列不变。

④ 三维引用。三维引用是指对跨越工作簿中两个或多个工作表的区域的引用。形式为"［工作簿名！］工作表名！单元格引用"。工作簿名用方括号括起，工作表名与单元格引用之间用感叹号分开。如［销售 .xlsx］一月销售明细表！ D5，它表示对"销售"工作簿中的"一月销售明细表"中的 D5 单元格引用。如果是同一工作簿的不同工作表的区域的引用，可用"工作表名！单元格引用"来表示。如，=SUM（Sheet2:Sheet13!B5）将计算包含在 B5 单元格内所有值的和，单元格取值范围是同一工作簿中从工作表 Sheet 2 到工作表 Sheet 13。

任务 2　了解 Excel 中的函数

函数是 Excel 中预定义的内置公式。在实际工作中，使用函数对数据进行计算比设计公式更为便捷。Excel 中自带了很多函数，函数按类别可分为：文本和数据、日期与时间、数学和三角、逻辑、财务、统计、查找和引用、数据库、外部、工程、信息。

函数的一般形式为“函数名(参数 1, 参数 2, …)”, 参数是函数要处理的数据, 它可以是常数、单元格、区域名、区域和函数。

1. 几个常用函数

- SUM：对数值求和，是数字数据的默认函数。
- COUNT：统计数据值的数量。COUNT 是除了数字型数据以外其他数据的默认函数。
- AVERAGE：求数值平均值。
- MAX：求最大值。
- MIN：求最小值。
- PRODUCT：求数值的乘积。
- AND：如果其所有参数为 TRUE，则返回 TRUE；否则返回 FALSE。
- IF：指定要执行的逻辑检验。执行真假值判断，根据逻辑计算的真假值返回不同结果。
- NOT：对其参数的逻辑值求反。
- OR：只要有一个参数为 TRUE，则返回 TRUE；否则返回 FALSE。

用户可以在公式中插入函数，或者直接输入函数来进行数据处理。直接输入函数更为快捷，但必须要记住该函数的用法，详见微视频 5–14 常见函数的应用。用户可通过帮助学习以上几个函数的用法。

2. 函数的嵌套使用

Excel 中函数可以嵌套使用。下面以 IF 函数的嵌套为例介绍函数的嵌套使用。

IF 函数功能：如果指定条件的计算结果为 TRUE，IF 函数将返回某个值；如果该条件的计算结果为 FALSE，则返回另一个值。

函数语法：IF(logical_test, [value_if_true], [value_if_false])

参数解释：

- logical_test：必需。计算结果可能为 TRUE 或 FALSE 的任意值或表达式。
- value_if_true：可选。logical_test 参数的计算结果为 TRUE 时所要返回的值。
- value_if_false：可选。logical_test 参数的计算结果为 FALSE 时所要返回的值。

例如，在单元格 B1 中显示学生成绩等级。如果记录学生成绩的单元格 A1 的值大于等于 60，则判定该生成绩等级为及格，否则为不及格。在单元格 B1 中输入公式 =IF(A1>=60," 及格 "," 不及格 ")。现在添加一个成绩等级。学生成绩 85 分（含）以上时，其等级为优秀，在 85 分至 60 分（含）之间时，等级为及格，在 60 分以下时，等级为不及格。此时，可在单元格 B1 中输入公式 =IF(A1>=85," 优秀 ",IF(A1>=60, " 及格 "," 不及格 "))。

视频资源

微视频5–11 创建和编辑公式

微视频5–12 复制公式

微视频5–13 公式复制操作中单元格的引用方式

微视频5–14 常见函数的应用

实训　使用公式与函数

一、实训目的

① 掌握创建和复制公式的方法。

② 熟悉并使用 Excel 常用函数。

二、实训任务

① 在“郊游拓展训练数据”工作表中，使用公式在 K2:K16 区域计算每位同学的加权总分（加权总分 = 团队合作 *25%+ 体能 *20%+ 耐力 *25%+ 力量 *15%+ 组织能力 *15%），结果保留 2 位小数。

② 将“学号”、“姓名”和“加权总分”列的值复制粘贴到“拓展训练总成绩”工作表的相应列，总分保留 2 位小数。

③ 在“郊游拓展训练数据”工作表的 L2:L16 区域使用 AVERAGE 函数计算各项目平均分，在 M2:M16 单元格区域使用 SUM 函数计算未加权总分。

④ 在“郊游拓展训练数据”工作表的 N2:N16 区域使用 IF 函数计算拓展训练评估结果，加权总分大于等于 4.5 分，评估为“优秀”，小于等于 3.5 分，评估为“普通”，在 3.5 分到 4.5 分之间，评估为“良好”。

三、实训提示

① 在“郊游拓展训练数据”工作表中，在 K2 单元格输入公式“=F2*25%+G2*20%+H2*25%+I2*15%+J2*15%”；用鼠标拖动单元格右下角的填充柄填充公式，计算其他同学的总分，并保留 2 位小数。

② 复制“学号”、“姓名”和“加权总分”列的数据，单击“郊游拓展训练总成绩”工作表的 A2 单元格，在粘贴的时候选择粘贴“值和数字格式”。

③ 在“郊游拓展训练数据”工作表中，在 L2 中输入“=AVERAGE(F2:J2)”，在 M2 中输入“=SUM(F2:J2)”。

④ 在“郊游拓展训练数据”工作表中，在 N2 中输入“=IF(K2>=4.5," 优秀 ",IF(K2<=3.5," 普通 "," 良好 "))”。

⑤ 文档编辑结果如图 5–15、图 5–16 所示。

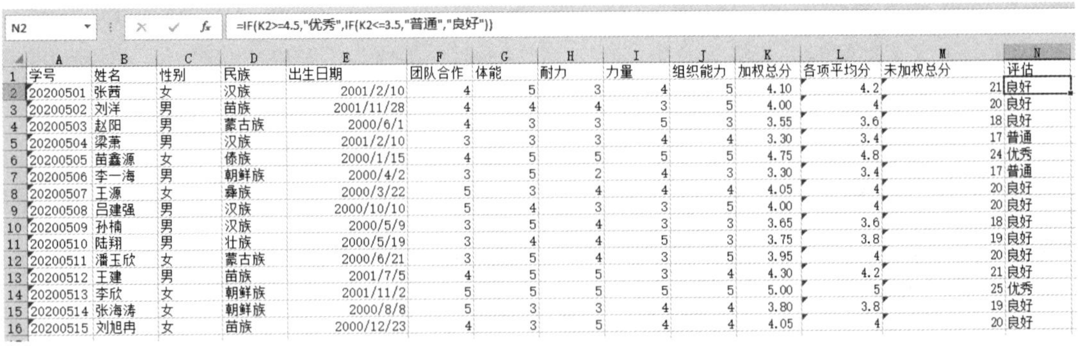

N2　=IF(K2>=4.5,"优秀",IF(K2<=3.5,"普通","良好"))

	A	B	C	D	E	F	G	H	I	J	K	L	M	N
1	学号	姓名	性别	民族	出生日期	团队合作	体能	耐力	力量	组织能力	加权总分	各项平均分	未加权总分	评估
2	20200501	张茜	女	汉族	2001/2/10	4	5	3	4	5	4.10	4.2	21	良好
3	20200502	刘洋	男	苗族	2001/11/28	4	4	4	3	5	4.00	4	20	良好
4	20200503	赵阳	男	蒙古族	2000/6/1	4	3	3	5	3	3.55	3.6	18	良好
5	20200504	梁萧	男	汉族	2001/2/10	3	3	3	4	4	3.30	3.4	17	普通
6	20200505	苗鑫源	女	傣族	2000/1/15	4	5	5	5	5	4.75	4.8	24	优秀
7	20200506	李一海	男	朝鲜族	2000/4/2	3	5	2	4	3	3.30	3.4	17	普通
8	20200507	王源	女	彝族	2000/3/22	5	3	4	4	4	4.05	4	20	良好
9	20200508	吕建强	男	汉族	2000/10/10	5	4	3	3	5	4.00	4	20	良好
10	20200509	孙楠	男	汉族	2000/5/9	3	5	4	3	3	3.65	3.6	18	良好
11	20200510	陆翔	男	壮族	2000/5/19	3	4	4	5	3	3.75	3.8	19	良好
12	20200511	潘玉欣	女	蒙古族	2000/6/21	3	5	4	3	5	3.95	4	20	良好
13	20200512	王建	男	苗族	2001/7/5	4	5	5	3	4	4.30	4.2	21	良好
14	20200513	李欣	女	朝鲜族	2001/11/2	5	5	5	5	5	5.00	5	25	优秀
15	20200514	张海涛	女	朝鲜族	2000/8/8	5	3	3	4	4	3.80	3.8	19	良好
16	20200515	刘旭冉	女	苗族	2000/12/23	4	3	5	4	4	4.05	4	20	良好

图 5–15　“郊游拓展训练数据”工作表

	A	B	C
1	学号	姓名	拓展训练加权总分
2	20200501	张茜	4.10
3	20200502	刘洋	4.00
4	20200503	赵阳	3.55
5	20200504	梁萧	3.30
6	20200505	苗鑫源	4.75
7	20200506	李一海	3.30
8	20200507	王源	4.05
9	20200508	吕建强	4.00
10	20200509	孙楠	3.65
11	20200510	陆翔	3.75
12	20200511	潘玉欣	3.95
13	20200512	王建	4.30
14	20200513	李欣	5.00
15	20200514	张海涛	3.80
16	20200515	刘旭冉	4.05

图 5–16　“拓展训练总成绩”工作表

四、拓展思考与练习

① 学习使用文本函数，如 ASC 函数、FIND 函数、LEFT 函数等。

② 学习使用日期时间函数，如 DATE 函数、TIME 函数、YEAR 函数等。

③ 学习使用查找与引用数，如 LOOKUP 函数、VLOOKUP 函数等。

单元 4　数 据 管 理

任务 1　掌握数据的排序与筛选

1. 排序

Excel 可以按照表中某列数据的升序或降序对选中区域的数据进行排序，作为排序依据的列名通常称为关键字。排序后，每条记录的数据不变，只是顺序发生了变化。

默认的升序排序规则如下：

- 数字：从最小的负数到最大的正数。
- 文本和包含数字的文本：0 ~ 9（空格）! ” # $ % & ( ) * , . / : ; ? @ [\ ] ^ _ ` { | } ~ + < = >A ~ Z。撇号（ ‘ ）和连字符（-）会被忽略。但如果两个文本字符串除了连字符不同外其余都相同，则带连字符的文本排在后面。
- 字母：在按字母先后顺序对文本项进行排序时，从左到右逐个字符进行排序。
- 逻辑值：FALSE 在 TRUE 之前。
- 错误值：所有错误值的优先级相同。
- 空格：空格始终排在最后。

降序排列的次序与升序相反。

（1）单列排序

操作步骤如下：

① 选择需要排序的数据列中任一单元格。

② 单击“数据”选项卡，在“排序和筛选”选项组中单击“升序排序”按钮或“降序排序”按钮。千万不要选中部分区域，然后进行排序，这样会出现记录数据混乱。选择数据时，不是选中全部区域，就是选中一个单元格。

（2）多列排序

多个关键字排序是当主要关键字的数值相同时，按照次要关键字的次序进行排列，次要关键字的数值相同时，按照第三关键字的次序排列。单击“选项”按钮，打开“排序选项”对话框，可设置区分大小写、按行排序、按笔划排序等复杂的排序，如图 5–17 所示。

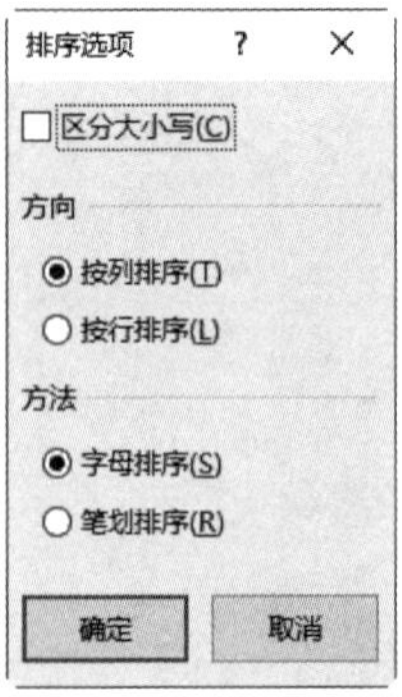

图 5–17 “排序选项”对话框

多列排序的操作步骤如下：

① 在需要排序的区域中单击任一单元格。

② 单击“数据”选项卡中“排序和筛选”选项组中的“排序”命令，打开其对话框，如图 5–18 所示。

③ 选定“主要关键字”以及排序的次序后，可以设置“次要关键字”和“第三关键字”以及排序的次序。

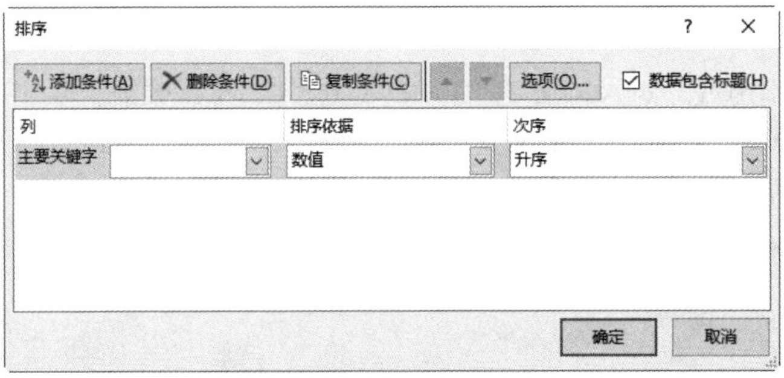

图 5–18 “排序”对话框

④ 根据数据表的字段名是否参加排序，决定是否勾选对话框右上角的“数据包含标题”选项，再单击“确定”按钮。

2. 筛选

利用数据筛选可以方便地查找符合条件的行数据，筛选有自动筛选和高级筛选两种。自动筛选包括按选定内容筛选，它适用于简单条件。高级筛选适用于复杂条件。一次只能对工作表中的一个区域应用筛选。与排序不同，筛选并不重排区域。筛选只是暂时隐藏不必显示的行。

① 自动筛选，详见微视频 5–15 自动筛选。

② 高级筛选，详见微视频 5–16 高级筛选。

任务 2 掌握分类汇总

分类汇总是指按某一字段汇总有关数据，比如按部门汇总工资，按班级汇总成绩等。分类汇总必须先分类，即按某一字段排序，把同类别的数据放在一起，然后再进行求和、求平均值等汇总计算。

1. 简单汇总

简单汇总的操作步骤如下：

① 选择分类字段，并进行升序或降序排序。

② 单击“数据”选项卡→“分级显示”选项组→“分类汇总”命令，打开“分类汇总”对话框。

③ 设置分类字段、汇总方式、选定汇总项、汇总结果的显示位置等。

在“分类字段”框中选定分类的字段。

在“汇总方式”框中指定汇总函数，如求和、平均值、计数、最大值等。

在“选定汇总项”框中选定汇总函数进行汇总的字段项。

单击“确定”按钮，显示分类汇总表的结果。

2. 分级显示汇总数据

在分类汇总表的左侧可以看到分级显示的“123”3 个按钮标志。“1”代表总计，“2”代表分类合计，“3”代表明细数据。

① 单击按钮“1”，将显示全部数据的汇总结果，不显示具体数据。

② 单击按钮“2”，将显示总的汇总结果和分类汇总结果，不显示具体数据。

③ 单击按钮“3”，将显示全部汇总结果和明细数据。

④ 单击“+”和“−”按钮，可以打开或折叠某些数据。

分级显示和隐藏数据也可以通过单击“数据”选项卡→“分级显示”→“显示明细数据 / 隐藏明细数据”按钮实现。

3. 嵌套汇总

如果还想对汇总的数据进行不同的汇总，可再次进行分类汇总。在“分类汇总”对话框中选择汇总方式和汇总项，清除其余汇总项，并取消选中“替换当前分类汇总”复选框，即可叠加多种分类汇总。

4. 清除分类汇总

如果要删除已经存在的分类汇总，在“分类汇总”对话框中单击“全部删除”按钮即可。

分类汇总的操作实例详见微视频 5–17 分类汇总。

任务 3　掌握数据透视表和数据透视图

数据透视表是一种交互的、交叉制表的 Excel 报表，用于对多种来源的数据进行汇总和分析。利用数据透视表可以进一步分析数据，得到更为复杂的结果。

数据透视表有如下组成部分：

① 报表筛选：用于筛选整个数据透视表，是数据透视表中指定为页方向的源数据列表中的字段。

② 行标签：行字段是在数据透视表中指定为行方向的源数据列表中的字段。

③ 列标签：列字段是在数据透视表中指定为列方向的源数据列表中的字段。

④ 数值：提供要汇总的数据值，可用求和、求平均值等函数合并数据。

创建数据透视表的操作步骤如下，操作实例详见微视频 5–18 创建数据透视表。

① 单击需要建立数据透视表的数据清单中任意一个单元格。

② 单击“插入”选项卡→“表格”选项组→“数据透视表”下拉按钮，在下拉菜单中选择“数据透视表”。

③ 在弹出的“创建数据透视表”对话框的“请选择要分析的数据”栏中选中“选择一个表或区域”单选项，在“表 / 区域”文本框中输入或使用鼠标选取引用位置。

④ 在“选择放置数据透视表的位置”栏中选中“现有工作表”单选项，在“位置”文本框中输入数据透视表的存放位置。

⑤ 单击“确定”按钮，一个空的数据透视表将添加到指定的位置，并显示数据透视表字段列表，以便我们可以开始添加字段、创建布局和自定义数据透视表。

⑥ 选择相应的行、列标签和数值计算项后，即可得到数据透视的结果。

数据透视图是对数据透视表中的汇总数据添加可视化图表，以便用户能够更加直观地查看比较数据，观察其变化趋势。数据透视图的创建方法与数据透视表基本相同，在此不再赘述。

视频资源

微视频5–15 自动筛选

微视频5–16 高级筛选

微视频5–17 分类汇总

微视频5–18 创建数据透视表

实训1 排序和筛选

一、实训目的

① 掌握单字段和多字段排序的方法。

② 掌握自动筛选和高级筛选的方法。

二、实训任务

① 打开“实验1营销3班郊游拓展训练统计数据.xlsx”工作簿。

② 打开工作表“郊游拓展训练数据1”，首先依据“加权总分排序”降序排列，再依据“各项平均分”降序排列。设置自定义筛选，查看“加权总分”在4.00分及以上的同学信息。

③ 打开工作表“郊游拓展训练数据2”，设置自定义筛选，查看“各项平均分”在4.00分及以上的男同学信息。

④ 设置高级筛选。打开工作表“郊游拓展训练数据3”，筛选出“团队合作”分数在4分及以上的汉族同学信息，或者“组织能力”分数在4分及以上的汉族同学信息。筛选结果复制到左上角为A19的区域。

三、实训提示

① 打开指定工作簿。

② 打开指定工作表，将光标定位到数据区域。单击“数据”选项卡→“排序和筛选”选项组→“排序”按钮，在打开的窗口中设置多字段排序。单击“数据”选项卡→“排序和筛选”选项组→“筛选”按钮，打开“加权总分”列下拉列表设置筛选条件，文档编辑结果如图5–19所示。

③ 打开指定工作表，将光标定位到数据区域。单击“数据”选项卡→“排序和筛选”选项组→“筛选”按钮，打开“各项平均分”及“性别”列下拉列表设置筛选条件，文档编辑结果如图5–20所示。

④ 打开指定工作表，将光标定位到数据区域。在P5:R7区域编辑高级筛选条件。光标定位到数据区域，单击“数据”选项卡→“排序和筛选”选项组→“高级”按钮，在打开的窗口中设置方式为“将筛选结果复制到其他位置”，列表区为“$A$1:$N$16”，条件区域为“$P$5:$R$7”，复制到“$A$19:$N$19”。文档编辑结果如图5–21所示。

	A	B	C	D	E	F	G	H	I	J	K	L	M	N
1	学号	姓名	性别	民族	出生日期	团队合	体能	耐力	力量	组织能	加权总	各项平	未加权	评估
2	20200513	李欣	女	朝鲜族	2001/11/2	5	5	5	5	5	5.00	5.00	25	优秀
3	20200505	苗鑫源	女	傣族	2000/1/15	4	5	5	5	5	4.75	4.80	24	优秀
4	20200512	王建	男	苗族	2001/7/5	4	5	5	3	4	4.30	4.20	21	良好
5	20200501	张茜	女	汉族	2001/2/10	4	5	3	4	5	4.10	4.20	21	良好
6	20200507	王源	女	彝族	2000/3/22	5	3	4	4	4	4.05	4.00	20	良好
7	20200515	刘旭冉	女	苗族	2000/12/23	4	3	5	4	4	4.05	4.00	20	良好
8	20200502	刘洋	男	苗族	2001/11/28	4	4	4	3	5	4.00	4.00	20	良好
9	20200508	吕建强	男	汉族	2000/10/10	5	4	3	3	5	4.00	4.00	20	良好

图 5–19　“郊游拓展训练数据 1”工作表自动筛选操作

	A	B	C	D	E	F	G	H	I	J	K	L	M	N
1	学号	姓名	性别	民族	出生日期	团队合	体能	耐力	力量	组织能	加权总	各项平	未加权	评估
4	20200512	王建	男	苗族	2001/7/5	4	5	5	3	4	4.30	4.20	21	良好
8	20200502	刘洋	男	苗族	2001/11/28	4	4	4	3	5	4.00	4.00	20	良好
9	20200508	吕建强	男	汉族	2000/10/10	5	4	3	3	5	4.00	4.00	20	良好
17														

图 5–20　“郊游拓展训练数据 2”工作表自动筛选操作

	A	B	C	D	E	F	G	H	I	J	K	L	M	N	O	P	Q	R
1	学号	姓名	性别	民族	出生日期	团队合作	体能	耐力	力量	组织能力	加权总分	各项平均分	未加权总分	评估				
2	20200513	李欣	女	朝鲜族	2001/11/2	5	5	5	5	5	5.00	5.00	25	优秀				
3	20200505	苗鑫源	女	傣族	2000/1/15	4	5	5	5	5	4.75	4.80	24	优秀				
4	20200512	王建	男	苗族	2001/7/5	4	5	5	3	4	4.30	4.20	21	良好				
5	20200501	张茜	女	汉族	2001/2/10	4	5	3	4	5	4.10	4.20	21	良好		民族	团队合作	组织能力
6	20200507	王源	女	彝族	2000/3/22	5	3	4	4	4	4.05	4.00	20	良好		汉族	>=4	
7	20200515	刘旭冉	女	苗族	2000/12/23	4	3	5	4	4	4.05	4.00	20	良好		汉族		>=4
8	20200502	刘洋	男	苗族	2001/11/28	4	4	4	3	5	4.00	4.00	20	良好				
9	20200508	吕建强	男	汉族	2000/10/10	5	4	3	3	5	4.00	4.00	20	良好				
10	20200511	潘玉欣	女	蒙古族	2000/6/21	3	5	4	3	5	3.95	4.00	20	良好				
11	20200514	张海涛	女	朝鲜族	2000/8/8	5	3	3	4	4	3.80	3.80	19	良好				
12	20200510	陆翔	男	壮族	2000/5/19	3	4	4	5	3	3.75	3.80	19	良好				
13	20200509	孙楠	男	汉族	2000/5/9	3	5	4	3	3	3.65	3.60	18	良好				
14	20200503	赵阳	男	蒙古族	2000/6/1	4	3	3	5	3	3.55	3.60	18	良好				
15	20200504	梁萧	男	汉族	2001/2/10	3	3	3	4	4	3.30	3.40	17	普通				
16	20200506	李一海	男	朝鲜族	2000/4/2	3	5	2	4	3	3.30	3.40	17	普通				
17																		
18																		
19	学号	姓名	性别	民族	出生日期	团队合作	体能	耐力	力量	组织能力	加权总分	各项平均分	未加权总分	评估				
20	20200501	张茜	女	汉族	2001/2/10	4	5	3	4	5	4.10	4.20	21	良好				
21	20200508	吕建强	男	汉族	2000/10/10	5	4	3	3	5	4.00	4.00	20	良好				
22	20200504	梁萧	男	汉族	2001/2/10	3	3	3	4	4	3.30	3.40	17	普通				

图 5–21　“郊游拓展训练数据 3”工作表高级筛选操作

四、拓展思考与练习

练习多条件高级筛选。

实训 2　分类汇总

一、实训目的

掌握创建、编辑和删除分类汇总的方法。

二、实训任务

① 打开“实验 2 营销 3 班郊游拓展训练统计数据 .xlsx”工作簿。

② 打开“郊游拓展训练数据 1”工作表，统计男女生组织能力的平均分。

③ 打开“郊游拓展训练数据 2”工作表，统计各民族加权总分的平均分。

三、实训提示

① 打开指定工作簿。

② 打开指定工作表，依据性别列排序。单击“数据”选项卡→“分级显示”选项组→“分类汇总”按钮，分类字段为“性别”，汇总方式为“平均值”，“选定汇总项”为“组织能力”，文档编辑结果如图 5–22 所示。

③ 打开指定工作表，依据民族列排序。单击“数据”选项卡→“分级显示”选项组→“分类汇总”按钮，分类字段为“民族”，汇总方式为“平均值”，“选定汇总项”为“加权总分”，文档编辑结果如图 5–23 所示。

	A	B	C	D	E	F	G	H	I	J	K	L	M	N
1	学号	姓名	性别	民族	出生日期	团队合作	体能	耐力	力量	组织能力	加权总分	各项平均分	未加权总分	评估
2	20200512	王建	男	苗族	2001/7/5	4	5	5	3	4	4.30	4.20	21	良好
3	20200502	刘洋	男	苗族	2001/11/28	4	4	4	3	5	4.00	4.00	20	良好
4	20200508	吕建强	男	汉族	2000/10/10	5	4	3	3	5	4.00	4.00	20	良好
5	20200510	陆翔	男	壮族	2000/5/19	3	4	4	5	3	3.75	3.80	19	良好
6	20200509	孙楠	男	汉族	2000/5/9	3	5	4	3	3	3.65	3.60	18	良好
7	20200503	赵阳	男	蒙古族	2000/6/1	4	3	3	5	3	3.55	3.60	18	良好
8	20200504	梁萧	男	汉族	2001/2/10	3	3	3	4	4	3.30	3.40	17	普通
9	20200506	李一海	男	朝鲜族	2000/4/2	3	5	2	4	3	3.30	3.40	17	普通
10			**男 平均值**							3.75				
11	20200513	李欣	女	朝鲜族	2001/11/2	5	5	5	5	5	5.00	5.00	25	优秀
12	20200505	苗鑫源	女	傣族	2000/1/15	4	5	5	5	5	4.75	4.80	24	优秀
13	20200501	张茜	女	汉族	2001/2/10	4	5	3	4	5	4.10	4.20	21	良好
14	20200507	王源	女	彝族	2000/3/22	5	3	4	4	4	4.05	4.00	20	良好
15	20200515	刘旭冉	女	苗族	2000/12/23	4	3	5	4	4	4.05	4.00	20	良好
16	20200511	潘玉欣	女	蒙古族	2000/6/21	3	5	4	3	5	3.95	4.00	20	良好
17	20200514	张海涛	女	朝鲜族	2000/8/8	5	3	3	4	4	3.80	3.80	19	良好
18			**女 平均值**							4.571429				
19			**总计平均值**							4.133333				

图 5-22 “男女生组织能力的平均分”分类汇总

	A	B	C	D	E	F	G	H	I	J	K	L	M	N
1	学号	姓名	性别	民族	出生日期	团队合作	体能	耐力	力量	组织能力	加权总分	各项平均分	未加权总分	评估
2	20200506	李一海	男	朝鲜族	2000/4/2	3	5	2	4	3	3.30	3.40	17	普通
3	20200513	李欣	女	朝鲜族	2001/11/2	5	5	5	5	5	5.00	5.00	25	优秀
4	20200514	张海涛	女	朝鲜族	2000/8/8	5	3	3	4	4	3.80	3.80	19	良好
5				**朝鲜族 平均值**							4.03			
6	20200505	苗鑫源	女	傣族	2000/1/15	4	5	5	5	5	4.75	4.80	24	优秀
7				**傣族 平均值**							4.75			
8	20200508	吕建强	男	汉族	2000/10/10	5	4	3	3	5	4.00	4.00	20	良好
9	20200509	孙楠	男	汉族	2000/5/9	3	5	4	3	3	3.65	3.60	18	良好
10	20200504	梁萧	男	汉族	2001/2/10	3	3	3	4	4	3.30	3.40	17	普通
11	20200501	张茜	女	汉族	2001/2/10	4	5	3	4	5	4.10	4.20	21	良好
12				**汉族 平均值**							3.76			
13	20200503	赵阳	男	蒙古族	2000/6/1	4	3	3	5	3	3.55	3.60	18	良好
14	20200511	潘玉欣	女	蒙古族	2000/6/21	3	5	4	3	5	3.95	4.00	20	良好
15				**蒙古族 平均值**							3.75			
16	20200512	王建	男	苗族	2001/7/5	4	5	5	3	4	4.30	4.20	21	良好
17	20200502	刘洋	男	苗族	2001/11/28	4	4	4	3	5	4.00	4.00	20	良好
18	20200515	刘旭冉	女	苗族	2000/12/23	4	3	5	4	4	4.05	4.00	20	良好
19				**苗族 平均值**							4.12			
20	20200507	王源	女	彝族	2000/3/22	5	3	4	4	4	4.05	4.00	20	良好
21				**彝族 平均值**							4.05			
22	20200510	陆翔	男	壮族	2000/5/19	3	4	4	5	3	3.75	3.80	19	良好
23				**壮族 平均值**							3.75			
24				**总计平均值**							3.97			

图 5-23 “各民族加权总分的平均分” 分类汇总

四、拓展思考与练习

实现嵌套汇总，如统计各性别各民族组织能力平均分。

实训 3 数据透视表

一、实训目的

掌握建立数据透视表的方法。

二、实训任务

① 打开“实验 3 营销 3 班郊游拓展训练统计数据 .xlsx”工作簿中的，“郊游拓展训练数据”工作表，依据其中的数据建立数据透视表。

② 根据区域“郊游拓展训练数据 !$A$1:$N$1”中的数据在新工作表建立数据透视表，数据透视表显示不同民族不同性别的学生团队合作平均分。

三、实训提示

① 打开指定工作表。

② 光标定位到数据区域。

单击“插入”选项卡→“表格”选项组→“数据透视表”列表→“数据透视表”命令，在打开的窗口中设置数据区域为“郊游拓展训练数据 !$A$1:$N$16”，放置透视表的位置为“新工作表”。

打开新工作表，在“数据透视表字段列表”窗格，设置要添加到报表的字段为“性别”“民族”“团队合作”，行标签为“民族”，列标签为“性别”，数值为“求平均值项：团队合作”。

文档编辑结果如图 5–24 所示。

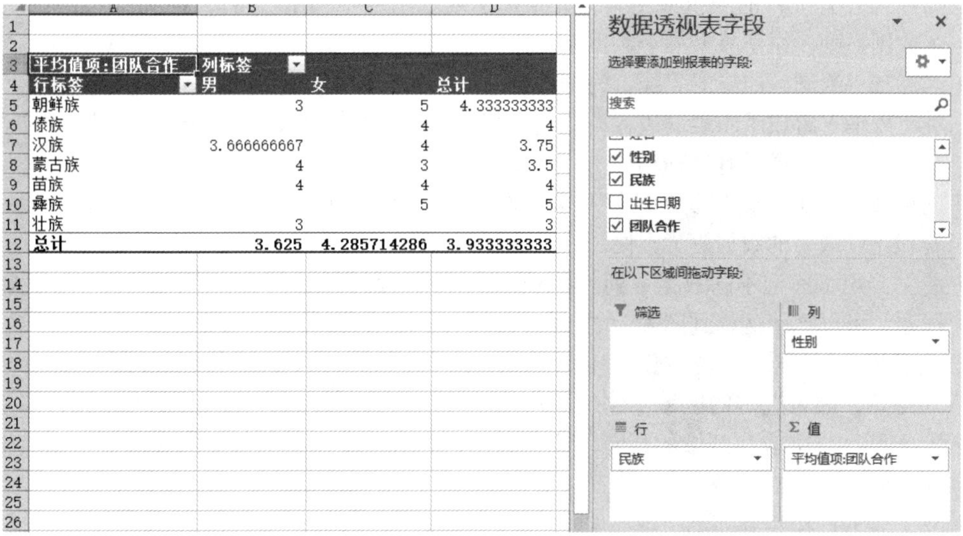

图 5–24 “不同民族不同性别的学生团队合作平均分”数据透视表

四、拓展思考与练习

创建“不同民族不同性别的学生团队合作平均分”的数据透视图。

单元 5 数据可视化——图表

任务 1 创建图表

Excel 中的图表有两种：一种是嵌入式图表，它和创建图表的数据源放置在同一张工作表中；另一种是独立图表，它是一张独立的图表工作表。

Excel 为用户建立直观的图表提供了大量的预定义模型，每一种图表类型又有若干种子类型。此外，用户还可以定制喜欢的格式。

图表的组成如图 5–25 所示。

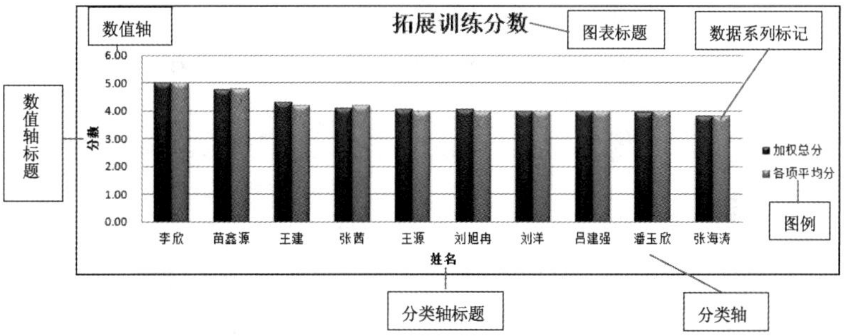

图 5–25 图表示例

- 图表区：整个图表及包含的所有对象。

- 图表标题：图表的标题。
- 数据系列标记：在图表中绘制的相关数据点，这些数据源来自数据表的行或列。每个数据系列具有唯一的颜色或图案，并且在图表的图例中表示。可以在图表中绘制一个或多个数据系列。饼图只有一个数据系列。
- 坐标轴：绘图区边缘的直线，为图表提供计量和比较的参考模型。分类轴（X 轴）和数值轴（Y 轴）组成了图表的边界，并包含相对于绘制数据的比例尺，Z 轴用于三维图表的第三坐标轴。饼图没有坐标轴。
- 网格线：从坐标轴刻度线延伸开来并贯穿整个绘图区的可选线条系列。网格线使用户查看和比较图表的数据更为方便。
- 图例：用于标记不同数据系列的符号、图案和颜色，每一个数据系列的名字作为图例的标题，可以把图例移到图表中的任何位置。

创建图表的一般步骤是：先选定创建图表的数据区域。选定的数据区域可以连续，也可以不连续。注意，如果选定的区域不连续，每个区域所在的行或列有相同的矩形区域；如果选定的区域有文字，文字应在区域的最左列或最上行，以说明图表中数据的含义。下面以员工的销售成绩为例创建柱形图。

建立图表的操作步骤如下：

① 选定要创建图表的数据区域。

② 单击“插入”选项卡→“图表”选项组右下角的按钮，打开“插入图表”对话框，在对话框中选择要创建图表类型，如图 5–26 所示。

③ 选择一种图表类型，如“簇状柱形图”，设置完成后，单击“确定”按钮即可，完成效果如图 5–27 所示。

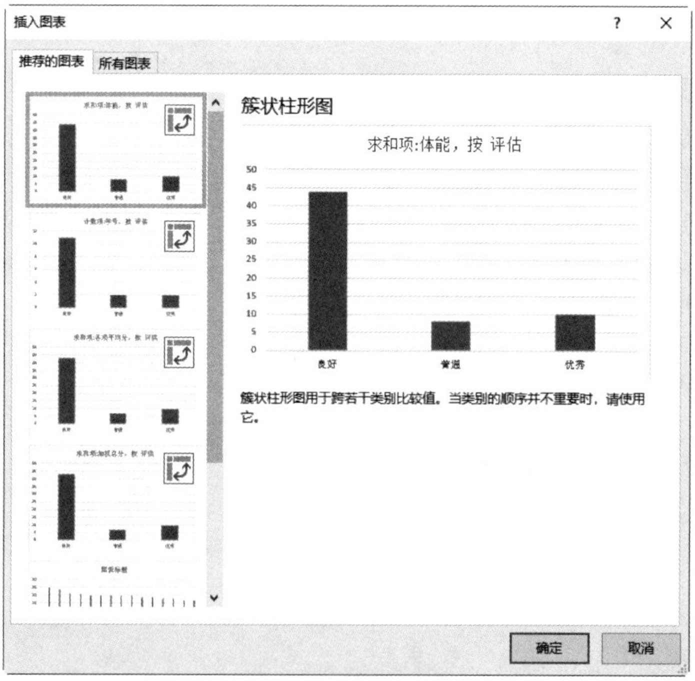

图 5–26 “插入图表”对话框

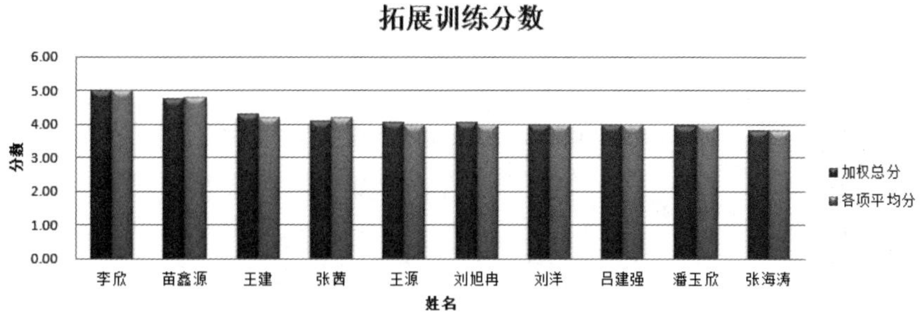

图 5–27 创建簇状柱形图

任务 2 编辑图表中的数据

编辑图表是指对图表及图表中各个对象的编辑，包括数据的增加、删除，图表类型的更改，图表的缩放、移动、复制、删除、数据格式化等。

一般情况下，先选中图表，再对图表进行具体的编辑。当选中图表时，窗口功能区会显示“图表工具”选项组，含有 3 个选项：设计、布局和格式。可根据需要选择相应的选项组命令按钮进行操作。

1. 编辑图表中的数据

（1）增加数据

要给图表增加数据系列，右击图表中任意位置，在弹出的快捷菜单中选择“选择数据”命令，打开“选择数据源”对话框，单击“添加”按钮。在打开的“编辑数据系列”对话框中设置需要添加的系列名称和系列值。

（2）删除数据

删除图表中的指定数据系列，可先单击要删除的数据系列，再按【Del】键，或右击数据系列，从快捷菜单中选择“清除”命令。

（3）更改系列的名称

右击图表中任意位置，在弹出的快捷菜单中选择“选择数据”命令，打开“选择数据源”对话框。在“图例项（系列）”列表中选中需要更改的数据源，接着单击“编辑”按钮，打开“编辑数据系列”对话框。在“系列名称”文本框中将原有数据删除，输入新数据，单击“确定”按钮，返回“选择数据源”对话框，再次单击“确定”按钮即可完成修改。

2. 更改图表的类型

单击选中图表，单击“设计”标签，在“类型”选项组中单击“更改图表类型”按钮，打开“更改图表类型”对话框。

在对话框左侧选择一种合适的图表类型，接着在右侧窗格中选择一种合适的图表样式，单击“确定”按钮，即可看到更改后的结果。

3. 设置图表格式

设置图表的格式是指对图表中各个对象进行文字、颜色、外观等格式的设置。双击欲设置格式的图表对象，如双击图表区，打开“设置图表区格式”对话框进行设置即可。

编辑图表的操作详见微视频 5–19 编辑图表。

视频资源

微视频5-19
编辑图表

实训 绘制图表

一、实训目的

① 掌握绘制各类图表的方法。

② 熟练设置图表的样式与布局结构。

二、实训任务

① 打开“实验 1 营销 3 班郊游拓展训练统计数据 .xlsx”工作簿中的“郊游拓展训练数据”工作表，依据其中的数据创建图表。

② 插入“簇状圆柱图”。

③ 设置图表数据：图例为“加权总分”和“各项平均分”，水平轴标签为学生的姓名。

④ 设置图表样式：选择样式 28。

⑤ 设置图表布局：选择布局一，图表标题为“拓展训练分数”。

⑥ 设置图表名称：图表名称为“拓展训练分数”。

三、实训提示

① 打开指定工作表。

② 光标定位到数据区域，单击“插入”选项卡→“图表”选项组→“柱形图”下拉列表→“簇状圆柱图”，插入图表。

③ 单击“设计”选项卡→“数据”选项组→“选择数据”下按钮，在打开的窗口中编辑图例项和水平轴标签。

④ . 使用“设计”选项卡→“图表样式”选项组选择样式。

⑤ 使用“设计”选项卡→“图表布局”选项组选择布局。在图表中选中标题，并将其修改为指定标题。

⑥ 使用“布局”选项卡→“属性”选项组设置图表名称。

文档编辑结果如图 5–28 所示。

四、拓展思考与练习

① 练习创建各种类型的图表。

② 单独设置图表中各元素的样式。

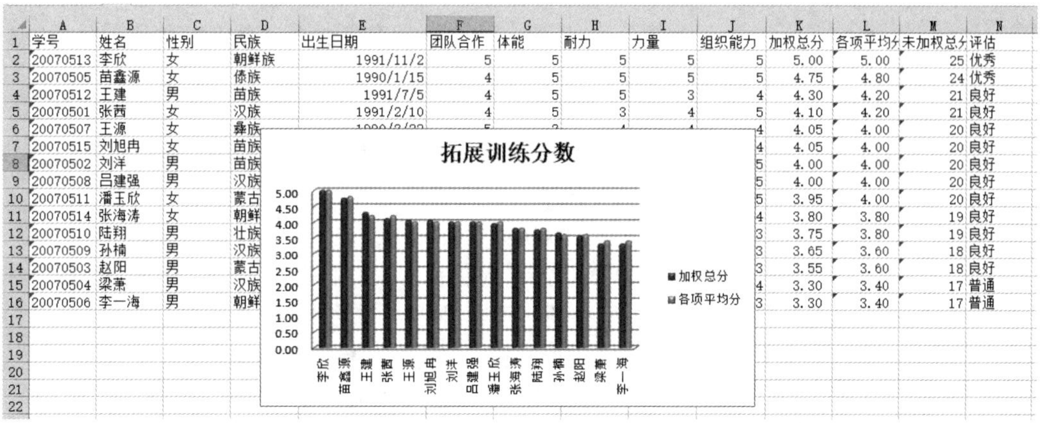

图 5–28　“个人加权总分及各项平均分”簇状圆柱图

单元 6　打印工作表

任务 1　掌握页面设置

同 Word 操作一样，工作表创建好后，可以按要求进行页面设置或设置打印数据的区域，然后再预览或打印出来。当然，Excel 也具有默认的页面设置，因此可直接打印工作表。

页面设置操作步骤如下：

① 单击“页面布局”选项卡，在“页面设置”选项组中单击右下角的按钮，打开“页面设置”对话框，如图 5–29 所示。

图 5–29　“页面设置”对话框

② 设置“页面”选项卡。

“方向”设置框：同 Word 页面设置。

“缩放”框：用于放大或缩小打印的工作表，其中“缩放比例”框可在 10% ~ 400% 选择。

100% 为正常大小；小于 100% 为缩小；大于 100% 为放大。“调整为”框可把工作表拆分为指定页宽和指定页高打印，如指定 2 页宽，2 页高表示水平方向分 2 页，垂直方向分 2 页，共 4 页打印。

“纸张大小”框：同 Word 页面设置。

“打印质量”框：设置每英寸打印的点数，数字越大，打印质量越好。注意：打印机不同数字会不一样。

“起始页码”框：设置打印首页页码，默认为“自动”，从第一页或接上一页开始打印。

③ 单击“页边距”选项卡，打开“页边距”对话框，设置打印数据距打印页四边的距离、页眉和页脚的距离以及打印数据是水平居中还是垂直居中方式，默认为靠上靠左对齐。

④ 单击“页眉 / 页脚”选项卡，在此进行设置。

“页眉”“页脚”框：可从其下拉列表框中进行选择。

“自定义页眉”“自定义页脚”按钮：单击打开相应的对话框自行定义，在左、中、右框中输入指定页眉，用给定按钮定义字体、插入页码、插入总页数、插入日期、插入时间、插入路径、插入文件名、插入标签名、插入图片、设置图片格式，然后单击“确定”按钮。

⑤ 单击“工作表”选项卡，如图 5–30 所示。

图 5–30 “页面设置”对话框中的“工作表”选项卡

“顶端标题行”框：设置在每个打印页上边都能看见的标题。

“左端标题列”框：设置在每个打印页左边都能看见的标题。

“网格线”复选框：选中为打印带表格线的数据，默认为不打印表格线。

“行号列标”复选框：选中为打印输出行号和列标，默认为不打印行号和列标。

“单色打印”复选框：用于当设置了彩色格式而打印机为黑白色时选择，另外彩色打印机选此项可减少打印时间。

“批注”复选框：设置是否打印批注及打印的位置。

“草稿品质”复选框：选定为加快打印的速度，但会降低打印的质量。

“先列后行”“先行后列”单选钮：设置如果工作表较大，超出一页宽和一页高时，“先列后行”规定垂直方向先分页打印完，再水平方向分页打印；“先行后列”则相反。默认值为“先列后行”。

⑥ 通过“选项”按钮可进一步设置打印页的序号是从前向后还是从后向前，设置每张纸打印的页数。

⑦ 最后单击“确定”按钮。

任务 2　设置打印区域和分页

打印区域是指不需要打印整个工作表时，打印一个或多个单元格区域。如果工作表包含打印区域，则只打印设置好的打印区域中的内容。

分页是人工设置分页符。

1. 设置打印区域

设置打印区域的操作步骤如下：

① 用鼠标拖动选定待打印的工作表区域。此例选择“实验 3 营销 3 班春游拓展训练统计数据——源文件”工作簿。

② 单击“页面布局”选项卡→“页面设置”选项组→“打印区域”按钮，在下拉菜单中选择“设置打印区域”，设置好打印区域，如图 5–31 所示，打印区域边框为虚线。

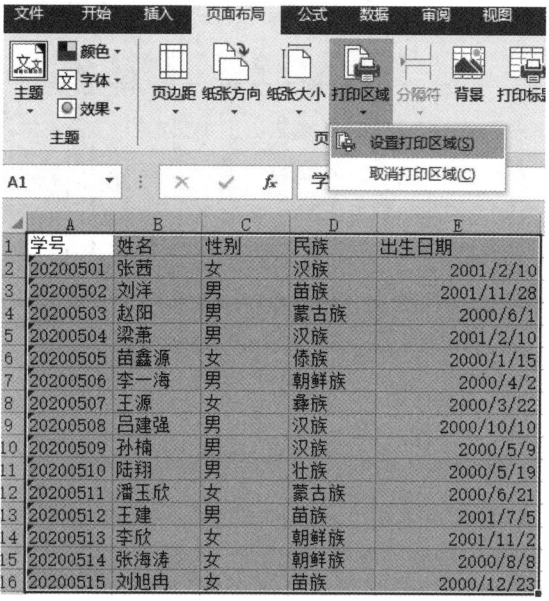

A	B	C	D	E
学号	姓名	性别	民族	出生日期
20200501	张茜	女	汉族	2001/2/10
20200502	刘洋	男	苗族	2001/11/28
20200503	赵阳	男	蒙古族	2000/6/1
20200504	梁萧	男	汉族	2001/2/10
20200505	苗鑫源	女	傣族	2000/1/15
20200506	李一海	男	朝鲜族	2000/4/2
20200507	王源	女	彝族	2000/3/22
20200508	吕建强	男	汉族	2000/10/10
20200509	孙楠	男	汉族	2000/5/9
20200510	陆翔	男	壮族	2000/5/19
20200511	潘玉欣	女	蒙古族	2000/6/21
20200512	王建	男	苗族	2001/7/5
20200513	李欣	女	朝鲜族	2001/11/2
20200514	张海涛	女	朝鲜族	2000/8/8
20200515	刘旭冉	女	苗族	2000/12/23

图 5–31　设置打印区域

在保存文档时，会同时保存打印区域，再次打开时，设置的打印区域仍然有效。如果要取消打印区域，可单击“页面布局”选项卡，在“页面设置”选项组中单击“打印区域”按钮，在下拉菜单中选择“取消打印区域”。

2. 添加、删除分页符

通常情况下，Excel 会对工作表进行自动分页，如果需要也可以进行人工分页。

插入水平或垂直分页符的操作方法为：在要插入水平或垂直分页符的位置下边或右边选中

一行或一列，再单击“页面布局”→“分隔符”按钮，在下拉菜单中选择“插入分页符”命令，分页处出现虚线。

如果选定一个单元格，再单击“页面布局”→“分隔符”按钮，在下拉菜单中选择“插入分页符”命令，则会在该单元格的左上角位置同时出现水平和垂直两分页符，即两条分页虚线。

删除分页符的操作方法为：选择分页虚线的下一行或右一列的任何单元格，再单击“页面布局”→“分隔符”按钮，在下拉菜单中选择“删除分页符”命令。若要取消所有的手动分页符，可选择整个工作表，再单击“页面布局”→“分隔符”按钮，在下拉菜单中选择“重置所有分页符”命令。

3. 分页预览

单击“视图”选项卡→“工作簿视图”选项组→“分页预览”按钮，可以在分页预览视图中直接查看工作表分页的情况，如图 5–32 所示。以虚线线框显示的区域是打印区域，可以直接拖动粗线以改变打印区域的大小。在分页预览视图中同样可以设置、取消打印区域，插入、删除分页符。

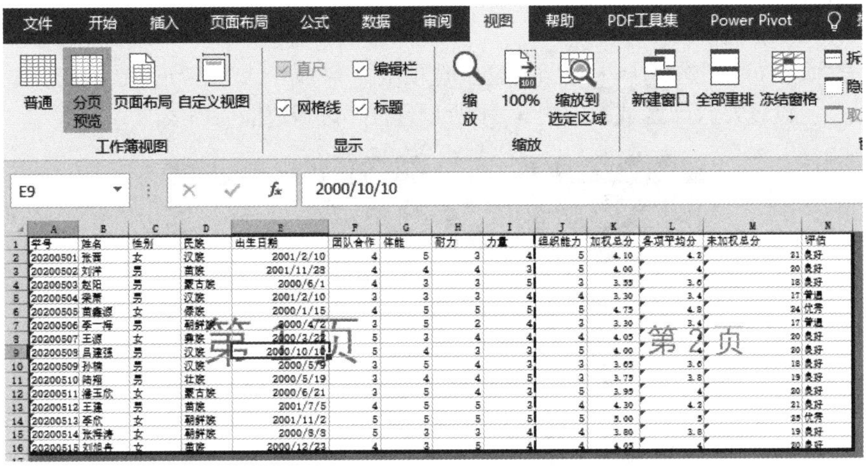

图 5–32　分页预览视图

模块 6

演 示 文 稿

模块导读

在日常生活和工作中，人们已经广泛应用计算机软件制作演示文稿，来阐述观点、传递信息。PowerPoint 2016 是 Microsoft 公司开发的 Office 2016 系列软件之一，也是最常用的演示文稿制作软件之一，能够轻松实现包含各种多媒体要素的演示文稿，可广泛应用于教育培训、报告演讲、商业宣传等领域。本章首先简述 PowerPoint 2016 的功能和特点，然后重点介绍演示文稿的创建和编辑操作、动画效果的设置方法以及放映和打包演示文稿的操作。应用 PowerPoint 2016 设计和实现演示文稿的过程，也是结构化思考图形化表达的过程，是逻辑思维、语言表达、艺术设计等多方面能力综合运用的过程，体现了计算机多媒体设计的基本方法和思想。

单元 1　PowerPoint 2016 概述

任务 1　认识 PowerPoint 2016

1. Microsoft PowerPoint 2016 简介

PowerPoint 2016 是一款功能强大的演示文稿制作软件，用它可以制作适应不同需求的幻灯片。PowerPoint 2016 制作的演示文稿中，可以包括文字、图表、图像、动画、声音、视频等多种对象，还可以插入超链接。

幻灯片演示文稿可用于教育培训、学术报告、会议演讲、产品发布、商业演示、广告宣传等。用 PowerPoint 制成的幻灯片便于用大屏幕投影仪演示，也可用于网络会议交流。

使用幻灯片的目的在于用其内容（文字、图表、表格、声音动画等）形象直接地传递演讲者所表达的信息。幻灯片不仅能表现静态内容，还可以表达对象的动态内容，形式丰富多样。

组成一张幻灯片的主要功能要素有：

① 文本：文字说明，文本可在占位符、文本框中输入。

② 对象：图片、图表、表格、组织结构图等。

③ 背景：幻灯片背景色彩。

④ 配色方案：幻灯片设计中给出了多种配色方案，用于背景、文本和线条、阴影、标题文本、

填充、强调和超链接的颜色设置。

为了使制作出的演示文稿具有一致的外观，可以制作幻灯片母版。

2. PowerPoint 2016 的基本功能

PowerPoint 2016 的功能较旧版本有了更进一步的增强，主要体现在以下几点。

（1）更新的播放器

PowerPoint 播放器具有高保真输出功能，支持 PowerPoint 2016 图形、动画和媒体。新的播放器不需要安装。演示文稿文件用新增的“打包成 CD”功能打包后，在默认情况下将包含此播放器，也可以从 Web 上下载此播放器。另外，此播放器支持查看和打印。

（2）打包成 CD

“打包成 CD”是 PowerPoint 2016 有效分发演示文稿的新增方式。将演示文稿制作成 CD，以便在运行 Windows 操作系统的计算机上查看。直接从 PowerPoint 中刻录 CD，需要计算机配有 Windows XP 或更高版本的操作系统。

“打包成 CD”允许打包演示文稿和所有支持文件（包括链接的文件），并可从 CD 中自动运行演示文稿。打包演示文稿时，将包括最新的 PowerPoint 播放器。因此，不需要在未安装 PowerPoint 的计算机上安装播放器。“打包成 CD”还允许选择将演示文稿打包到文件夹而非 CD 中，以便将演示文稿存档或发布到网络共享位置。

（3）改进的多媒体播放功能

使用 PowerPoint 2016 可通过全屏演示方式观看和播放影片。

（4）新增的幻灯片放映导航工具

新增的 “幻灯片放映”工具栏简化了常规的幻灯片放映任务，使用户能够在演示中方便地使用墨迹注释、笔、荧光笔以及“幻灯片放映”菜单。

（5）改进的幻灯片放映墨迹注释功能

在 PowerPoint 2016 中，用户可以在演示过程中使用墨迹标记幻灯片或审阅幻灯片。

（6）新增的智能标记支持

PowerPoint 2016 中新增了广受欢迎的智能标记支持功能，能够识别日期、金融符号和人名。

（7）改进的位图导出功能

PowerPoint 2016 中的位图更大，导出后分辨率更高。

（8）文档工作区

使用“文档工作区”可简化通过 Word 2016、Excel 2016、PowerPoint 2016 或 Visio 2016 与其他人实时共同创作、编辑和审阅文档的过程。文档工作区网站是 SharePoint Services 网站，可集中一个或多个文档。

（9）信息权限管理

Microsoft Office 2016 提供了一种称为“信息权限管理”（IRM）的新功能，可以防止敏感信息扩散到错误人员的手中。

任务 2　了解 PowerPoint 2016 的基本操作

1. PowerPoint 2016 的启动和退出

PowerPoint 2016 的启动、退出步骤同 Word 类似，在此不再赘述。

2. PowerPoint 2016 应用程序窗口组成

启动 PowerPoint 2016 后，它的窗口组成如图 6–1 所示，详见微视频 6–1 PowerPoint 2016 窗口基本操作。

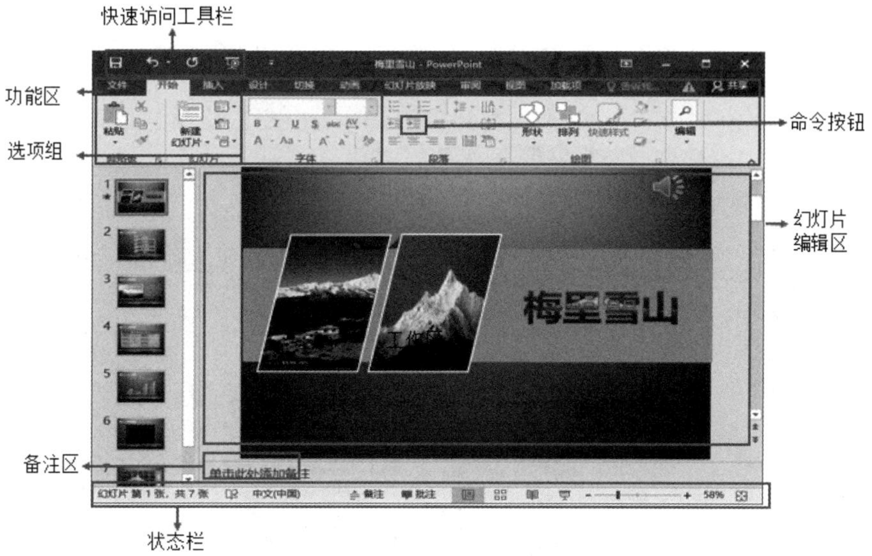

图 6–1　PowerPoint 2016 窗口组成

3. 演示文稿的视图

视图是制作演示文稿的工作环境，每种视图按自己不同的方式显示和加工文稿。在一种视图中对文稿进行的修改会自动反映在其他视图中。

PowerPoint 2016 中提供了普通视图、幻灯片浏览视图、备注页视图和阅读视图，但各种视图间的集成更合理，使用也比以前的版本更方便。以不同的视图显示演示文稿的内容，使演示文稿易于浏览、便于编辑。

在“视图”选项卡→“演示文稿视图”选项组中包含 4 个视图按钮，利用它们可以在各视图间切换。4 种视图的现实效果如图 6–2 所示。

（1）普通视图

在该视图中可以输入、查看每张幻灯片的主题、小标题以及备注，并且可以移动幻灯片图像和备注页方框，或改变它们的大小。

（2）幻灯片浏览视图

在这个视图中可以同时显示多张幻灯片，也可以看到整个演示文稿，因此可以轻松地添加、删除、复制和移动幻灯片。

（3）备注页视图

在备注页视图中可以输入演讲者的备注。幻灯片的下方带有备注页方框，可以通过单击该方框来输入备注文字。当然，用户也可以在普通视图中输入备注文字。

（4）阅读视图

阅读视图用于放映演示文稿。该视图还可以提供一个包含简单控件的窗口，便于用户以非全屏的方式查看演示文稿。如果要更改演示文稿，可随时从阅读视图切换至其他视图。

PowerPoint 2016 还提供了母版功能，用户可以利用幻灯片母版进行幻灯片的版式设置。

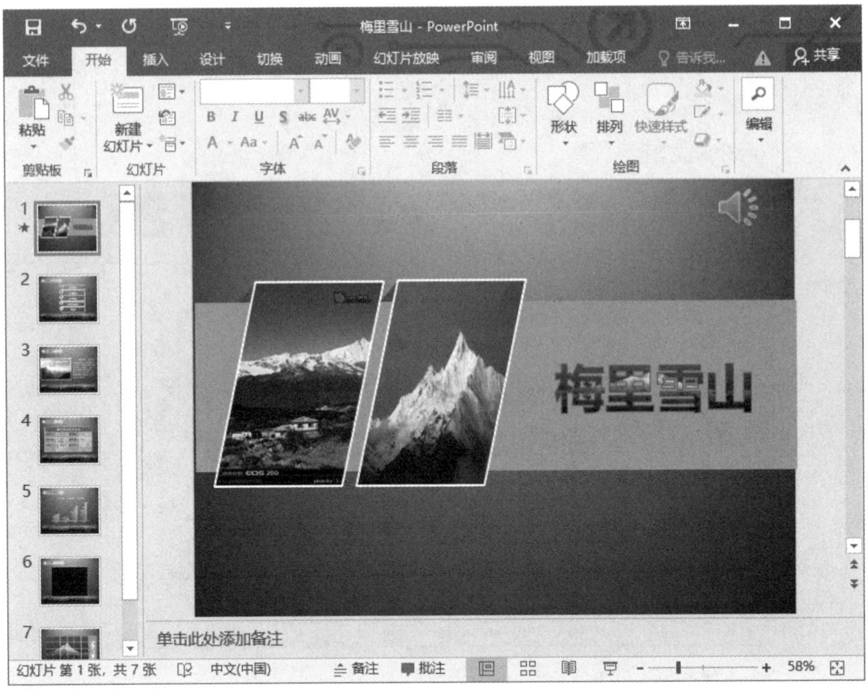

（a）普通视图

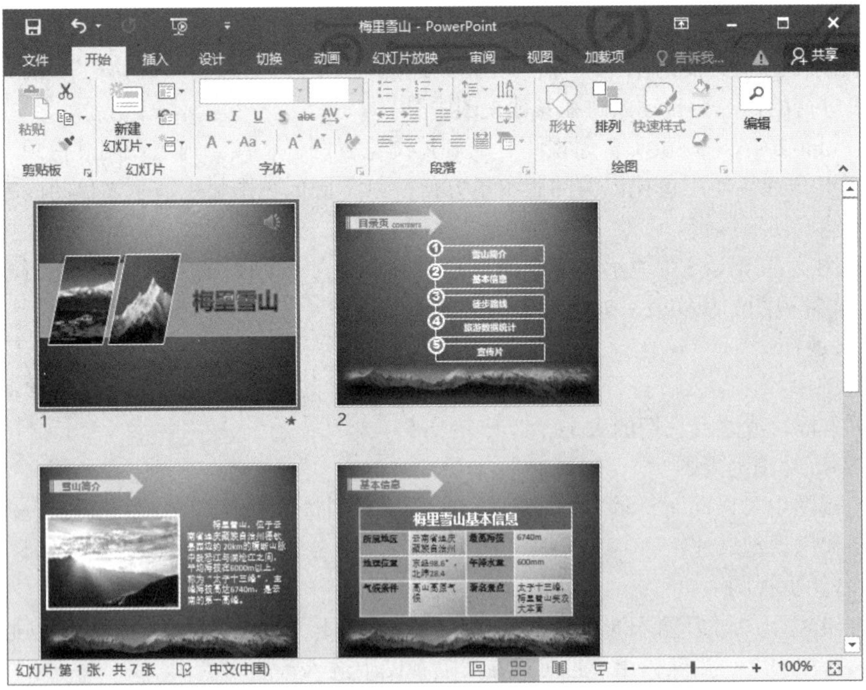

（b）幻灯片浏览视图

图 6–2　4 种视图

（c）阅读视图

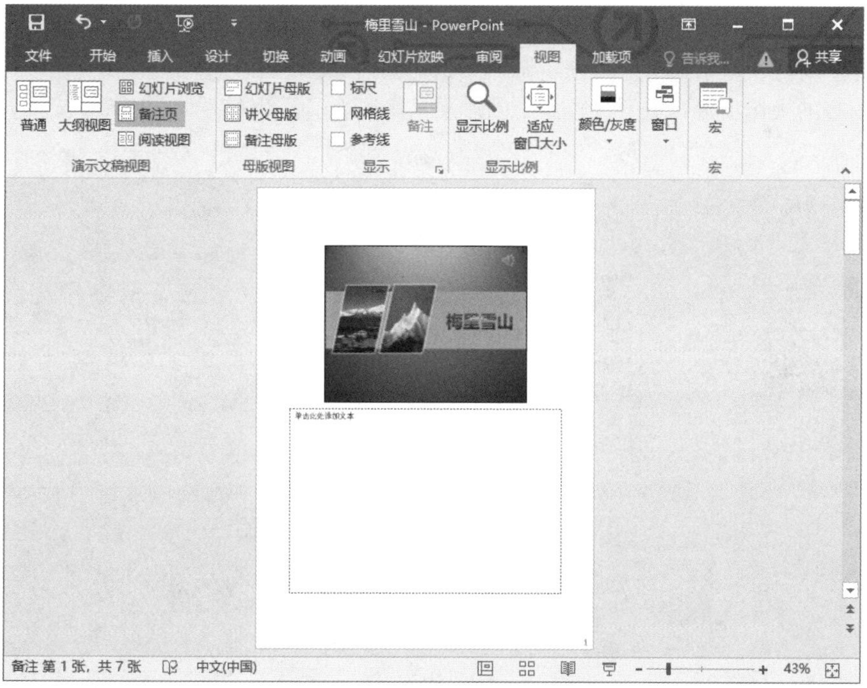

（d）备注页视图

图 6–2　4 种视图（续）

4. 创建演示文稿

创建演示文稿的方法与 Word 2016 和 Excel 2016 相似。启动 PowerPoint 后，进入欢迎界面。如图 6–3 所示。在该窗格中，PowerPoint 2016 提供了“空白演示文稿”及多种联机模板。单击“空白演示文稿”即可直接创建空白的演示文稿文件。若选择其模板，则单击所选模板后，需要在弹出的窗口中单击“创建”按钮并下载模板后才能使用。

图 6–3 “新建演示文稿”任务窗格

演示文稿由多张幻灯片构成。用户可以在普通视图窗格中对幻灯片进行各种编辑操作，如插入、移动、复制、删除等。

上述内容的操作步骤详见微视频 6–2 创建演示文稿。

视频资源

微视频6–1
PowerPoint 2016
窗口基本操作

微视频6–2
创建演示文稿

单元 2 编辑演示文稿

任务 1 了解幻灯片版式

每张幻灯片可以包含文字、图片、图表、音频、视频等多种要素。这些要素的排列组合与布局方式被称为幻灯片的版式。PowerPoint 2016 提供了多种幻灯片版式供用户选择，单击“开始”选项卡→“幻灯片”选项组→“版式”命令，可打开版式列表，如图 6–4 所示。幻灯片的版式设置详见微视频 6–3 设置幻灯片版式。

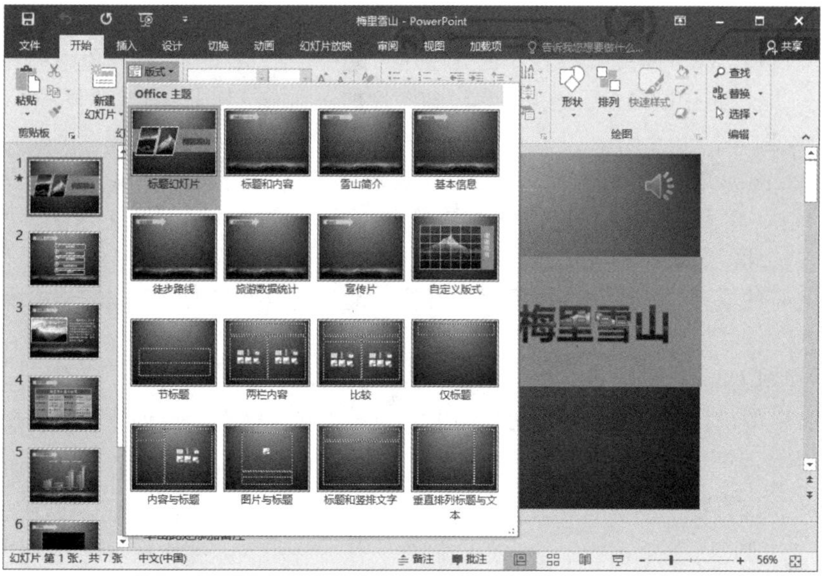

图 6–4　幻灯片版式列表

任务 2　编辑幻灯片

1. 在幻灯片上添加对象

在 PowerPoint 中，用户可以插入、编辑图形、图片和艺术字等对象，丰富美化演示文稿，加强文稿的表现力和感染力。

（1）插入图形

用户可以在幻灯片中插入自选图形，单击“插入”选项卡→“插图”选项组→“形状”命令，打开图形列表，如图 6–5 所示。PowerPoint 内置了很多种类的图形，用户可以根据实际需要选择，详见微视频 6–4 插入图形。

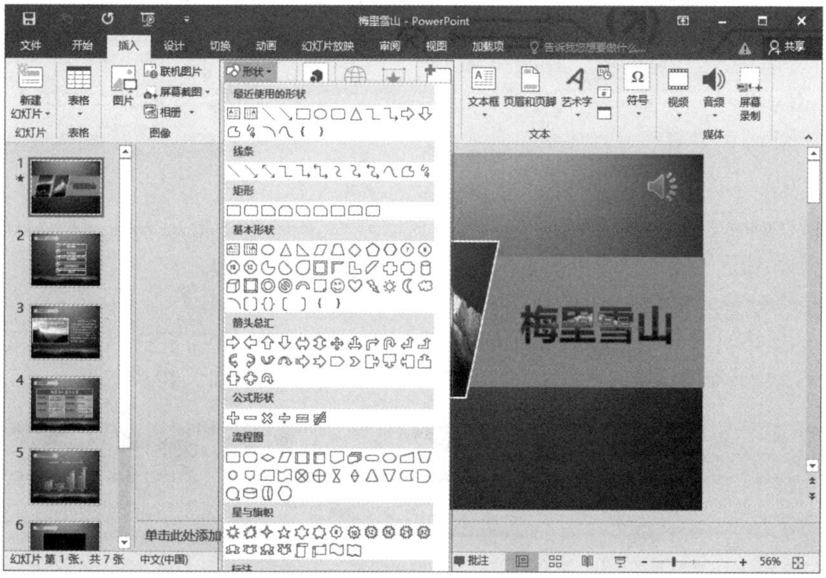

图 6–5　自选图形

（2）插入图片

在演示文稿中，图片是提升幻灯片视觉传达力的一个重要方面。用户可以通过“插入”选项卡→“图像”选项组中的命令，选择将自己的图片加入到幻灯片中，详见微视频 6–5 插入图片。

（3）插入艺术字

利用 PowerPoint 2016 中的艺术字功能插入装饰文字，可以创建带阴影的、扭曲的、旋转的或拉升的艺术字，也可以按预定的文本创建艺术字，详见微视频 6–6 插入艺术字。

（4）创建表格

在演示文稿的设计制作中，表格可以直观形象地表现数据与内容创建表格的操作详见微视频 6–7 创建表格。

（5）创建图表

在演示文稿的设计制作中，图表可以提升幻灯片的视觉表现力。创建图表的操作详见微视频 6–8 插入图表。

2. 文字的格式设置

在新建幻灯片时，如果选择了空白版式以外的任一种版式，那么在新幻灯片上都会有相应的提示，告诉您在什么位置输入什么样的文本。单击提示，就会在文本框中显示一个光标，即可输入文本了。如果没有提示，用户可以插入文本框并录入文本。插入、编辑和使用文本框操作详见微视频 6–9 插入文本框。

3. 表格的格式设置

（1）插入与删除行、列

在幻灯片中插入表格、输入内容后，如果用户对表格中的行与列不满意，可以对其进行删除与修改。

① 通过“布局”选项卡中的“行和列”选项组中的命令插入或删除行或列。

将鼠标光标置于幻灯片中需要删除行或列的表格上，在“布局”选项卡“行和列”选项组中进行设置，如图 6–6 所示。

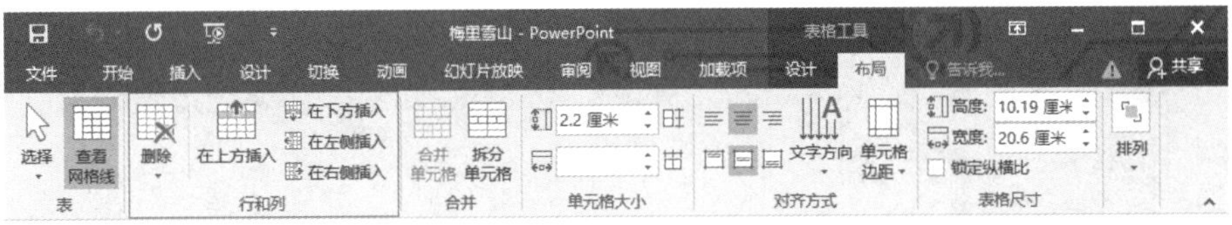

图 6–6 “行和列”选项组

（2）合并与拆分单元格

① 合并单元格。

在表格中拆分单元格是比较简单的操作，操作方法如下：

选中需要合并的单元格，单击“布局”选项卡→“合并”选项组→“合并单元格”按钮，如图 6–7 所示。表格中选中的单元格即可被合并成一个单元格，且居中显示。

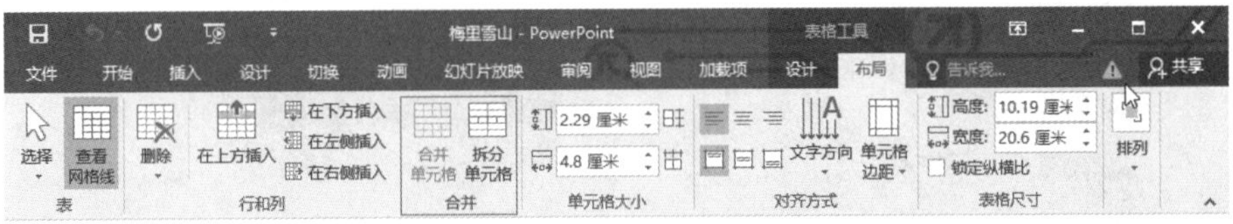

图 6–7 合并单元格

② 拆分单元格。

将鼠标光标置于幻灯片中需要拆分的单元格，单击“布局”选项卡→“合并”选项组→“拆分单元格”按钮。弹出“拆分单元格”对话框，如图 6–8 所示，设置好拆分的行数和列数，单击“确定”按钮，表格选中的单元格即可被拆分为设置行列的单元格。

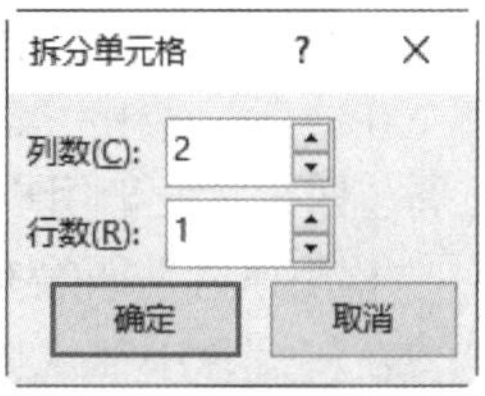

图 6–8 拆分单元格

（3）设置表格外观样式

在演示文稿中，Microsoft Office 系统提供了多种表格样式以及自定义表格样式，便于用户进行选择，对插入的表格进行修饰。用户也可以自定义表格样式。设置表格样式的工具在“设计”选项卡→“表格样式”选项组中，如图 6–9 所示。

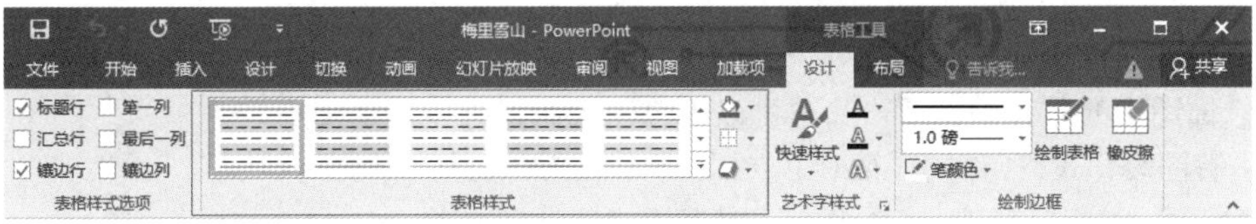

图 6–9 “表格样式”选项组

4. 图表的格式设置

（1）更改图表类型

在幻灯片中插入图表后，用户可能对正插入的图表不是很满意，这时可以更改图表类型。操作方法如下：

① 在幻灯片中选择需要更改类型的图表，单击“图表工具”→“设计”选项卡→“类型”选项组→“更改图表类型”按钮。

② 在弹出的“更改图表类型”对话框中选择合适的图表类型，例如，选中“XYC 散点图”中的“带平滑线和数据标记的散点图”，如图 6–10 所示。

③ 单击“确定”按钮，即可完成更改设置。

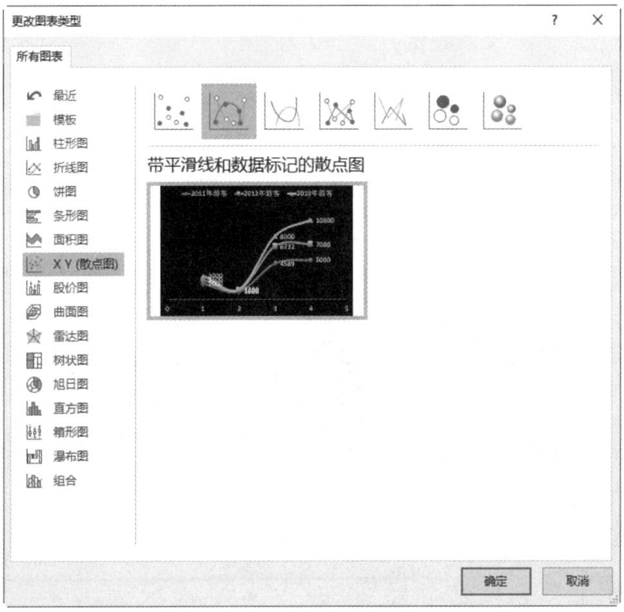

图 6–10 “更改图表类型”对话框

（2）设置与美化图表

在演示文稿中，Microsoft Office 系统提供了多种图表的布局与样式，便于用户进行选择，对创建的图表进行修饰。

① 快速调整图表布局。

在幻灯片中插入图表后，用户可以通过设置图表布局来快速调整图表，使其更加美观和有效。操作方法如下：

在幻灯片中选择需要调整布局的图表。在“图表工具”→“设计”选项卡→“图表布局”选项组中单击下拉按钮，在出现的下拉列表中选择合适的布局选项，例如，单击选中“布局 6”，即可将其应用到表格中，如图 6–11 所示。

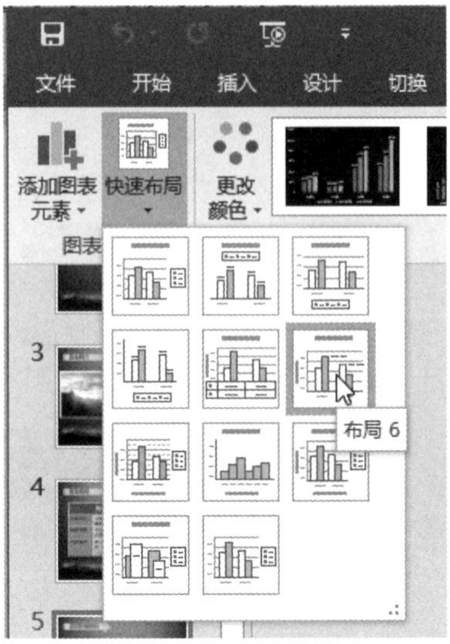

图 6–11 “图表布局”列表

② 快速设置图表样式。

在修饰图表的过程中，用户除了可以更改图表布局外，还可以设置图表样式，操作同样很简单。在幻灯片中选中图表，在“图表工具”→“设计”选项卡→“图表样式选项”选项组中进行设置即可。

5. 添加音频和视频

在制作多媒体演示文稿时，适当插入音频和视频素材会达到很好的效果。

（1）添加音频

在演示文稿中，用户可以插入来自剪辑管理器或者文件的音频，也可以录制音频并添加，操作方法详见微视频 6–10 添加音频。

（2）添加视频

好的视频可以帮助用户在放映幻灯片时寓内容于乐。在幻灯片中可以插入视频的来源有以下几种：

① 插入来自文件的视频。

在演示文稿中插入来自文件的视频的操作详见微视频 6–11 添加视频。

② 插入来自网站的视频。

单击“插入”选项卡→“媒体”选项组→“视频”下拉按钮，在其下拉列表中单击“来自网站的视频”选项，在打开的“从网站插入视频”对话框中选择合适的视频文件链接，单击“插入”按钮即可。

视频资源

微视频6–3 设置幻灯片版式

微视频6–4 插入图形

微视频6–5 插入图片

微视频6–6 插入艺术字

微视频6–7 创建表格

视频资源

微视频6-8 插入图表

微视频6-9 插入文本框

微视频6-10 添加音频

微视频6-11 添加视频

实训　创建并编辑演示文稿

一、实训目的

① 掌握 PowerPoint 2016 的启动和退出方法。

② 熟悉 PowerPoint 2016 界面。

③ 掌握使用 PowerPoint 2016 创建、保存以及打开演示文稿的方法。

④ 掌握幻灯片的基本操作，如选择、插入、复制和删除。

⑤ 熟练掌握向幻灯片中添加各类对象的方法，包括文本、图片、图形、表格、图表、超链接、音频和视频等，并能够对其进行编辑和格式化。

二、实训任务

① 新建一个演示文稿文件，将其命名为“2020 营销 3 班郊游纪录 .pptx”。

② 插入第 1 张幻灯片，应用“标题幻灯片”版式，标题为“2020•郊游”，字体为“微软雅黑”，字号为“54”，粗体；副标题为“——百望山之行”，字体为“微软雅黑”，字号为“28”。

③ 插入第 2 张幻灯片，应用“标题和内容”版式，按图 6–12 中第 2 张幻灯片所示录入目录内容。

④ 插入第 3 张幻灯片，应用“标题和内容”版式。

- 插入图片“拓展训练 .jpg”“趣味游戏 .jpg”“自由活动 .jpg”和“快乐聚餐 .jpg”。将图片裁剪成“六边形”，设置高度和宽度分别为“5 厘米”和“6 厘米”，自行设置图片的样式。参照样张排列图片。
- 绘制 3 条直线，设置其颜色为“浅绿”，边框为“虚线”，粗细为“2.25 磅”，参照样张摆放。
- 插入图片“脚印 .png”，进行删除背景处理，自行调整图片大小。复制图片并旋转，参照图 6–12 摆放图片，并将其组合起来。为每一条直线添加一组脚印。
- 插入图形“泪滴形”，参照图 6–12 调整图形形状，无边框，填充色为“浅绿”。插入图形“椭圆”，填充“白色”，无边框，置于泪滴形上层，参照样张对齐。将两个图形组合起来，设置阴影效果为“右上对角透视”。复制组合图形，将泪滴形的填充颜色设置为“橙色”。参照图 6–12 放置图形。
- 插入文本框，参照图 6–12 录入时间和地点信息。

⑤ 插入第 4 张幻灯片，如图 6–12 所示，加入视频“郊游 .avi”，并设置视频对象的样式。

⑥ 插入第 5 张幻灯片，应用“标题和内容”版式，参考图 6–12，插入一个 4 行 4 列的表格，参照图 6–12 录入嘉宾信息，并设置表格的底纹和边框。

⑦ 插入第 6 张幻灯片，应用“标题和内容”版式，依据“郊游费用 .xlsx”中的数据插入柱状图，

参照图 6–12 设置其样式。

⑧ 选择封面幻灯片，插入背景音乐“郊游 .mp3”，设置成“跨幻灯片”播放，并选择“播完返回开头”。

三、实训提示

① 创建空白文件，保存并命名。

② 插入幻灯片，应用“标题幻灯片”版式，录入正、副标题，并使用“开始”选项卡→“字体”选项组设置标题的文本样式。

③ 插入幻灯片，应用“标题和内容”版式，参照图 6–12 录入内容。

④ 插入幻灯片，应用“标题和内容”版式，参照图 6–12 插入指定图片及图形。使用上下文选项卡“格式”中的工具设置相关参数。对于具有相同参数的对象，可以按住【Ctrl】键同时选中，再进行设置。如果要对图形实施组合或对齐操作，也需要先按【Ctrl】键 + 鼠标左键选中对象。对于重复出现的对象，可以通过复制、粘贴操作来添加。

⑤ 插入幻灯片，应用“标题和内容”版式，使用“插入”选项卡→“媒体”选项组→“视频”列表→“文件中的视频”命令插入指定的视频，使用上下文选项卡“格式”中的命令设置其样式。

⑥ 插入幻灯片，应用“标题和内容”版式，使用“插入”选项卡→“表格”选项组→“表格”列表插入表格，使用上下文选项卡“格式”中的命令设置其样式，参照图 6–12 录入表格内容。

⑦ 插入幻灯片，应用“标题和内容”版式，使用“插入”选项卡→“插图”选项组→“图表”按钮插入图表，在打开的 Excel 文档中输入数据，参照图 6–12 设置表格样式。

⑧ 选择第 1 张幻灯片，使用“插入”选项卡→“媒体”选项组→“音频”列表→“文件中的音频”命令插入指定的音频，使用上下文选项卡“格式”中的命令设置其样式，在“播放”选项卡中设置播放参数。

⑨ 演示文稿完成效果如图 6–12 所示。

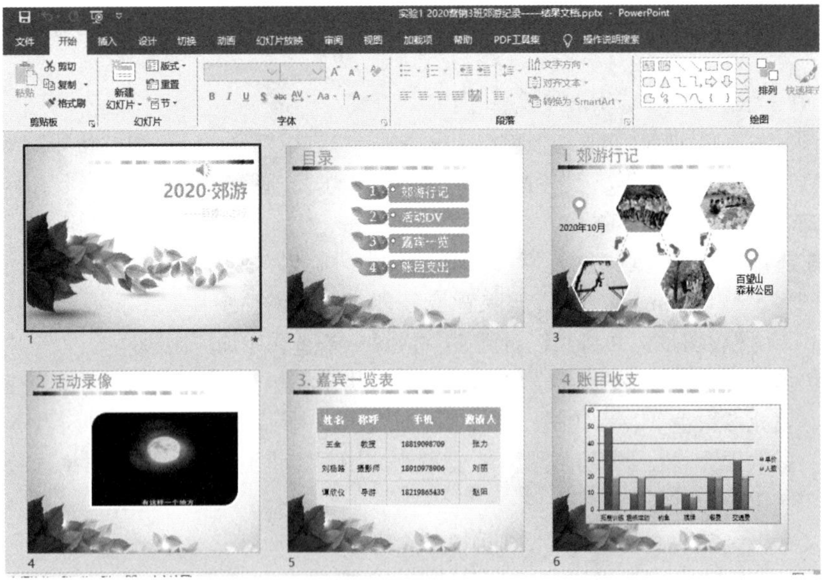

图 6–12　2020 营销 3 班郊游纪录 .pptx

四、拓展思考与练习

① 重新设置第 3 张幻灯片中的图片样式和布局，使幻灯片更美观。搜索资料，思考如何对

幻灯片中的图形和图片进行编辑和排版。

② 演示文稿主要是用来传递信息的，搜索资料并思考应该怎样设计演示文稿。

③ 搜集资料并总结幻灯片的排版原则。

单元 3　修饰演示文稿

任务 1　使用模板

PowerPoint 模板是另存为 .potx 文件的一张幻灯片或一组幻灯片的图案或蓝图。模板可以包含版式、主题颜色、背景样式等。PowerPoint 内置了不同类型的模板。用户也可以在 Office.com 和其他合作伙伴网站上获取应用于演示文稿的模板。

除了使用 PowerPoint 内置模板和网络模板外，用户还可以使用自己保存的模板。

任务 2　了解母版设置

幻灯片母版处于幻灯片层次结构的顶层，用于存储有关演示文稿的主题和幻灯片版式信息，包括背景、颜色、字体、效果、占位符大小和位置。

用户可以插入、删除、重命名幻灯片母版，也可以修改母版版式，详见微视频 6–12 编辑修改母版。

视频资源

微视频6-12
编辑修改母版

实训　修饰演示文稿

一、实训目的

① 掌握母版视图的打开和关闭方法。

② 掌握母版背景、主题的设置方法。

③ 掌握母版中各版式的添加、复制、删除和重命名方法。

④ 熟练编辑母版各版式。

⑤ 掌握应用母版的方法。

二、实训任务

① 打开“2020 营销 3 班郊游纪录 .pptx”演示文稿，切换到母版视图，设置母版主题为“顶峰”，背景样式用图片“背景 .jpg”填充。

② 在“标题幻灯片”版式中，将背景样式用图片“封面 .jpg”填充，参照样张，将正、副标放置到页面右上部分，自行设置标题字体的颜色和字号。

③ 在“标题和内容”版式中，设置标题文字左对齐，字号为 40。适当调整标题和内容占位符的位置。

④ 复制、粘贴“标题和内容”版式，将得到的新版式命名为“目录”。参照图 6–13，在“目录”版式中插入图片“目录 .png”，并复制 3 份，然后对齐。插入文本框，将图片分别标注为 1、2、3、4，插入占位符，将提示信息设置为“目录项”。

⑤ 关闭母版视图，观察幻灯片的变化。对第 2 张幻灯片应用“目录”版式。

三、实训提示

① 打开指定演示文稿，使用“视图”选项卡→“母版视图”选项组→“幻灯片母版”按钮，切换到母版视图。使用“幻灯片母版”选项卡→“编辑主题”选项组设置主题，“背景”选项组设置背景图片。

② 选择“标题幻灯片”版式，调整标题和内容占位符即可。选中标题文字，使用“开始”选项卡→“字体”选项组设置标题文本格式。

③ 选择“标题和内容”版式，调整标题和内容占位符即可。选中标题文字，使用“开始”选项卡→“字体”选项组设置标题文本格式。

④ 选择“标题和内容”版式，复制，粘贴，得到新版式。在新版式上右击，在弹出的快捷菜单中选择“重命名”，为新版式命名。使用“插入”选项卡插入图片和文本框，并设置其格式。使用“幻灯片母版”选项卡→“母版版式”选项组→“插入占位符”下拉列表中的命令插入占位符。将目录图片、文本框编号和占位符组合起来，复制并粘贴 3 次。选中 4 张组合图片，实施“左对齐”和“纵向分布”操作。

⑤ 关闭母版视图，选中第 2 张幻灯片，单击“开始”选项卡→“幻灯片”选项组→“版式”下拉列表→“目录”版式。

⑥ 单击“插入”选项卡“插图”选项组图片按钮，将指定图片插入到文档中，按题目要求设置各项参数。

⑦ 演示文稿完成效果如图 6–13 所示。

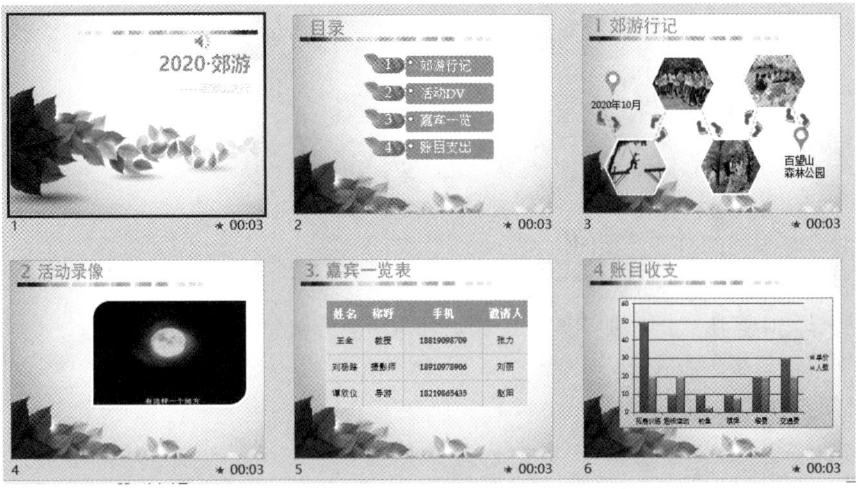

图 6–13　2020 营销 3 班郊游纪录 .pptx

四、拓展思考与练习

① 思考并实验是否可以在一个演示文稿中应用多个母版。如果可以，如何使用。

② 怎样保存当前幻灯片母版版式，并将其作为自定义主题使用。

单元 4　设置动画效果

任务 1　了解动画方案

使用动画可以让观众将注意力集中到要点和信息流上，还可以提高观众对演示文稿的兴趣。在 PowerPoint 2016 中，可以创建包括进入、强调、退出以及路径等不同类型的动画效果，详见微视频 6–13 创建动画。

任务 2　了解自定义动画

1. 添加高级动画

动画效果是 PowerPoint 功能中的重要部分，使用动画效果可以制作出栩栩如生的幻灯片。添加高级动画的具体操作步骤如下：

① 选中需要添加动画效果的对象，单击“动画”选项标签。

② 在“高级动画”选项组中单击“添加动画”按钮，在下拉列表中选择某一动画按钮即可。

③ 如果菜单中的动画效果不能满足要求，可以单击下方的“更多 ** 效果”命令，打开“更多 ** 效果”对话框进行选择，如图 6–14 所示为“更多进入效果”。

④ 在该对话框中选择合适的动画按钮即可。

图 6–14　更多进入效果

2. 设置幻灯片的切换效果

放映幻灯片时，在上一张幻灯片播放完毕后若直接进入下一张，将显得僵硬、死板，因此有必要设置幻灯片的切换效果。PowerPoint 提供的切换效果如图 6–15 所示。设置切换效果的操作详见微视频 6–14 设置幻灯片切换效果。

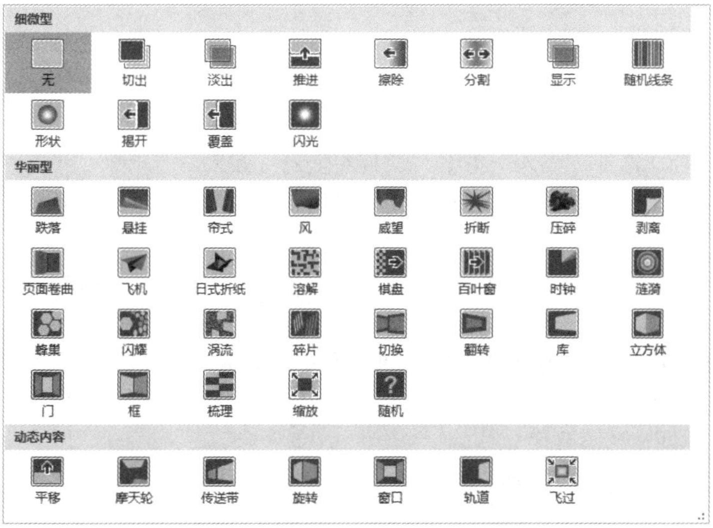

图 6–15　幻灯片切换效果

视频资源

微视频6-13
创建动画

微视频6-14
设置幻灯片
切换效果

实训　设置幻灯片的动画效果

一、实训目的

① 掌握设置幻灯片切换效果的方法。

② 熟练使用动画方案、设置动画效果。

二、实训任务

① 将“目录页”幻灯片的切换方式设置为“自底部”“推进”，换片方式设置为“设置自动换片时间：3 秒”；内容页的切换方式设置为“自右侧”“框”，换片方式设置为“设置自动换片时间：3 秒”。

② 选择“郊游行记”幻灯片，为其添加动画效果。

- 设置日期组合的动画为“自左上部飞入”。
- 设置脚印及连线组合的动画为“擦除”，自行设置效果。
- 设置四张照片的动画效果。每张照片第一个动画是进入动画中的“自底部擦除”，第二个动画是强调动画中的“放大 / 缩小”，放大动画的触发方式为“从上一项之后开始”，计时效果为“快速（1 秒）”。
- 参照图 6–16 设置动画顺序。

三、实训提示

① 选择幻灯片，使用“切换”选项卡→“切换到此幻灯片”选项组设置切换方式和效果，使用“计时”选项组设置换片方式。

② 选中“郊游行记”幻灯片，选择“动画”选项卡，打开“动画窗格”。

- 选中日期组合，选择“飞入”方案，“自左上部”效果。
- 选择幻灯片最左侧的脚印及连线组合，选择“擦除”方案，“自顶部”效果。其他脚印及连线组合的设置与之类似。
- 选择拓展训练图片，选择“擦除”方案，“自底部”效果；单击“高级动画”选项组→“添加动画”列表→“放大 / 缩小”。在右侧的动画窗格中选择刚刚设置的图片放大 / 缩小动画，打开下拉列表，选择效果选项，在弹出的窗口中设置动画触发方式和运行时间。其他图片的动画设置与之类似。
- 参照图 6–16 调整动画顺序。

演示文稿完成效果如图 6–16 所示。

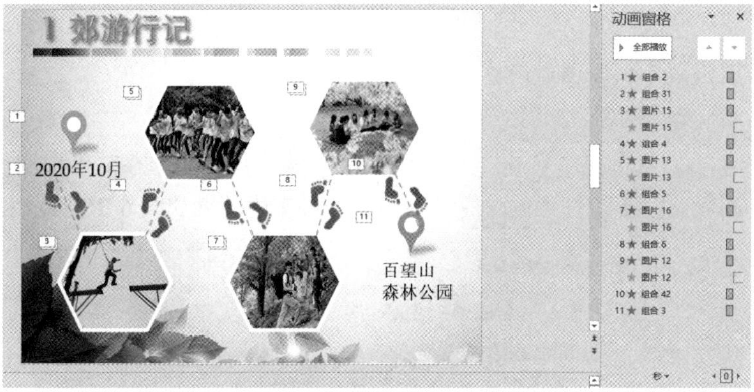

图 6–16　“郊游行记”幻灯片动画方案

单元 5　演示文稿的放映

任务 1　设置放映方式

1. 放映演示文稿

单击“幻灯片放映”选项卡→“开始放映幻灯片”选项组→“从头开始”按钮，将从演示文稿中的第一张幻灯片开始放映，直到最后一张为止。

单击“幻灯片放映”选项卡→“开始放映幻灯片”选项组→“从当前幻灯片开始”按钮，或者单击状态栏的“幻灯片放映”按钮，将从当前选中的幻灯片开始放映，直到最后一张为止。

若演示文稿没有打开，则无需启动 PowerPoint，直接右击演示文稿文件名，从弹出的快捷菜单中选择“显示”命令，即可开始放映演示文稿。

2. 设置放映方式

打开制作完成的演示文稿，切换到“幻灯片放映”选项卡→“设置”选项组→“设置幻灯片放映”按钮，打开“设置放映方式”对话框，在该对话框里可以对幻灯片的放映类型、放映选项、换片方式等进行设置，如图 6–17 所示。

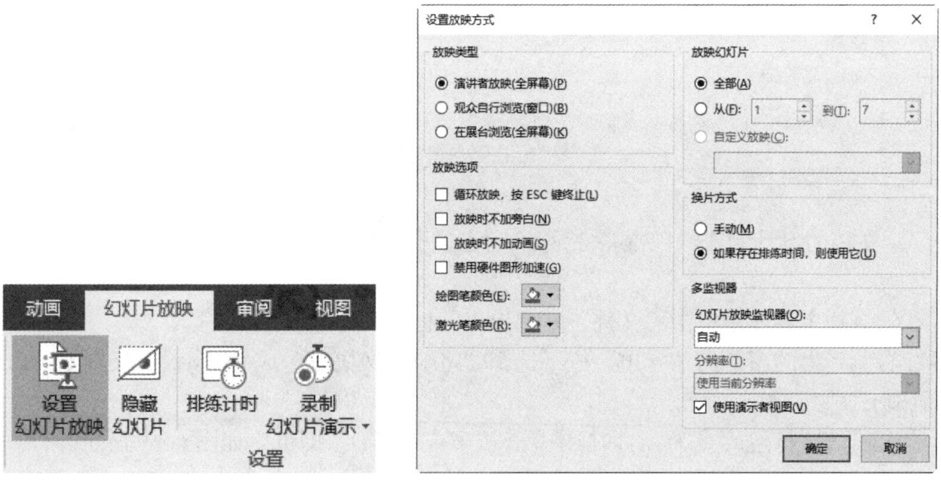

图 6–17　设置放映方式

任务 2 控制幻灯片放映

在幻灯片放映过程中可以通过鼠标和键盘来控制播放。

1. 用鼠标控制播放

在放映过程中，右击屏幕会弹出一个快捷菜单，单击其中的命令可以控制放映的过程，单击“帮助”命令则显示关于幻灯片放映的各种按键的操作说明，如图 6–18 所示。

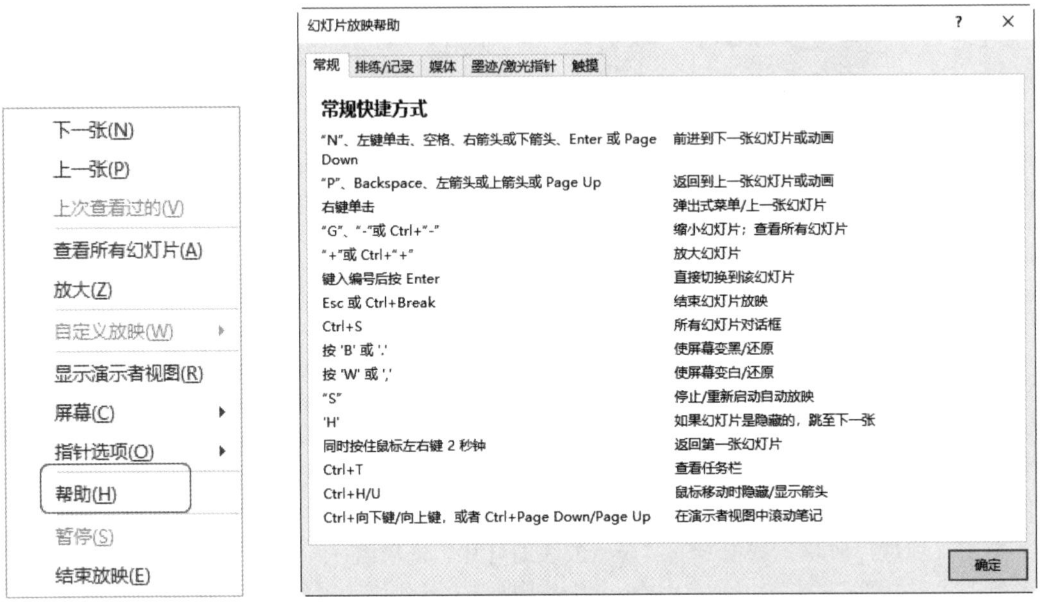

图 6–18 鼠标控制放映

2. 用键盘控制放映

常用的控制放映的按键如下：

① 【→】键、【↓】键、空格键、【Enter】键、【PageUp】键：前进一张幻灯片。

② 【←】键、【↑】键、【Backspace】键、【PageDown】键：回退一张幻灯片。

③ 输入数字然后按【Enter】键：跳到指定的幻灯片。

④ 【Esc】键：退出放映。

单元 6 演示文稿的打包与打印

任务 1 打包演示文稿

在演示文稿的设计制作放映准备完成后，用户可以将演示文稿打包成 CD，便于携带。操作方法如下：

① 在幻灯片主界面中单击“文件”→“导出”标签。

② 在右侧弹出的窗口的“导出”栏下选择“将演示文稿打包成 CD”，在最右侧的窗口中单击“打包成 CD”。

③ 在弹出的“打包成 CD”对话框中单击“复制成 CD”即可，如图 6–19 所示。

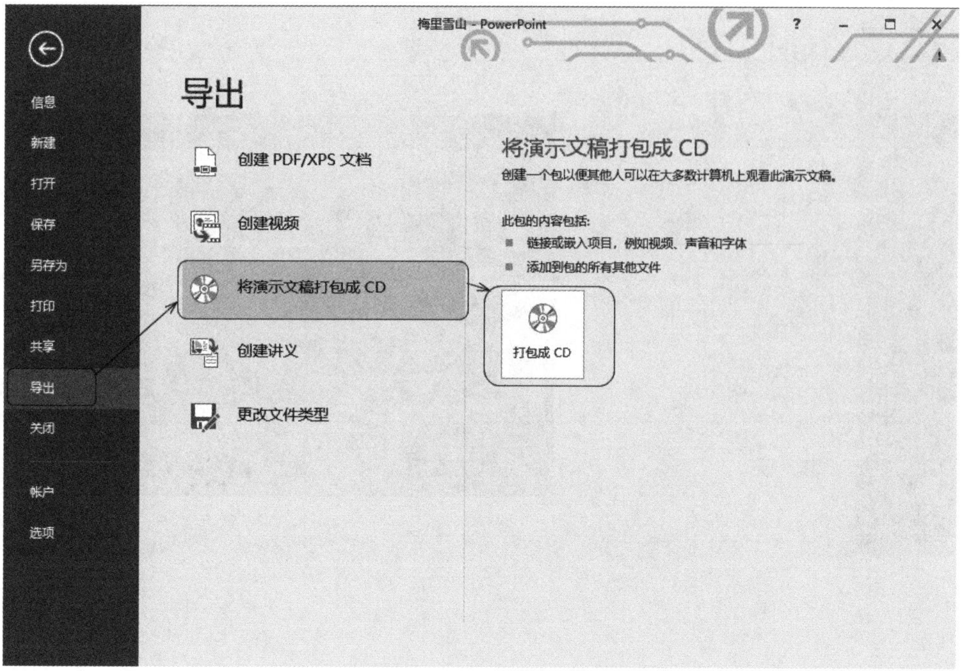

图 6–19　打包成 CD

任务 2　打印演示文稿

在 PowerPoint 2016 中文版中，有许多内容可以打印，例如幻灯片、演讲者备注等。

在打印之前，首先要进行页面设置。单击“设计”选项卡→“自定义”选项组→“幻灯片大小”→“自定义幻灯片大小”按钮，弹出“幻灯片大小”对话框，如图 6–20 所示。可以在该对话框中设置打印纸张的大小，幻灯片编号的起始值以及幻灯片、讲义等的纸张方向。

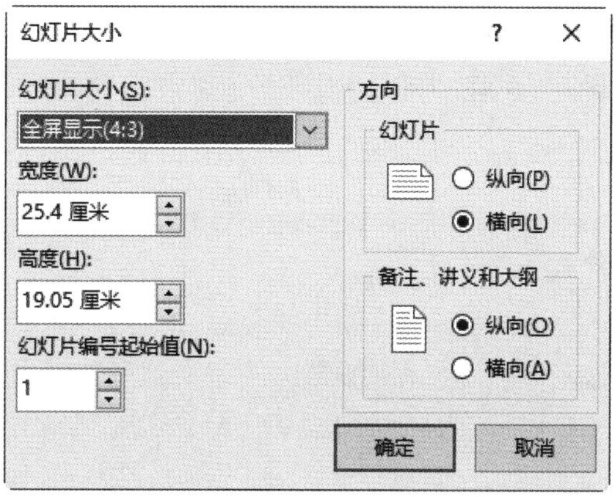

图 6–20　“幻灯片大小”对话框

页面设置完毕后，单击“文件”→“打印”标签，即可进入打印预览状态，可以根据需要对幻灯片进行打印设置，如图 6–21 所示。

梅里雪山.pptx - PowerPoint
登录
开始
新建
打开
信息
保存
另存为
导出为PDF
历史记录
打印
共享
导出
关闭
帐户
反馈
选项
打印
份数: 1
打印
打印机
Canon MX470 series Pri...
墨粉不足
打印机属性
设置
打印全部幻灯片
打印整个演示文稿
幻灯片:
整页幻灯片
每页打印 1 张幻灯片
单面打印
仅在纸面的一侧上进行打印
对照
1,2,3 1,2,3 1,2,3
颜色
编辑页眉和页脚
梅里雪山
第8章 PowerPoint 2010示例
1
共 7 页
72%
图 6-21 打印幻灯片

模块 7

多媒体技术及应用

模块导读

多媒体技术使计算机具有综合处理声音、文字、图像和视频等多种媒体信息的能力，多媒体技术不仅可以提供丰富的声、图、文等信息，同时也改善了人机界面，改善了计算机的使用方式，丰富了计算机的应用领域。本章主要介绍有关多媒体技术的基本概念、多媒体关键技术、数据压缩等基础知识，并介绍图像、音频、视频和动画处理处理技术的基本知识和相关软件应用。

单元 1　多媒体技术基础

任务 1　了解多媒体技术的基本概念

多媒体技术，即是通过计算机交互方式来处理多种媒体信息，使之建立逻辑联系，并集成为一个具有交互性的综合系统。简而言之，多媒体技术就是具有集成性、实时性和交互性的计算机综合文图声等信息的技术。

多媒体在视觉媒体上包括文本、图形、图像、动画、视频等媒体，在听觉系统上则包括语音、声响和音乐等媒体。

近年来，多媒体技术得到迅速发展，多媒体系统的应用更以极强的渗透力进入人类生活的各个领域，如游戏、教育、档案、图书、娱乐、艺术、股票债券、金融交易、建筑设计、家庭、通讯等，它的出现极大地方便了人们的生活，为科学进步与人类生活带来了更为深刻和巨大的变革。

在多媒体技术中，媒体（Medium）是一个重要的概念。那什么是媒体呢？媒体一词源于拉丁文“Medius”，是中介、中间的意思，可以说，人与人之间沟通与交流观念、思想或意见的中介物便可称为媒体，通常所说的媒体有两重含义：一是指人们用来承载信息的载体，例如书籍、磁盘、光盘等；二是指人们用于传播和表示各种信息的手段，如文字、声音、图形、图像、动画和视频等。多媒体技术中的媒体是指后者。计算机中常用的媒体元素主要有文本、声音、图形、图像、动画和视频等。

1. 文本

文本（Text）是以文字和各种专用符号表达信息的媒体形式，它是现实生活中使用最多的一种信息存储和传递方式，也是人与计算机交互的主要媒体。相对于图像、声音等其他媒体，这种媒体形式对存储空间、信道传输能力的要求是最小的。

2. 声音

声音（Audio）是人们进行交流的最直接、最方便的形式，也是计算机领域最常用的媒体形式之一。一般人耳听见的声音信号是一种连续的模拟信号，通过空气传播，在计算机中对其进行处理时，要将其转换为数字信号，并以文件的形式保存，常见的声音文件格式有 WAV、MIDI、MP3 等。

3. 图形

图形（Graphics）是指通过绘图软件绘制的由各种点、线、面、体等几何图元组成的画面。例如 Office 中的自选图形、AutoCAD 中绘制的工程图等都是图形。在计算机中，一般采用矢量图的形式存放图形，在对图形进行移动、旋转、缩放等处理时不会失真，而且占用的存储空间小。矢量图形广泛应用于广告设计、统计图、工程制图等许多方面。

4. 图像

图像（Image）又称位图，是使用特定的输入设备（如数码照相机）捕捉的真实画面。

在计算机中，图形与图像是一组既有联系又有区别的概念，它们的不同主要表现在产生、处理、存储方式等方面。图像一般保存为位图，是由扫描仪、数码照相机等输入设备捕捉的真实画面产生的映像，参差感强，画面内容丰富。图像采用点阵来表示画面，图像中的每个点称为像素，图像文件中存储的信息就是每个像素的亮度、颜色等信息。图像的真实感强，但放大时会失真，占用的存储空间也很大。例如，一幅能在标准的 VGA 显示器（分辨率为 640 × 480）上全屏显示的真彩色 24 位图像所占的存储空间接近 1 000KB，所以位图图像存放时需要进行压缩。常见的图像文件格式有 BMP、JPG、GIF 等。

5. 动画

动画（Animation）是一种活动的影像，它利用人的视觉暂留特性，按一定的速率播放一系列连续运动变化的图形，来达到动态的效果。动画的播放速度一般为 25 帧 /s，常用的动画文件格式有 FLV、MPG、AVI 等。

6. 视频

视频（Video）也是一种活动的影像，它是利用人的视觉暂留特性，将若干有联系的静态图像画面按一定的速率连续播放产生的。常见的视频有电影、电视节目等。通常视频还配有同步的声音，所以视频信息对存储容量的要求较高，通常要采用图像压缩技术对其进行压缩后才存储。视频一般采用 AVI、MPEG、ASF 等格式存放。

动画与视频都是一种活动的影像，按一定的速率播放一系列内容上有联系的画面。它们的差别主要在于动画中的每一帧画面都是通过人工制造出来的图形，而视频中的每个画面一般是生活中发生的事件的记录。

多媒体（Multimedia）就是多种媒体的结合，多媒体技术是指在计算机中能将多种媒体同时进行存储、处理、交换及输入 / 输出等综合技术的总称。多媒体技术具有集成性、实时性和交互性这三个显著的特点。多媒体技术不是各种信息媒体的简单复合，它是一种把文本、图形、图像、动画、声音和视频等各种形式的媒体结合在一起，并通过计算机进行综合处理和控制，能支持完成一系列交互式操作的信息技术。事实上，正是由于计算机技术和数字信息处理技术的实质性进展，才使人类在今天拥有了处理多媒体信息的能力，才使得“多媒体”成为一种现实。现在，

“多媒体”一词不仅指多种媒体信息本身，通常还包括处理和应用多媒体信息的相应技术。因此，在计算机技术里，“多媒体”常被当作“多媒体技术”的同义词。

任务 2　了解多媒体信息处理的关键技术

多媒体信息的处理与应用涉及计算机技术、信息技术等许多领域，需要许多相关技术的支持。直到今天，人们仍然在研究和探索多媒体技术。一些关键技术的突破和解决将给多媒体技术带来更加广阔的应用前景。

1. 多媒体数据压缩与解压缩技术

多媒体数据压缩与解压缩技术是多媒体技术中最为关键的核心技术。

多媒体技术处理的信息，特别是声音信息、图形信息、视频信息等，被数字化后的数据量非常庞大。例如，一幅具有 800 × 600 分辨率的彩色数字视频图像的数据量大约为 1.4MB/ 帧，如果每秒播放 25 帧图像，将需要 35MB 的硬盘空间。对于音频信号，若取样频率采用 44.1kHz，每个采样点量化为 16 位二进制数，10 分钟的录音产生的文件将占用 50MB 的硬盘空间。这样庞大的信息量给这些数据的存储、传输与处理带来了极大的压力。另一方面，多媒体中的图、文、声、像等信息有着极大地相关性，存在着大量的冗余信息。如何将这些冗余的信息去掉，只保留相互独立的信息，从而缩减存储空间，加快信息的处理与传输速率，就是多媒体数据压缩技术需要解决的问题。当把存放在计算机中经过压缩的声音、视频等信息输出时，为了方便人们的接收，又必须还原数据，这就是多媒体数据解压缩技术需要解决的问题。

多媒体数据压缩与解压缩技术可以是无损的，也可以是有损的，但要以不影响人的视听感受为主要原则。数据压缩技术的出现，不仅可以有效地减少数据存放空间，还可以减少传输占用的时间，减轻信道的压力，对多媒体信息网络具有非常重要的意义。

2. 多媒体存储技术

要对多媒体信息进行处理，首先就要将这些信息存储起来。前面说过，多媒体信息数字化后的数据量非常庞大，需要极大的空间来存放，因此，如何满足多媒体数据对存储空间的要求成为多媒体技术急需解决的关键问题。要处理多媒体信息，就必须首先建立大容量的存储设备，建立完善的存储体系。

计算机系统通常采用多级存储（高速缓存 Cache、主存、外存）构成存储体系。多媒体计算机系统的大容量存储设备一般都采用 CD-ROM 或者 CD-WORM（Compact Disk-Write Once Read Many）技术。网络环境下，多媒体系统的视频服务器的大容量存储设备一般都采用 RAID（Redundant Arrays of Inexpensive Disks）技术，即磁盘阵列技术。

3. 多媒体数据库技术

多媒体信息数据量巨大，种类格式繁多，各类媒体间既有差别，又互相关联，这些都给多媒体信息的管理带来了挑战。传统的数据库已经不能适应多媒体数据的管理需求。多媒体数据库需要解决多媒体数据的特有问题，如信息提取和海量存储等问题。

随着多媒体计算机技术的发展、面向对象技术的成熟以及人工智能技术的发展，多媒体数据库、面向对象数据库以及智能化多媒体数据库的发展越来越迅速，它们将进一步取代传统的数据库，是能够对多媒体数据进行有效管理的新技术。

4. 多媒体网络与通信技术

多媒体数据的分布性、结构性以及计算机支持的协同工作等应用领域都要求在计算机网络上传送声音、图像数据，在传输的过程中就要保证传输的速度和质量。多媒体通信是通信技术和多媒体技术结合的产物，它兼具计算机的交互性、多媒体的复合性、通信的分布性以及电视的真实性等优点。多媒体网络系统就是将多个多媒体计算机连接起来，实现共享多媒体数据和多媒体通信的计算机网络系统。多媒体网络必须有较高的数据传输速率与较大的信道宽带，以确保高速、实时地传输大容量的文本、图像、音频和视频信号。

5. 多媒体信息检索技术

多媒体信息检索是指根据用户的要求，对图形、图像、文本、声音、动画等多媒体信息进行识别和获取所需信息的过程。媒体信息检索系统既能对以文本信息为代表的离散媒体进行检索，也能对以图像、声音为代表的连续媒体的内容进行检索。

多媒体技术和 Internet 的发展促成了超大型多媒体信息库的产生，仅凭关键词很难实现对多媒体信息的有效描述和检索。因此，需要有一种针对多媒体的有效检索方式，来帮助人们高效、快速、准确地找到所需要的多媒体信息。

6. 虚拟现实技术

虚拟现实（Virtual Reality，VR）是多媒体技术的最高境界，也是当今计算机科学中的尖端课题之一。虚拟现实技术综合利用了计算机图形学、仿真技术、人工智能技术、计算机网络技术和传感器技术等多种技术模拟人的视觉、听觉、触觉等感觉器官功能，使人置身于计算机生成的虚拟境界中，并能够通过语言、手势等自然的方式与之进行实时交互，仿佛置身于真实世界中一样。使用者不仅能够通过虚拟现实系统感受到在客观物理世界中所经历的“身临其境”的逼真性，还能够突破空间、时间以及其他客观限制，感受到真实世界中无法亲身经历的体验。

任务 3　了解多媒体技术的应用领域

近年来，多媒体技术得到了迅速的发展，应用领域也不断扩大，这是社会需求与科学技术发展相结合的结果。多媒体技术为人类提供了多种表达信息的方式，已经被广泛应用于管理、教育、培训、公共服务、广告、文艺、出版、家庭娱乐等领域。

多媒体技术的典型应用包括以下几个方面。

1. 教育与培训

多媒体技术在教育与培训方面的应用包括电子教案、形象教学、模拟交互过程、网络多媒体教学、仿真工艺过程等。

以多媒体技术为核心的现代教育技术使教学培训变得更加丰富多彩，并引发教育的深层次改革。计算机多媒体教学已在较大范围内替代了基于黑板的教学方式，从以教师为主体的教学模式，逐步向以学生为主体、学生主动学习的新型教学模式转移。

2. 广告娱乐

多媒体技术在广告娱乐方面的应用包括影视商业广告、公共招贴广告、大型显示屏广告、平面印刷广告和电视 / 电影 / 卡通混编特技、演艺界 MTV 特技制作、三维成像模拟特技、电子游戏软件等。

通过声音录制可获得各种声音或语音，用于宣传、演讲或语音训练等应用系统中，或作为配音插入电子广告、动画和影视中。数字影视和娱乐工具也已进入我们的生活，人们利用多媒体技术制作影视作品、观看交互式电影等。电子游戏软件，无论是在色彩、图像、动画、音频的创作表现，还是在游戏内容的精彩程度上也都是空前的。

3. 医疗卫生

多媒体技术在医疗卫生方面的应用包括远程诊断、远程手术等。

多媒体技术可以帮助远离医疗中心的病人通过多媒体网络通信设备、远距离多功能医学传感器和微型遥测技术，接受医生的询问、观察和诊断，为抢救病人赢得宝贵的时间，并充分发挥网络远程操作技术和名医专家的作用，进行手术，节省各种费用开支。

4. 咨询与演示

在销售、导游或宣传活动中，利用多媒体技术编制的软件或节目能够图文并茂地展示产品、旅游景点和其他宣传内容，一方面可以加深顾客对相关信息的印象，另一方面操作者可以方便地根据现场情况灵活地增删有关内容；同时，顾客可以与多媒体系统交互，获取感兴趣的信息。

5. 音像创作与艺术创作

多媒体系统具有视频绘图、数字视频特技、计算机作曲等功能。利用多媒体系统创作音像，不仅可以节约大量人力物力，极大地提高效率，而且为艺术家提供了更好的表现空间和更大的艺术创作自由度。

6. 其他方面

多媒体技术正向两个方面进行发展：一是多媒体技术网络化，与大数据下网络通信等技术相互结合，使多媒体技术更多地贯穿在科研设计、行政管理、办公自动化、远程教育、远程医疗、检索咨询、文化娱乐、遥感测控、电子地图等领域；二是多媒体终端的部件化、智能化和嵌入化，提高计算机系统本身的多媒体性能，开发智能化家电。

纵观多媒体技术的发展及其未来，我们不难发现多媒体技术将成为未来计算机技术、通讯技术以及消费类电子产品走向结合的大趋势，并将在最近几年内有较大的发展。这一发展将主要表现在音频、视频产品和多媒体计算机系统方面。

任务 4 多媒体计算机的组成

多媒体计算机就是可以同时处理声音、图形、图像等多媒体信息的计算机，即具有多媒体处理功能的计算机。一般所说的多媒体计算机都是指多媒体个人计算机（Multimedia Personal Computer，MPC），它是在个人计算机（Personal Computer，PC）上配置相应软硬件后构成的多媒体计算机系统。

多媒体计算机系统由硬件系统、软件平台、开发系统和应用系统 4 部分构成。

（1）硬件系统

多媒体计算机的硬件系统处于最底层，是整个系统的物质基础，包括多媒体计算机主机系统、各种多媒体外围设备及其接口部件。

多媒体计算机的硬件系统是在一般个人计算机硬件设备的基础上，附加的处理多媒体信息的硬件设备。一般附加的多媒体硬件设备主要有适配卡与外围设备两类。

适配卡是根据多媒体音频或视频获取与编辑的需要而附加在计算机主板上的接口卡。多媒体适配卡的种类与型号很多，常见附加的多媒体适配卡有声卡、视频卡、图形图像加速卡、传真卡、电视卡、语音卡等。声卡主要用于处理音频信息，可以把话筒、电子乐器等输入的声音信息进行相关的模数（A/D）转换及压缩等处理，然后存储到计算机中，也可以把经过计算机数字化的声音信息通过还原及数模（D/A）转换后用音箱等播放出来。视频卡主要用于处理视频信息，包括视频采集卡、视频转换卡、视频播放卡等。视频采集卡的功能是从摄像机等视频信息源中捕捉模拟视频信息并转存到计算机的外存中。视频转换卡是将计算机中的视频信号与模拟电视信号互相转换。视频播放卡有时也称为解压缩卡，用于将压缩视频文件解压处理并播放。

多媒体外围设备是以外围设备的形式连接到计算机上，用来进行多媒体数据信息输入与输出的设备。常见的多媒体输入设备有光盘与光盘驱动器、麦克风、扫描仪、数码照相机、数码摄像机、触摸屏和电子乐器等。常见的多媒体输出设备有刻录光驱、打印机、传真机、立体声耳机、音响等。

（2）软件平台

多媒体软件平台是多媒体软件系统的核心，其主要任务是提供基本的多媒体软件开发环境，能完成对多媒体设备的驱动与控制，即多媒体操作系统。典型的多媒体操作系统有 Commodore 公司为专用 Amiga 系统研制的多任务 Amiga 操作系统、Intel 和 IBM 公司为 DVI 系统开发的 AVSS 和 AVK 操作系统等。在个人计算机上运行的多媒体软件平台应用最广泛的是大家熟悉的 Windows 系列操作系统。

（3）开发系统

多媒体开发系统是多媒体系统的重要组成部分，是开发多媒体应用系统的软件工具的总称，包括多媒体数据准备工具和多媒体制作工具。多媒体数据准备工具由各种采集和创作多媒体信息的软件工具组成，用于多媒体素材的收集、整理与制作，例如声音录制编辑软件、图形图像处理软件、扫描软件、视频采集软件、动画制作软件等。多媒体制作工具是为多媒体开发人员提供组织、编排多媒体数据和连接形成多媒体应用软件的工具，如 Authorware、Director、Dreamweaver 等。多媒体制作工具不仅要能够对文本、声音、图像、视频等多种媒体信息进行控制和管理，还要具有将各种媒体信息编入程序的能力，具有时间控制、调试以及动态文件输入输出等能力。

（4）应用系统

多媒体应用系统是由多媒体开发人员利用多媒体开发系统制作的、面向各种应用的软件系统，用于解决实际问题。多媒体应用系统的功能和表现是多媒体技术的直接体现，用户可以通过简单的操作，直接进入和使用该应用系统，实现其功能。

任务 5　了解数据压缩与编码技术

1. 数据压缩技术概述

在多媒体系统中，文本、声音、图形、图像、动画和视频等各种多媒体信息，特别是声音、动画和视频信息的数据量非常庞大，要处理、传输、存储这些信息，不仅需要计算机具有很大的存储容量，而且要有很高的传输速度。前面讲过，要在计算机上连续显示分辨率为 1280 像素 × 1024 像素的 24 位真彩色质量的电视图像，按每秒 30 帧计算，如果直接存储，要显示 1 分钟的视频信息，大概需要 6.6GB 的空间，一张容量为 32GB 的 U 盘只能存放不足 5 分钟的视频信息。可见多媒体信息的数据量超出了计算机的存储与实时传输能力。为了减少存储空间和降低数据传输速率，就必须对多媒体的有关信息进行压缩。

数据压缩的过程实际就是编码的过程，在音频信号、图形图像信号、视频信号数字化的过程中，在不损失或少损失信息的情况下，应尽量减小数据量，以减少存储空间和降低数据传输速率。

2. 数据压缩的可能性

视频由一帧一帧的图像组成，而图像的各像素之间，无论是在行方向还是在列方向，都存在着一定的相关性，这种相关性使数据压缩成为可能。多媒体信息的相关性表现为空间冗余与时间冗余。

（1）空间冗余

一般情况下，图像的大部分画面变化缓慢，尤其是背景部分几乎不变。以静态的位图图像为例，静态图像的一帧画面是由若干像素组成的，而画面中相同的像素重复较多的话，就可以用较少的编码信息来表示原有图像。这种冗余称为空间冗余。

（2）时间冗余

动态的视频图像反映的是在时间上连续变化的过程，相邻的帧之间存在着很大的相关性，从一幅画面到另一幅画面，连续两幅图画的前景与背景可以没有多大变化，也就是说，两帧画面在很大程度上是相似的，而这些相似的信息就可以被压缩。

此外，人的视觉和听觉对某些信号（如颜色、声音）具有不那么敏感的生理特性，考虑到人的生理特性，也可以将一些视觉和听觉不易分辨的数据过滤掉，从而在允许保真度的情况下压缩待存储的图像或声音数据，节省存储空间，加快传输速率。

除了上面提到的数据冗余外，多媒体数据还存在结构冗余、知识冗余等其他冗余，数据压缩的目标就是去除各种冗余。

3. 压缩编码方法分类

数据压缩编码的方法很多，从不同的角度有不同的分类结果。

根据压缩前后有无质量损失，可分为有损压缩编码和无损压缩编码。无损压缩是指数据在压缩或解压过程中不会损失原信息的内容，且解压产生的数据是对原有对象的完整复制，没有失真。无损压缩是一种可逆压缩，常用于数据文件的压缩，如 ZIP 文件。有损压缩是靠丢失大量的冗余信息来降低数字图像或声音所占的空间。有损压缩是不可逆压缩，回放时也不能完全恢复原有的图像或声音，如静态图像的 JPEG 压缩和动态图像的 MPEG 压缩等。有损压缩丢失的是对用户来说不重要的、不敏感的、可以忽略的数据。

无论是有损压缩还是无损压缩，其作用都是将一个文件的数据容量减小，又基本保持原来文件的信息内容。而解压缩是压缩的反过程，是将信息还原或基本还原。

也可以按照压缩的原理，把数据压缩编码分为预测编码、变换编码、量化与向量编码、信息熵编码、统计编码、模型编码等。其中比较常用的编码方法有预测编码、变换编码和统计编码等。

4. 压缩编码方法的评价

一般衡量一个压缩算法的优劣应从以下几个方面考虑：

① 压缩比要高。

② 压缩与解压缩运算速度要快，算法要简单。

③ 硬件实现容易。

④ 解压缩质量要好。

没有哪一种压缩算法绝对好，一般压缩比高的算法，其具体的运算过程相对就复杂，即需要更长的时间进行转化编码操作。

单元 2　图像处理技术

任务 1　了解图像的基础概念

图形、图像是人类视觉所感受的一种形象化信息，具有直观、形象、生动、易于理解等特点，是多媒体应用系统中最常用的媒体形式。图形、图像可以表达文字、声音等其他媒体无法表达的含义。图形、图像信息要数字化后才能在计算机中处理。

1. 图像的基本属性

描述一幅图像需要使用图像的属性。图像的属性包括分辨率、颜色深度、显示深度等。要进行图像的处理与设计，首先应了解色彩的基础知识。计算机系统中已实现了一套完整的表示和处理色彩的技术。

（1）色彩的基础知识

① 色彩的三要素。

从人的视觉系统看，任何一种颜色都可以用色调（Hue）、亮度（Brightness）和饱和度 (Saturation) 这 3 个物理量来描述，它们被称为色彩的三要素。

色调也称为色相，指物体反射或透过物体传播的颜色，表示色彩的颜色种类，即通常所说的红、橙、黄、绿、青、蓝、紫等。色相是色彩的首要属性，是区别各种不同色彩的最准确的标准。著名的伊登色环能比较生动地描述色调，如图 7–1 所示。

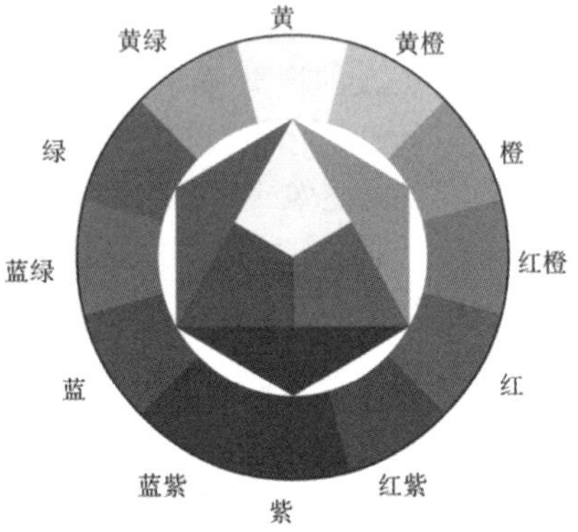

图 7–1 伊登色环

亮度也称为明度，指的是颜色的相对明暗程度，是色彩由亮到暗的变化，或者是说色彩反射光亮的多少。不同的颜色，反射的光量强弱不一，因而会产生不同程度的明暗。在计算机中，通常用从 0%（黑色，最暗）到 100%（白色，最亮）的百分比表示亮度。

在任何色相的最亮与最暗之间，存在着许多明度阶。因此在某一色相中添加黑色或白色能够产生范围广阔的明度变化。若加入不同份量的白色所产生的色彩，称之为“浅色调”；若加入黑色，则称为“暗色调”。图 7–2 显示色相的明度变化，右边趋向暗色调，左边则趋向浅色调。

饱和度也称为纯度，是指色彩的浓淡程度或者鲜艳程度。对同一色调的色彩，饱和度越大，则颜色越鲜艳，也即颜色越纯；反之，饱和度越小，则颜色越灰暗，也即色彩的纯度越低。原色最纯，颜色的混合越多则纯度逐渐减低。如某一鲜亮的颜色，加入白色或者黑色，可以使得它的纯度低，颜色趋于柔和、沉稳。图 7–3 为红色的纯度变化过程。

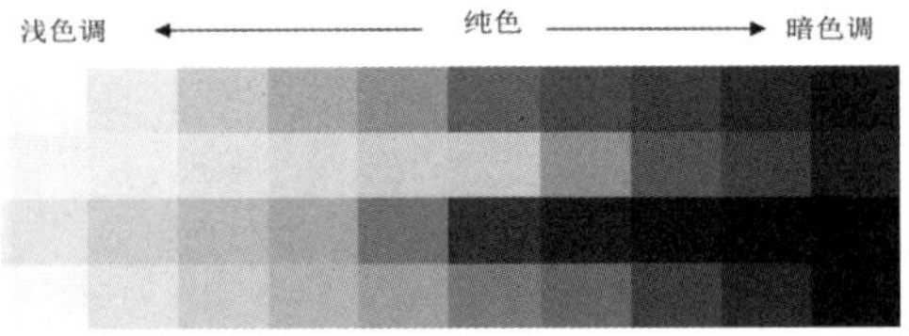

图 7–2 色相的明度变化

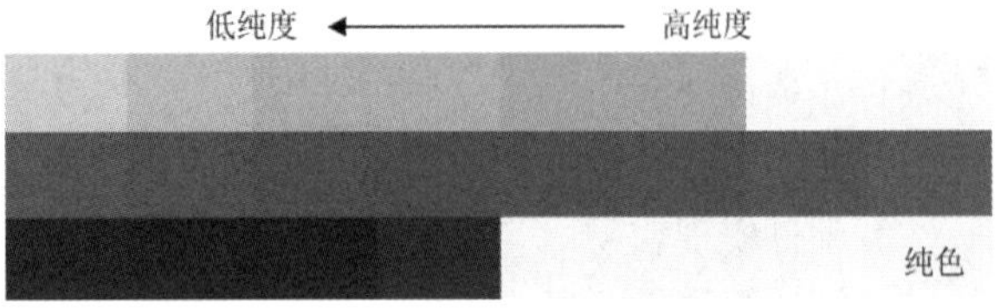

图 7–3 红色纯度的变化

通常把色调和饱和度统称为色度，表示颜色的种类与深浅程度；而亮度则表示颜色的明亮程度。

② 三原色。

三原色又称为三基色。计算机系统中的三原色分别是为红（Red，简称 R）、绿（Green，简称 G）、蓝（Blue，简称 B）三色。对于任何一种三原色以外的颜色，都可将三原色按一定的比例混合调配出来。三原色模型如图 7–4 所示。

（2）色彩模式

色彩模式是将某种色彩表现为数字形式的模型，或者说是一种记录图像色彩的方式，主要有以下几种。

① RGB 模式。

RGB 色彩模式是一种显示模式。RGB 三个字母分别指红（Red）、绿（Green）、蓝（Blue）。在数字视频中，对 RGB 三原色各进行 8 位编码就构成了大约 1 677 万种颜色，这就是我们常说的真彩色。每位颜色用 0 ~ 255 表示，当 RGB 的值都为 255 时为白色，相反，全为零时为黑色。它是一种加色模式，R+G+B =白色，如图 7–5 所示。电视机和计算机的监视器都是基于 RGB 颜色模式来创建其颜色的。

② CMYK 模式。

CMYK 色彩模式是一种印刷模式。其中四个字母分别指青（Cyan）、洋红（Magenta）、黄（Yellow）、黑（Black），在印刷中代表四种颜色的油墨。CMYK 模式在本质上与 RGB 模式没有什么区别，只是产生色彩的原理不同。在 RGB 模式中由光源发出的色光混合生成颜色，而在 CMYK 模式中由光线照到有不同比例 C、M、Y、K 油墨的纸上，部分光谱被吸收后，反射到人眼的光产生颜色，如图 7–6 所示。由于 C、M、Y、K 在混合成色时，随着 C、M、Y、K 四种成分的增多，反射到人眼的光会越来越少，光线的亮度会越来越低，所以 CMYK 模式产生颜色的方法又被称为色光减色法。

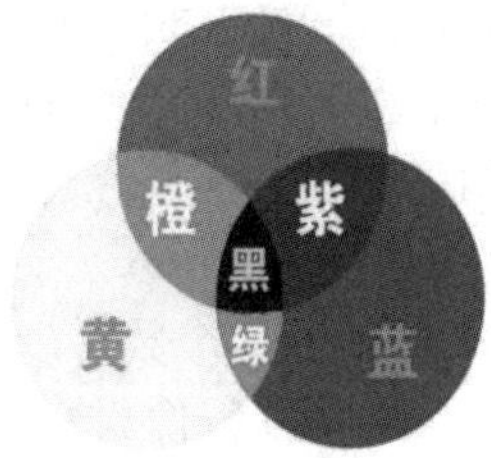

图 7–4　三原色模型

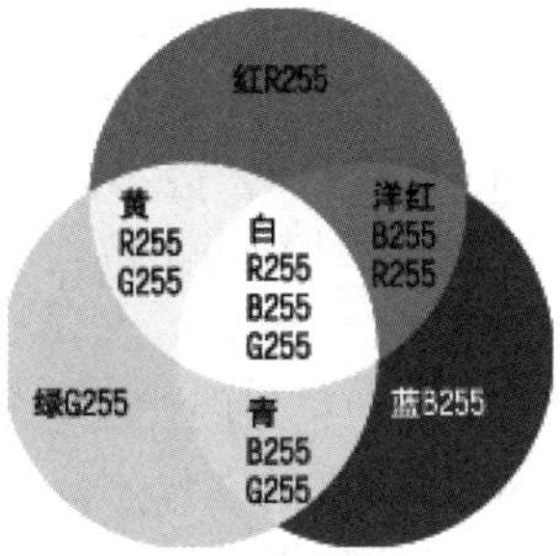

图 7–5　RGB 模式

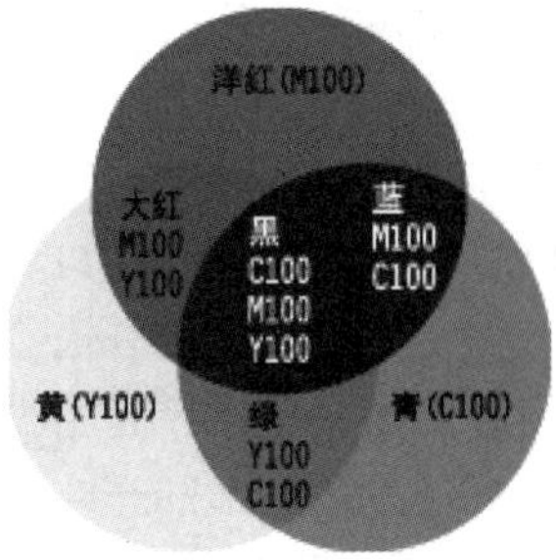

图 7–6　CMYK 模式

③ Lab 模式。

Lab 色彩模式是由 RGB 模式转换而来的，它是由 RGB 模式转换为 HSB 模式和 CMYK 模式的桥梁。它既不依赖光线，也不依赖于颜料，是 CIE 组织确定的一个理论上包括了人眼可以看见的所有色彩的色彩模式。该色彩模式由一个发光率（Luminance）和两个颜色（a，b）轴组成。它由颜色轴所构成的平面上的环形线来表示色的变化，其中径向表示色饱和度的变化，自内向外，饱和度逐渐增高；圆周方向表示色调的变化，每个圆周形成一个色环；而不同的发光率表示不同的亮度并对应不同环形颜色变化线，如图 7–7 所示。它是一种具有“独立于设备”的颜色模式，即不论使用任何一种监视器或者打印机，Lab 的颜色都不变。两个颜色（a，b）中，a 表示从洋红至绿色的范围，b 表示黄色至蓝色的范围。

④ HSB 模式。

上面讲了色彩的三要素为：色调 (Hue)、饱和度 (Saturation) 和亮度 (Brightness)。HSB 色彩模式便是基于人对颜色的心理感受的一种颜色模式。它是由 RGB 三基色转换为 Lab 模式，再在 Lab 模式的基础上考虑了人对颜色的心理感受这一因素而转换成的。因此这种颜色模式比较符合人的视觉感受，让人觉得更加直观一些。它可由底与底对接的两个圆锥体立体模型来表示，其中轴向表示亮度，自上而下由白变黑；径向表示色饱和度，自内向外逐渐变高；而圆周方向，则表示色调的变化，形成色环，单位是度，如 0 度表示红色，如图 7–8 所示。

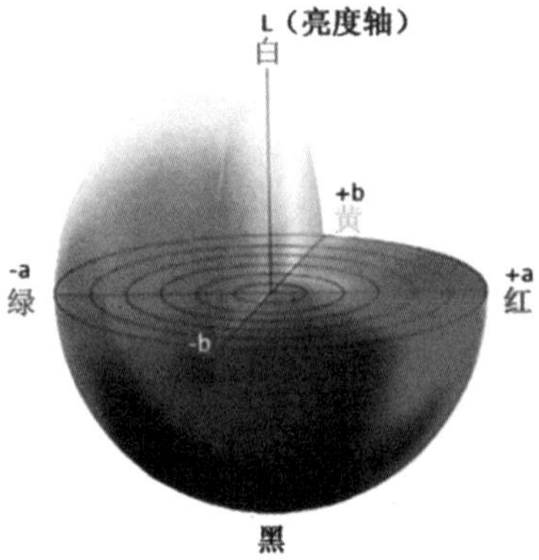

图 7–7　Lab 模式

图 7–8　HSB 模式

（3）分辨率

分辨率（Image resolution），又称解像度、解析度、解像力，泛指量测或显示系统对细节的分辨能力。此概念可以用时间、空间等领域的量测。日常用语中的分辨率多用于图像的清晰度。分辨率越高代表图像品质越好，越能表现出更多的细节；但相对的，因为纪录的信息越多，文件也就会越大。通常，分辨率分为屏幕分辨率与图像分辨率两种。

① 屏幕分辨率：也称为显示分辨率，是指在某一特定显示方式下显示器屏幕上的最大显示区域，即显示器水平与垂直方向的像素个数，例如，1280 × 1024 的分辨率表示屏幕最多可以显示 1 024 行像素，每行有 1 280 个像素。显示分辨率也可以指单位长度内显示的像素数，通常以点 / 英寸（dpi，dot per inch）表示。

② 图像分辨率：是指数字化图像的大小，是该图像的水平与垂直方向的像素个数，以点 / 英寸（dpi，dot per inch）表示。例如，600 × 400 的图像分辨率表示该图像有 400 行像素，每行由 600 个像素组成。图像分辨率是衡量图像清晰程度的一个重要指标，图像分辨率越高，表示图像越清晰，但是包含的数据也越多，图像文件也越大。

（4）颜色深度

颜色深度也称图像深度、图像灰度，是图像文件中表示一个像素颜色所需要的二进制位数。颜色深度决定了图像中可以出现的颜色的最大个数。颜色深度有 1、4、8、16、24、32 几种。若颜色深度为 1，则表示图像中各个像素的颜色只有 1 位，可以表示 2 种颜色（黑色与白色）。若颜色深度为 8，则表示图像中各个像素的颜色为 8 位，在一副图像中可以有 2^8=256 种不同的颜色。当颜色深度为 24 时，表示图像中各个像素的颜色为 24 位，可以有 2^{24} 种不同的颜色，它是用 3 个 8 位分别来表示 R、G、B 颜色，这种图像就叫真彩色图像。

（5）显示深度

显示深度表示显示器上记录每个点所用的二进制数字位数，即显示器可以显示的色彩数。若显示器的显示深度小于数字图像的深度，就会使数字图像颜色的显示失真。

2. 图像的分类

数字图像的种类有两种：一种是位图（又称点阵图）；另一种是矢量图。

（1）位图

位图（Bit-Mapped Image）是由无数颜色不同、深浅不同的像素点组成的图案。像素是组成图像的最小单位，许许多多的像素拼合构成了一幅完整的图像。位图图像适合于表现比较细致、层次和色彩比较丰富、包含大量细节的图像，位图文件中记录的是组成位图图像的每个像素的颜色和亮度等信息，处理位图图像时，编辑的也是各个像素的信息，与图像的复杂程度无关。一般位图文件都较大，并且将它进行放大、缩小和旋转等变换时会产生失真。

（2）矢量图

矢量图（Vector-Based Image）通常也称为图形，是指用点、线、面等基本的图元绘制的各种图形。这些图元是一些几何图形，例如点、线、矩形、圆、弧线等。这些几何图形在存储时，保存的是其形状和填充属性等，并且是以一组描述点、线、面的大小、形状及其位置、维数等的指令形式存在。计算机通过读取这些指令，将其转换为屏幕上所显示的形状和颜色。由于矢量图是采用数学方式描述的图形，所以它生成的图形文件相对较小，而且图形颜色的多少与文件的大小基本无关，将它进行放大、缩小和旋转等变换时不会产生失真。但是，图形是以指令的形式存在的，在计算机上显示一幅图形时，首先要解释这些指令，然后将它们转变成屏幕上显示的形状和颜色，在显示时，需要对矢量图形进行解释。因此矢量图的缺点处理起来比较复杂，需要花费程序员和计算机大量的时间，而且色彩相对比较单调。

（3）位图与矢量图比较

位图与矢量图的组成不同，使用的制作工具也不同，且各有优缺点，两者的对比如表 7–1 所示。

表 7–1　图像类型比较

图像类型	组成	优　点	缺　点	常用制作工具
位图	像素	色彩变化丰富，表现图片逼真，不易转换成矢量图	缩放和旋转后图片易失真，色彩和细节越丰富文件越大	Photoshop、ACDsee、画图等
矢量图	数学向量	可无限缩放和旋转不失真，文件容量较小，容易转换成位图	色彩变化不方便，可制作矢量图软件不多	Flash、Illustrator、Coreldraw

3. 图像文件的格式

在图像处理中，可用于图像文件存储的存储格式有多种，较为常见的有以下几种文件格式。

（1）BMP 格式

BMP 格式是 Windows 操作系统中标准的图像文件格式，使用非常广泛，许多图形图像处理软件以及应用软件都支持这种格式的文件，它是一种通用的图形图像存储格式。BMP 格式是一种与硬件设备无关的图像文件格式，采用位图存储格式，除了图像深度可选以外，不采用其他任何压缩，所以要占用较大的存储空间。

（2）JPG/JPEG 格式

JPG（或称 JPEG）是由联合图像专家组开发制定的一种图像文件格式，是一种具有压缩格式的位图文件。JPEG 格式文件允许用不同的压缩比对文件进行压缩，用有损压缩的方式去除冗余的图像与颜色信息，可以达到很高的压缩比，文件占用空间较小，适用于大量图像的处理，是 Internet 上支持的主要图像文件格式之一。JPEG 的应用非常广泛，大多数图像处理软件均支持该格式。

（3）GIF 格式

GIF（Graphics Interchange Format）是 CompuServe 公司在 1987 年开发的图像文件格式。GIF 格式采用压缩存储技术，压缩比较高，文件容量小，便于存储与传输，适合于在不同的平台上进行图像文件的传播与互换。GIF 图像格式采用了渐显方式，被广泛应用于网络通信中，也是 Internet 上支持的图像文件格式之一。

（4）TIFF 格式

TIFF 格式是由 Aldus 公司（已经合并到 Adobe 公司）和微软公司合作开发的一种工业标准

的图像存储格式，支持所有图像类型。它将文件分成压缩和非压缩两大类，是目前最复杂的一种图像格式。

上面所述的只是最常用的几种通用图像文件格式，其他常用的还有如 PNG 格式、PCD 格式、WMF 格式等。此外，各种图形图像处理软件大都有自己的专用格式，如 AutoCAD 的 DXF 格式、Corel DRAW 的 CDR 格式、Photoshop 的 PSD 格式等。

（5）PSD 格式

这是著名的 Adobe 公司的图像处理软件 Photoshop 的专用格式 Photoshop Document（PSD）。PSD 其实是 Photoshop 进行平面设计的一张“草稿图”，它里面包含有各种图层、通道、遮罩等多种设计的样稿，以便于下次打开文件时可以修改上一次的设计。在 Photoshop 所支持的各种图像格式中，PSD 的存取速度比其他格式快很多，功能也很强大。由于 Photoshop 越来越被广泛地应用，所以我们有理由相信，这种格式也会逐步流行起来。

（6）PNG 格式

PNG（Portable Network Graphics）是一种新兴的网络图像格式。在 1994 年年底，由于 Unsis 公司宣布 GIF 拥有专利的压缩方法，要求开发 GIF 软件的作者须缴交一定费用，由此促使免费的 PNG 图像格式的诞生。PNG 一开始便结合 GIF 及 JPG 两家之长，打算一举取代这两种格式。1996 年 10 月 1 日，由 PNG 向国际网络联盟提出并得到推荐认可标准，并且大部分绘图软件和浏览器开始支持 PNG 图像浏览。

PNG 是目前保证最不失真的格式，它具有 GIF 和 JPG 二者的优点，存储形式丰富，兼有 GIF 和 JPG 的色彩模式。它的另一个特点是能把图像文件压缩到极限，以利于网络传输，但又能保留所有与图像品质有关的信息，因为 PNG 是采用无损压缩方式来减少文件的大小，这一点与牺牲图像品质以换取高压缩率的 JPG 有所不同。第 3 个特点是显示速度很快，只需下载 1/64 的图像信息，就可以显示出低分辨率的预览图像。第 4 个特点是 PNG 同样支持透明图像的制作，透明图像在制作网页图像时很有用，我们可以把图像背景设为透明，用网页本身的颜色信息来代替设为透明的色彩，这样可让图像和网页背景很和谐地融合在一起。

PNG 的缺点是不支持动画应用效果，如果在这方面能有所加强，简直就可以完全替代 GIF 和 JPEG 了。Macromedia 公司的 Fireworks 软件的默认格式就是 PNG。越来越多的软件开始支持这一格式，而且在网络上也越来越流行。

（7）SWF 格式

利用 Flash 可以制作出一种后缀名为 SWF（Shockwave Format）的动画。这种格式的动画图像能够用比较小的体积来表现丰富的多媒体形式。在图像的传输方面，不必等到文件全部下载才能观看，而是可以边下载边看，因此特别适合网络传输，特别是在传输速率不佳的情况下，也能取得较好的效果。事实也证明了这一点，SWF 如今已被大量应用于 Web 网页进行多媒体演示与交互性设计。此外，SWF 动画是基于矢量技术制作的，因此不管将画面放大多少倍，画面不会因此而有任何损害。综上所述，SWF 格式作品以其高清晰度的画质和小巧的体积受到了越来越多网页设计者的青睐，也逐渐成为网页动画和网页图片设计制作的主流，已成为网上动画的标准。

（8）SVG 格式

SVG 可以算是较火热的图像文件格式了，它的英文全称为 Scalable Vector Graphics，意为可缩放的矢量图形。是基于 XML（Extensible Markup Language），由 World Wide Web Consortium（W3C）联盟进行开发的。严格来说它应该是一种开放标准的矢量图形语言，可让用户设计激动人心的、高分辨率的 Web 图形页面。用户可以直接用代码来描绘图像，可以用任何文字处理工具打开 SVG 图像，通过改变部分代码来使图像具有互交功能，并可以随时插入 HTML 中通过浏览器来观看。

它提供了目前网络流行格式 GIF 和 JPEG 无法具备的优势：可以任意放大图形显示，但绝不会以牺牲图像质量为代价；文字在 SVG 图像中保留可编辑和可搜寻的状态；平均来讲，SVG 文件比 JPEG 和 GIF 格式的文件要小很多，因而下载也很快。可以相信，SVG 的开发将会为 Web 提供新的图像标准。

（9）WMF 格式

WMF（Windows Meta File）格式是比较特殊的图元文件格式，是位图和矢量图的一种混合体，在平面设计领域的应用十分广泛。在流行的多媒体课件创作工具中，如 PowerPoint 及方正奥思等都支持这种格式的静图文件格式。

（10）EPS 格式

EPS（Encapsulated Post Script）格式支持多个平台，是专门为存储矢量图形而设计的，能描述 32 位图形，分为 Photoshop EPS 格式和标准 EPS 格式。在平面设计领域，几乎所有的图像、排版软件都支持 EPS 格式。

其他还有非主流图像格式，如 PCX 格式、DXF 格式、EMF 格式、LIC（FLI/FLC）格式、TGA 格式等，这里不再详细介绍。

任务 2　了解数字图像的获取

图形、图像数据的获取即图形、图像的输入处理，是指对所要处理的画面的每一个像素进行采样，并且按颜色和灰度进行量化，就可以得到图形、图像的数字化结果。图形、图像数据一般可以通过以下几种方法获取。

（1）从屏幕中抓取图像

在 Windows 系列操作系统中，无论运行何种应用软件，都可以使用抓图热键【PrintScreen】键获取屏幕图像，可以将当前屏幕的整体画面保存到剪贴板；按【Alt+PrintScreen】组合键，可以将当前窗口的画面保存到剪贴板，然后可以通过“粘贴”命令将图片粘贴到需要的位置。另外，也可以使用 HyperSnap 等抓图软件，灵活地截取界面上的任何需要部分作为图像保存与使用。详见微视频 7-1 和微视频 7-2。

（2）使用扫描仪扫入图像

扫描仪可以将照片、书籍上的文字或图片扫描下来，通过模数转换转化成位图，以图片文件的形式保存在计算机里。

（3）使用数字照相机拍摄图像

数字照相机用数字图像存储照片，可以将所拍的照片以图像文件的形式存储并输入到计算机中加以处理。

（4）使用摄像机捕捉图像

通过帧捕捉卡，可以利用摄像机实现单帧捕捉，并保存为数字图像。

（5）利用绘图软件创建图像

利用 Photoshop、Corel DRAW 等绘图软件可以直接绘制各种图形，并加以编辑，填充颜色，输入文字，从而生成小型、简单的图形画面。

（6）从图像素材库获取

随着计算机的广泛普及，存储在互联网上的数字图像越来越多，内容也比较丰富，可以利用这些图像素材库中的内容素材进行编辑创作。

视频资源

微视频7-1
Windows热键截图

微视频7-2
使用HyperSnap软件截图

任务3 初识Photoshop

图像编辑是图像处理的基础，可以对图像进行各种变换，如放大、缩小、旋转、倾斜、镜像、透视等操作，也可进行复制、去除斑点、修补、修饰图像的残损等。这在婚纱摄影、人像处理制作中有非常大的用处，可以去除人像上不满意的部分，进行美化加工，得到让人非常满意的效果。图像合成则是将几幅图像通过图层操作、工具应用等处理，合成完整的、传达明确意义的图像，这是美术设计的必经之路。这些操作都要通过图像软件进行。

国内外已经开发出了很多图形、图像的处理软件。通过这些软件，可以创建、收集、处理多媒体素材，制作出丰富多样的图形和图像，供人们工作、学习和娱乐。其中最为流行的图形、图像处理软件是Adobe公司的Photoshop软件。

1. 认识Photoshop CC 2019

Photoshop，简称“PS”，是Adobe公司最著名的图像处理软件之一，是目前国际上公认的最好的通用平面美术设计软件，它的功能完善，具有完美的图像处理功能和多种美术处理技巧，使用方便，所以几乎所有的广告、出版、软件公司都将Photoshop作为首选的平面设计工具，为许多的专业人士所青睐。PS从第一版本开始，已经发展到PS CC 2019，其功能也越来越强大。

2. PS的应用

（1）平面设计

PS在平面设计领域里面的应用最为广泛，图书封面、海报、包装等这些具有丰富图像的平面印刷品，基本上都需要Photoshop软件对其进行处理。

（2）修复照片

PS具有强大图像修饰的功能，可以快速修复一张破损的老照片，也可以修复人脸上的污点等问题。

（3）广告摄影

广告摄影作为一种对视觉要求非常严格的工作，其最终成品往往要经过PS的修改、修饰才能得到满意的效果。

（4）影像创意

通过PS的处理可以将原本不相干的一些对象、人、物、景组合在一起，也可以使用“抠图”的手段使图像发生巨大变化。

（5）艺术文字

当用PS处理文字的时候，可以使文字发生各种各样的变化，并利用这些艺术化处理后的文字为图像增加艺术效果。

（6）网页制作

在制作网页时 PS 是必不可少的网页图像处理软件，我们可以利用 PS 来设计网页的板式、风格、色调等内容，也可以对网页上的图片、图标、按钮等元素进行精心设计和修饰。

（7）绘画

PS 具有良好的绘画与调色功能，许多铅笔绘制草稿，都可以用 PS 填色的方法来绘制插画。同时，插画设计已经通过不断的发展，已经把 PS 作为主要的制作设计工具来使用。

（8）绘制或处理三维帖图

在三维软件中，如果能够制作出精良的模型，而无法为模型应用逼真的帖图，也无法得到较好的渲染效果。实际上在制作材质时，除了要依靠软件本身具有材质功能外，利用 PS 可以制作在三维软件中无法得到的合适的材质。

（9）婚纱照片设计

婚纱影楼大多使用数码照相机，这也使得利用 PS 进行婚纱照片设计的处理成为一个新兴的行业。

（10）界面设计

界面设计是一个新兴的领域，已经受到越来越多的软件企业及开发者的重视，如手机界面设计、电子导航系统界面、App 软件界面等，都需要相应的软件来进行设计，在当前还没有用于做界面设计的专业软件，因此绝大多数设计者使用的都是 PS。虽然暂时还未成为一种全新的职业，但相信不久一定会出现专业的界面设计师职业。

3. PS 的工作界面

启动 PS 后，其工作界面主要由标题栏、工具栏、菜单栏、属性栏、功能面板、状态栏和编辑区等部分组成，熟练掌握各组成部分的功能，才能快速地对图形图像进行处理和修改。PS CC 2019 的工作界面如图 7–9 所示。详见微视频 7–3。（本章实例都是基于 PS CC 2019 版本实现的。）

图 7–9　PS CC 2019 工作界面

① 标题栏：位于整个界面的顶端，显示了当前应用程序的名称、相应功能的快速图标、相应功能对应工作区的快速设置，以及控制文件窗口的最小化、最大化、关闭等几个快捷按钮。

② 菜单栏：PS 将所有命令集合分类后，放在菜单栏中，利用下拉菜单命令的方式可以完成大部分图像编辑处理的工作。

③ 工具栏：工具栏中由多组工具组成，通常位于工作界面的左侧。只要单击该工具图标即可在图片处理中使用。如果该工具图标中还有其他工具，在该图标上单击鼠标右键（或长按鼠标左键），可弹出其他可用工具，单击其中的工具即可使用。

④ 属性栏：位于菜单栏的下方，选择不同工具时会显示该工具对应的属性选项。

⑤ 状态栏：显示当前图像文件的显示百分比和一些编辑信息，例如文档大小、当前使用工具等内容。

⑥ 功能面板：通常位于工作界面的右侧，将一些常用的调板集合到该栏目中。在处理图像时需要的调板，只要单击其标签就可以快速找到相对应的调板，方便用户的快速调用。

4. PS 中的常见概念

（1）图层

在 PS 中，可以将一副复杂的图像理解为是由多张透明的、没有厚度的、各包含一个简单图像的“胶片”叠放在一起而组成的。从直观效果上看是这些不同层次上的图像通过叠加在一起而达到的最终效果，这些“胶片”就被称为图层。对于某一图层的处理不会影响到其他图层，不仅方便处理，通过调整层次关系或设置图层样式可以达成图像的特殊效果。详见微视频 7–4。

（2）选区

在图像处理过程中，通过选择图像区域完成相关操作是经常性动作。这个被选择的区域就是选区。在选择区域后，选区边缘会出现闪烁的虚线。选区操作是各种图像处理的核心，抠图、图像拼接、色彩渲染等都需预先设置选区，然后对选区进行操作。详见微视频 7–5。

（3）通道

PS 中的图像通常都是 RGB 模式，每一个像素有红、绿、蓝三种基色组成。如果仅关注图像中每个像素点的红基色，所构成的图像称为红色通道。同理，RGB 图像中还有蓝色通道和绿色通道。利用通道可以快速地构造选区和渲染图像。详见微视频 7–6。

（4）路径

路径是由多个节点的矢量线条构成的封闭或者开放的直线或曲线。路径是图像处理的辅助工具，尽管在窗口中显示为宽度为 1 像素的细线，但它不是图像中可显示信息。路径常被用来引导文字的书写方向，也可以把封闭路径转换为各种形状的选区。详见微视频 7–7。

（5）滤镜

滤镜是图像处理中普遍采用的效果处理技术，类似于在拍摄照片时在镜头前加上的各种滤色镜片，使得图像产生特殊的效果。详见微视频 7–8。

（6）动作

动作是一系列操作的集合。把能够实现一种特殊效果的一系列操作录制下来，形成一个动作。在需要再次实现这种效果时，就可以直接使用动作来完成。PS 中内置了许多动作，可以直接使用实现特定效果。

5. PS 的工作环境

（1）配置 PS 的工作环境

PS 安装完成后，系统按照默认的配置设置工作环境。用户可以根据工作需要，重新配置系统的工作环境。

（2）调整图像显示比例

在图像处理过程中，为了能仔细看清并处理某一局部的细节，需要把图像放大；有时为了观察整体效果又需要缩小。放大与缩小都不会真正改变图像的大小，只是把显示结果放大或缩小。

（3）显示 / 隐藏标尺、网格线和参考线

在绘制图像的过程中，为了对齐图像或者更加精准地绘制图形，需要显示出标尺、网格线或参考线等辅助工具。从标尺向图像中拖动鼠标，可以创建参考线，通过水平标出可以获得水平参考线，通过垂直标尺能获得垂直参考线。

视频资源

微视频7-3
PS之工作界面

微视频7-4
PS 之图层

微视频7-5
PS 之选区

微视频7-6
PS 之通道

微视频7-7
PS 之路径

微视频7-8
PS 之滤镜

任务 4　Photoshop 实例操作

1. 图像调整

（1）实例任务

通过改变图像模式，调整图像颜色、亮度、对比度大小等操作，掌握图像处理的基本内容，如调整图像分辨率、尺寸和画布大小及进行图像裁切等。

（2）知识要点

- 图像模式：RGB 模式是最常用的模式，可进行绝大多数的图像处理操作。
- 色相 / 饱和度：色相表示的是颜色的差异；饱和度指的是色彩的鲜艳程度，饱和度低意味着色彩“暗浊”，饱和度高意味着色彩“鲜艳”。
- 亮度 / 对比度：对比度指的是一幅图像中明暗区域最亮的白和最暗的黑之间不同亮度层级的测量，差异范围越大代表对比越大，差异范围越小代表对比越小，对比度对视觉效果的影响非常关键，一般来说对比度越大，图像越清晰醒目，色彩也越鲜明艳丽；而对比度小，则会让整个画面都灰蒙蒙的。亮度指的是色彩的明暗程度，越接近白色，亮度越高，越接近黑色，亮度越低。
- 色阶：色阶表现了一副图的明暗关系，可以使用“色阶”调整通过调整图像的阴影、中间调和高光的强度级别，从而校正图像的色调范围和色彩平衡。

- 图像大小：图像大小是指图像的长度与宽度，一般是以像素为单位。每个像素就是一个小点，而不同颜色的点（像素）聚集起来就变成一幅动人的照片。图片分辨率越高，所需像素越多。图片分辨率和输出时的成像大小及放大比例有关，分辨率越高，成像尺寸越大，放大比例越高。
- 文件格式：如前所述，图像文件有多种格式，同一副图像保存为不同的图像分拣格式时，其大小也会不同。根据使用场合选取不同的文件格式。

（3）操作演示

PS 中对图像进行色彩、大小、变形等调整操作详见微视频 7–9、微视频 7–10。

2. 选区编辑及使用

（1）实例任务

通过 Photoshop 的基本工具可以对图片进行形状、大小、选取范围、位置变化等基本操作。下面以卡通人物合成的实例进行详细介绍。

实例最终效果：将少数民族卡通人物形象通过基本工具的不同用法，组合到背景图片中，合成“移花接木”的图片效果。

（2）知识要点

- 选区：在图像上创建的选取范围。
- 移动工具：将选区内的图像或者图层中的图像移动到新的位置，也可以在不同的图像文件之间移动图像，还可以快速选取整个图层组和通过属性栏对图层中的对象进行对齐和分布，快捷键【V】。
- 魔棒工具：快速选中相似的区域的基本工具，快捷键【W】。其重要属性“容差”是在自动选取相似的选区时的近似程度，容差越大是，被选取的区域将可能越大，反之则选取的区域将可能越小，调整适当的容差数值已达到选中所要区域的目的。需要注意的是，魔棒工具适用于选区和其他区域有较为明显的差异。
- 图层：相当于图纸绘制中使用的重叠的图纸，可以将不同的图像放置到不同的图层中，编辑处理单独某个图层中的图像，不会影响到其他图层。
- 自由变换：自由改变创建选区内图像的形状，快捷键【W】，鼠标拖动四个角的控制点可以同时改变图片的长和宽，拖动边线中点的控制点，可以改变图片的长或宽，拖动图片的中心点，可以改变中心点的位置，在图片以外拖动鼠标可以使图片围绕中心点旋转。
- 磁性套索工具：磁性套索工具有非常强的吸附边缘边界的功能，是选择选区中较为常用的工具，快捷键【L】。不须按鼠标左键而直接移动鼠标，在工具头处会出现自动跟踪的线，这条线总是走向颜色与颜色边界处，边界越明显磁力越强，将首尾连接后可完成选择，一般用于颜色与颜色差别比较大的图像选择。

（3）操作演示

PS 中的抠图操作详见微视频 7–11。

3. 修复工具的使用

（1）实例任务

通过 Photoshop 的修复工具可以对图片进行修改和修饰操作。下面以对素材图片的修复实例进行详细介绍。

实例最终效果：将素材图片通过不同的修复工具，对图片上的污点、划痕和红眼等问题进行修复。

（2）知识要点：

- 污点修复画笔工具：快捷键【J】，快速修复或去除图像中的小污点、斑点等细节部分。
- 修复画笔工具：可以对被破坏的图片或者有瑕疵的图片进行修复，利用样本修复的同时可以把样本像素的纹理、光照、透明度和阴影与所修复的像素相融合。
- 红眼工具：可以将在数码照相机打开闪光灯照相过程中产生的人物红眼效果轻松去除，并与周围的像素相融合。

（3）操作演示

PS 中的图像修复操作详见微视频 7–12。

4. Photoshop 修饰工具的使用实例

（1）实例任务

通过 Photoshop 的修饰工具可以对图片进行修改和修饰操作。下面以对素材图片的修饰实例进行详细介绍。

实例最终效果：将素材图片通过不同的修饰工具，对图片进行减淡及海绵效果处理。

（2）知识要点：

- 快速选择工具：快速在图像中对需要选取的部分建立选区，使用鼠标指针在图像中拖动即可将鼠标经过的相似的地方建立选区，按住【Ctrl】键单击鼠标增加选区，按住【Alt】键单击鼠标减少选区。
- 减淡工具：改变图像中的亮调与暗调，经过部分暗化和亮化处理，可以改变某部分曝光效果。其中选择“阴影”，加亮的范围只局限于图像的暗部；选择“中间调”，加量的范围只局限于图像的灰色调；选择“高光”，加量的范围只局限于图像的亮部。
- 海绵工具：精确地更改图像中某个区域的色相饱和度，一般常用来为图片的某个部分像素增加颜色或者去除颜色。

（3）操作演示

PS 中的图像修饰操作详见微视频 7–13。

5. 使用滤镜菜单

（1）实例任务

滤镜在 Photoshop 创作中由于其强大的特效功能而倍受人们的青睐。滤镜是一种插件模块，能够对图像中的像素进行操纵，使大家在处理图像时能轻而易举地完成绚丽的特殊效果。

通过滤镜功能，能为图像创建各种不同的视觉效果。

（2）知识要点

使用滤镜注意的规则和技巧有：

- Photoshop 会针对选取区域进行滤镜效果处理，如果没有定义选区，则对整个图像作处理。
- 如果当前选中的是某一图层或某一通道，则只对当前图层或通道起作用。
- 滤镜的处理效果是以像素为单位的，因此，滤镜的处理效果与图像的分辨率有关，相同的参数处理不同分辨率的图像，其效果是不相同的。
- 只对局部图像进行滤镜效果处理时，可以为选区设定羽化值，使被处理的区域能自然地与源图像融合，减少突兀的感觉。
- 执行完一个滤镜命令后，在“滤镜”菜单的第一行会出现刚才使用过的滤镜命令，单击它可快速重复执行相同的滤镜命令。若使用键盘，则需按【Ctrl+F】组合键；如果按【Ctrl+Alt+F】组合键，则会重新打开上一次执行的滤镜设置对话框。

- 在任意滤镜设置对话框中按【Alt】键，对话框中的“取消”按钮就会变成“复位”按钮，单击该按钮可以恢复到刚打开对话框时的状态。
- 在“位图”、“索引”和“16 位通道”色彩模式下不能使用滤镜。此外，不同的色彩模式其使用范围也不同，在 CMYK 和 Lab 模式下，部分滤镜不能使用，如“风格化”、“素描”和“渲染”等滤镜。
- 使用“编辑”菜单下的“还原”和“后退一步”命令可以对比执行滤镜前后的效果。

（3）操作演示

PS 中的滤镜使用操作详见微视频 7–14。

6. 文字处理

（1）实例任务

通过 Photoshop 的文字工具和部分菜单命令的使用，可以做出有艺术效果的文字特效。下面以制作简单的发光文字实例进行对应功能的详细介绍。

实例最终效果：在修饰过的有渐变效果的背景图层上制作一组发光的艺术文字。

（2）知识要点

- 油漆桶：将图层、选区或打开图像颜色相近的区域填充前景色或者图案。
- 直排文字工具：在垂直方向上创建文字，拖动光标到图像中需要输入文字的地方单击鼠标，当光标变化以后输入所需文字即可。
- 横排文字工具：在水平方向上创建文字，拖动光标到图像中需要输入文字的地方单击鼠标，当光标变化以后输入所需文字即可。
- 描边：为创建的选区建立内部、居中、局外的边框。
- 图层样式：在图层中添加样式效果，从而为图层添加投影、外发光、内发光、斜面与浮雕等。
- 内阴影：使图层中的图像产生凹陷到背景中的感觉。
- 外发光：在图层中的图像边缘产生向外发光的效果。
- 模糊：该滤镜对图像中的像素起到柔化得作用。
- 图层混合模式：通过将当前图层中的像素与下层图层中的像素相混合从而产生特殊的图层效果。
- 柔光：产生一种柔光照射的效果。
- 叠加：把图像的基色与混合色相混合产生的一种中间色。基色是指图像中原有的颜色，也就是两个图层中下面那个图层的颜色。混合色是指通过绘画或编辑工具应用的颜色，也就是两个图层中上面那个图层的颜色。
- 渐变工具：在图像中或选区内填充一个逐渐过渡的颜色，可以是一种颜色过渡到另一种颜色，也可以是多个颜色之间的相互过渡，也可以是从一直跟颜色过渡到透明或从透明过渡到一种颜色。大体可分为五类：线性渐变、径向渐变、角度渐变、对称渐变、菱形渐变。

（3）操作演示

PS 中的文字处理操作详见微视频 7–15。

视频资源

微视频7-9 PS-图像调整之色彩

微视频7-10 PS-图像大小和变形

微视频7-11 PS之抠图

微视频7-12 PS之图像修复

微视频7-13 PS之图像修饰

微视频7-14 PS之使用滤镜

微视频7-15 PS之文字处理

实训1 屏幕截图

一、实训目的

① 掌握 Windows 热键截屏的方法。

② 掌握截屏软件 HyperSnap 的操作。

二、实训任务

1. 利用热键截图

① 取整个屏幕图像，并使用画图工具保存该图像。

② 利用热键截取活动窗口图像，并使用画图工具保存该图像。

2. 截取屏幕图像

使用软件 HyperSnap 截取屏幕图像，并做适当处理后保存图像文件

① 截取屏幕的某个区域。

② 重复执行上次截取区域大小和任务。

③ 截取活动窗口。

④ 截取某一窗口中的菜单栏区域。

⑤截取桌面图标或应用程序工具栏上的图标。

⑥ 截取应用程序中的多页内容。

⑦ 截取多区域内容。

三、实训提示

① 热键：【PrintScreen】截取整个屏幕，【Alt+PrintScreen】截取活动窗口。热键按下后，截取的图像复制到剪贴板。

② 画图工具中直接粘贴即可得到截取的图像。

③ HyperSnap 软件中提供了截取工具按钮，选择相应按钮完成对应的截图任务。每种截图

工具对应有快捷菜单，便于实时操作。

④ HyperSnap 软件中提供了图像处理的功能，可以完成对图像的编辑的调整任务。

四、拓展思考与练习

① 你了解其他的屏幕截图工具吗？试着安装一款此类软件并学习其使用。

② 许多工具中提供了屏幕截图工具，如 QQ、搜狗输入法、部分浏览器，试着了解这些工具并使用这些工具完成屏幕截图任务。

实训 2　抠图

一、实训目的

① 掌握 PS 文档的创建及保存方法。

② 熟练掌握导入图片的方法。

③ 掌握图层的新建和使用，图层上下层的调整。

④ 练习快速选择工具的操作和选区的增加、删减和反选。

⑤ 熟练调整图像色彩和饱和度。

二、实训任务

① 创建空白文件并保存，将其命名为“学校正门抠图 .psd”。

② 新建两个图层，根据结果样张分别插入“素材 1”和“素材 2”，并调整位置。

③ 选择实验素材 1 所在图层的蓝天部分，并删除。

④ 在实验素材 1 图层上方露出实验素材 2 图层蓝天白云。

⑤ 调整实验素材 2 图像的曲线，与实验素材 1 自然过渡。

三、实训提示

① 创建空白文件，画布大小设置为 800*467，按指定文件名保存。

② 图层面板中单击“新建图层”按钮新增“图层 1”和“图层 2”，分别复制“素材 01.jpg”、“素材 01.jpg”到“图层 1”和“图层 2”。

③ 用“快速选择工具”选中图层 1 蓝天部分，按【Delete】键删除。

④ 利用鼠标拖动调整图层 1 和图层 2 之间的相互覆盖关系。

⑤ 用菜单栏“图像”下的“曲线”来调整图层 2 的色彩属性。

⑥ 实训结果如图 7–10 所示。

图 7–10　抠图样张

四、拓展思考与练习

① 如何利用菜单栏里面的命令新增图层。

② 用移动工具能否移动背景图层。

③ 如何快速的选取所要编辑处理的选区。

④ 图层之间的相互覆盖关系。

⑤ 练习风景照片替换天空的处理。

实训 3　制作并精修证件照

一、实训目的

① 掌握渐变工具的使用。

② 掌握魔棒工具和调整边缘抠图方法。

③ 熟练掌握修复工具组的使用。

④ 熟练掌握选区或对象变形的方法。

⑤ 熟悉液化滤镜 USM 锐化滤镜和的使用。

二、实训任务

① 打开“素材 3.jpg”和“素材 6–4.jpg”。

② 将“素材 3.jpg”白色区域删除，留下西装的区域，在下层新建一个自上而下渐变图层，其中前景色为“#006699”，背景色为“#00ccff”。

③ 利用污点修复画笔工具和修补工具将“素材 4.jpg”中人物额头和脸颊的污点修复。

④ 利用液化滤镜调整人物脸颊，在保护五官不变形的前提下对脸颊进行消瘦调节。

⑤ 快速选择工具选中人物头像（仅包括头发，脸和脖子），用查找边缘命令来抠出人物头发细节部分。

⑥ 复制抠出的头像图层到“素材 3.jpg”所在的文档的图层中，调整合适位置，并变形放大到合适大小。

⑦ 调整头像图层 USM 锐化滤镜，数量 14%，半径 10 像素。

⑧ 调整头像图层对比度到合适大小。

三、实训提示

① 魔棒工具快速选取白色区域，按【Delete】键快速删除该区域。

② 单击图层面板中新建图层按钮，拖动该图层到“西装”图层下。

③ 设置工具栏中最下面的前景色和背景色，选中渐变工具，按着【Shift】键从图像上方到下方拖动鼠标，填充渐变色背景。

④ 选中工具栏中污点修复画笔工具对人物额头的污点进行修复，选中修补工具对脸颊处面积大一些的斑块进行修复，将斑块用修补工具选中，鼠标拖动选区向选区外移动，按照选区外样本区域修复选区内斑块。

⑤ 菜单栏“滤镜”下的“液化滤镜”命令，对话框中左侧工具栏“冻结模板工具”对五官进行保护性涂抹，设置画笔大小 80，画笔密度 5，画笔压力 50，对脸颊部分做收缩处理。反复调整，可用“重建工具”恢复原貌再处理。

⑥ 工具栏“快速选择工具”选中人物颈部以上部分，单击属性栏中的“调整边缘”，对话框中选中智能半径，半径设置为 1 像素，勾选净化颜色，数量 50%，并设置输出到新建带有图层蒙版的图层，用“涂抹半径工具”将全部头发边缘选中，选多的区域用“涂抹调整工具”覆盖，

选择确定。

⑦ 右击图层面板中该蒙版图层，目标设置为“素材 3.jpg”所在文档，单击“确定”按钮。

⑧ 图层面板中，将头像所在图层移动到西装图层和背景图层之间，选择菜单栏“编辑”下的“自由变换”命令（快捷键【Ctrl+T】），按住【Shift】键拖动变换框的四个角上的关键点，对头像图层的大小进行调整到合适西装大小的比例，反复调整以达到最佳不失真效果。

⑨ 选中头像图层，选择菜单栏“滤镜”下的“锐化”→“USM 锐化”滤镜，对话框中设置数量 14%，半径 10 像素，将头像图层进行锐化处理，以匹配西装图层的画质效果。

⑩ 选择菜单栏“图像”下的“自动对比度”命令，增强头像图层的对比度以匹配西装图层的对比度。也可选择择菜单栏“图像”下的“调整”/“亮度 / 对比度”命令进行详细调整。

四、拓展思考与练习

① 渐变工具有哪些渐变模式。

② 修复工具的修复原理，是否简单的复制样本。

③ 两张标准照替换人脸的处理技术和思路。

④ 自由变换中分别按下【Alt】、【Ctrl】和【Shift】键以及它们的各种组合的变换效果。

⑤ 锐化和模糊滤镜的异同。

⑥ 练习人脸替换方法。

实训 4 石碑刻字特效

一、实训目的

① 掌握在 PS 中插入文字的方法。

② 熟练图片裁剪的方法。

③ 熟练设置文字属性。

④ 熟练快速抠图的方法。

⑤ 熟练掌握设置图层样式属性。

⑥ 熟悉图层填充百分比的概念。

二、实训任务

① 创建空白文档，大小为 640*480 像素，保存为文件“石碑刻字 .psd”。

② 如样张所示，插入图片“素材 5.jpg”，调整到合适位置，剪裁图片外白色区域。

③ 如样张所示，插入文本框，输入文字“中央民族大学”，设置字体为“华文行楷”，字号为“60”，颜色自选，并栅格化文字。

④ 如样张图 7–11 所示，插入“素材 6.jpg”，将文字内容从白色背景中抠出，调整到合适位置和大小。

⑤ 如样张图 7–11 所示，设置“中央民族大学”文字图层的图层样式，投影参数：混合模式为“滤色”，颜色为“白色”，不透明度“100%，”角度“120”度，去掉全局光选项，距离 1 像素，大小 1 像素；内阴影参数：去掉全局光选项，距离 2 像素，大小 6 像素，其他默认；斜面和浮雕参数：样式“外斜面”，方法“雕刻清晰”，深度 250%，方向向下，大小 0 像素，软化 2 像素，角度 60 度，去掉全局光选项，高度 20 度，高光模式“正常”，不透明度 100%，阴影模式“正片叠底”，不透明度 20%；颜色叠加参数：颜色“#999”，不透明度 40%。填充设置为 0%。

⑥ 复制文字图层的图层样式到“素材 6”图层，填充设置为 0%。

三、实训提示

① 选中图片“素材 5.jpg”在文档中的区域，通过菜单栏“图像”下的“裁剪”来快速裁剪不需要的区域。

② 通过工具栏中“横排文字工具”属性栏的设置，切换字符面板或面板栏字符按钮对文字详细属性的设置。

③ 利用魔棒工具快速选中“素材 6.jpg”所在图层的白色部分，并删除，留下文字。

④ 双击图层面板中图层名称右侧空白区域，或菜单栏“图层”下“图层样式”→“混合选项”，弹出设置图层样式对话框，选中左侧类型，分别对其设置属性。

⑤ 设置图层面板中当前图层的填充选项，可对该图层调整填充百分比。

⑥ 在图层面板中样本图层右侧空白处右击选择“拷贝图层样式”，到目标图层右侧空白处右击选择“粘贴图层样式”，完成图层样式的复制；或通过菜单栏“图层”下“图层样式”右侧选项中命令来完成。

图像结果样张如图 7-11 所示。

图 7-11　石碑刻字样张

四、拓展思考与练习

① 为什么要把文字栅格化？

② 对于素材的抠图，有哪些快速方法。

③ 什么是图层样式、图层混合模式。

④ 利用文字工具、抠图、图层样式设置等内容，设计毕业典礼邀请卡封面。

单元 3　音频处理技术

任务 1　了解数字音频基础知识

1. 音频信息的数字化处理

（1）音频信号

人们之所以能听见各种声音，是因为不同频率的声波通过空气产生的振动对人耳刺激的结果，所以，声音是一种连续的模拟信号，振幅反应声音的音量，频率反应声音的音调，是在时间与幅度上都连续变化的量。音频信号具有两个基本的参数：频率和幅度。

信号的频率是指信号每秒钟变化的次数。一个声音每秒钟可以产生成百上千个波峰，声音每秒钟所产生的波峰数目就是音频信号的频率。声音的频率体现了声音音调的高低，单位是赫兹（Hz）。例如一个声波信号每秒钟产生 5 000 个波峰，则它的频率就可以表示为 5 000 Hz。音频信号的幅度是指从信号的基线到当前波峰的距离。幅度决定了声音信号的强弱程度，幅度越大，声音越强。对于音频信号，强度用分贝（dB）表示，分贝的幅度就是音量。

（2）声音的特性

① 声音的波动性。

任何物体的振动通过空气的传播都会形成连续或间断的波动，这种波动引起人耳膜的振动，转变为人的听觉。所以，声音是一种连续或间断的波动。

② 声音的要素。

音调、音强和音色称为声音的三要素。其中，音调与声音的频率有关，频率高则音调高，频率低则音调低。音调高时声音尖锐，俗称高音；音调低时声音沉闷，俗称低音。音强取决于声波的幅度，声波的幅度高时音强强，声波的幅度低时音强弱。音色则由叠加在声音基波上的谐波决定，一个声波上的谐波越丰富，则音色越好。

③ 声音的连续谱。

声音信号一般为非周期信号，包含有一定频带的所有频率分量，其频谱就是连续谱。声音的连续谱成分使声音听起来饱满、生动。

④ 声音的方向性。

声音的传播是以弹性波的形式进行的，传播具有方向性，人通过到达左右两耳声波的时间差及声音强度差异来辨别声音的方向性。声音的方向性是产生声音立体声效果与空间效果的基础。

（3）音频的数字化

音频是连续变化的模拟信号，而计算机只能处理数字信号，要使计算机能处理音频信号，就必须通过 A/D 转换将模拟音频信号转换为“0”“1”表示的数字信号，这就是音频的数字化。

音频信息的数字化需要经过采样、量化和编码 3 个基本过程。

① 采样。

采样的对象是通过话筒等装置转换后的得到的模拟电信号。采样是指每隔一定时间间隔在模拟声音波形上取一个幅度值（电压值）。采样频率越高，用采样数据表示的声音就越接近于原始波形，数字化音频的质量也就越高，当然，数字化后的声音文件也就越大。

② 量化。

量化是把采样得到的模拟电压值用所属区域对应的数字来表示。用来量化样本值的数字的二进制位数称为量化位数。量化位数越多，所得到的量化值就越接近原始波形的取样值。

③ 编码。

编码是把量化后的数据用二进制数据表示。编码后的数字音频数据是以文件的形式保存在计算机中的。

决定数字音频质量的主要因素是采样频率、量化位数和声道数。采样频率越大，数字音频的质量越好；量化位数越多，数字音频的质量越好；声道数有单声道和双声道之分。双声道又称为立体声，在硬件中要占两条线路，音质、音色好，但立体声数字化后所占空间比单声道多一倍。

在声音质量要求不高时，降低采样频率、量化位数或利用单声道来录制声音，可以减少声音文件的容量。

（4）数字音频质量与文件大小

总体来说，对音频质量要求越高，则为了保存这一段声音的相应文件就越大，也就是文件的存储空间就越大。采样频率（Sample Rate，用 fs 表示）、样本大小（Bit Per Sample，用 BPS 表示，即每个声音样本的比特数）和声道数，这 3 个参数决定了音频质量及其文件大小。常见的音频质量与数据率如表 7–2 所示。

表 7–2　音频质量与数据率

质量	采样频率（kHz）	样本精度（bit/s）	单 / 立体声	数据率（KB/s）	频率范围
电话	8	8	单声道	8	200 ~ 3 400
AM	11.025	8	单声道	11	20 ~ 1 5000
FM	22.05	16	立体声	88.2	50 ~ 7 000
CD	44.1	16	立体声	176.4	20 ~ 2 000
DAT	48	16	立体声	192	20 ~ 2 000

采样频率就是每秒钟采集多少个声音样本。它反映了多媒体计算机抽取声音样本的快慢。在多媒体中，CD 质量的音频最常用的 3 种采样频率是：44.1kHz、22.05kHz、11.025kHz。

样本大小又称量化位数，反映多媒体计算机度量声音波形幅度的精度。其比特数越多，度量精度越高，声音的质量就越高，而需要的存储空间也相应增大。

众所周知，立体声文件比单声道的音质要强很多，而其文件大小也为单声道的两倍。随着科学技术的发展，声音转换成数字信号之后，计算机很容易处理，如压缩（Compress）、偏移（Pan）、环绕音响效果（Surround Sound）等。

（5）数字音频的压缩

音频数字化后需要占用很大的空间。解决音频信号的压缩问题是十分必要的。然而压缩对音质效果又可能有负作用。为兼顾这两方面，CCITT（国际电话电报咨询委员会）推荐 PCM 脉冲编码调制。它用离散脉冲表示连续信号，是一种模拟波形的数字表示法。此外，一种更有效的压缩算法，即 ADPCM（自适应差分脉冲编码调制），已被作为 G.721 标准向全世界推荐使用。这是一种组合使用自适应量化和自适应预测的波形编码技术。采样经过自适应差分脉冲编码调制后，其数据或文件所需的存储空间可以减少一半。

2. 音频文件的格式

音频文件格式主要有如下两类：

- 无损格式，如 WAV、PCM、TTA、FLAC、AU、APE、TAK、WavPack（WV）。
- 有损格式，如 MP3、Windows Media Audio（WMA）、Ogg Vorbis（OGG）、AAC。

有损文件格式是基于声学心理学的模型，除去人类很难或根本听不到的声音，例如：一个音量很高的声音后面紧跟着一个音量很低的声音。MP3 就属于这一类文件。

无损的音频格式（例如 TTA）压缩比大约是 2:1，解压时不会产生数据 / 质量上的损失，解压产生的数据与未压缩的数据完全相同。如需要保证音乐的原始质量，应当选择无损音频编解码器。例如，用免费的 TTA 无损音频编解码器，可以在一张 DVD-R 碟上存储相当于 20 张 CD 的音乐。

有损压缩应用很多，但在专业领域使用不多。有损压缩具有很大的压缩比，提供相对不错的声音质量。

（1）WAV 格式

WAV 被称为“无损的音乐”，是微软公司开发的一种声音文件格式，是 Windows 系统所使用的标准数字音频文件格式。WAV 格式来源于对模拟声波的采样，通过使用不同采样频率对声音信息进行采样，得到离散的波形信号；再通过量化处理，将得到的一系列离散采样值用相应精度（8 位或 16 位）编排成二进制码，就形成了 WAV 文件。在适当的硬件和计算机控制下，使用 WAV 文件能够重现各种声音，无论是不规则的噪音还是 CD 音质的音乐，也无论是单声道还是立体声，都可以做到。WAV 文件直接记录了声音的二进制采样数据，通常文件较大，常用来存储自然界的真实声音和解说词。

（2）MIDI 格式

MIDI（Musical Instrument Digital Interface，乐器数字化接口）是一种技术规范，是为把音乐设备连接到计算机所需的电缆和端口定义的一种标准，以及控制计算机和 MIDI 设备之间进行信息交换的一套规则。因此，MIDI 文件不是乐曲声音本身，而是一些描述乐曲演奏过程中的指令，包括对音符、定时和多达 16 个通道的乐器定义，同时还涉及键、通道号、持续时间、音量和力度等。在 MIDI 文件中，只包含产生某种声音的指令，计算机将这些指令发送给声卡，声卡就能按照指令将声音合成出来。相对于 WAV 文件，MIDI 文件比较紧凑，文件也小得多。

（3）MP3 格式

MP3 是当前使用最广泛的数字化声音格式。MP3 全称是 MPEG Audio Layer 3，是 MPEG 视频信息标准中音频部分的规定，是采用 MPEG Layer 3 标准对 WAVE 音频文件进行有损压缩而形成的一种数字音频格式文件。相同长度的音乐文件，用 MP3 格式来储存，一般只有 WAV 文件的 1/10，而音质仅次于 WAV 格式的声音文件。由于其文件尺寸小、音质好，已经成为当前主流的数字化声音保存格式。

（4）WMA 格式

WMA 的全称是 Windows Media Audio，是微软公司制定的音乐文件格式。WMA 类似于 MP3，也是一种有损压缩格式，损失了声音中人耳极不敏感的甚高音、甚低音部分。与 MP3 相比，具有 MP3 相当的音质，但生成的文件大小只有相应 MP3 文件的一半；采用了更先进的压缩算法，其压缩率一般可以达到 1:18，在给定速率的情况下可以获得更好的质量。

（5）CD 格式

CD 代表小型镭射盘，是一个用于所有 CD 媒体格式的一般术语。现在市场上有的 CD 格式包括声频 CD、CD-ROM、CD-ROM XA、照片 CD、CD-I 和视频 CD 等。在这些多样的 CD 格式中，最为人们熟悉的一个或许是声频 CD，它是一个用于存储声音信号轨道如音乐和歌的标准 CD 格式。

（6）APE 格式

APE 是目前流行的数字音乐文件格式之一。与 MP3 这类有损压缩方式不同，APE 是一种无损压缩技术，也就是说，当用户将从音频 CD 上读取的音频数据文件压缩成 APE 格式后，还可以再将 APE 格式的文件还原，而还原后的音频文件与压缩前的一模一样，没有任何损失。APE 的文件大小大约为 CD 的一半，但是随着宽带的普及，APE 格式受到了许多音乐爱好者的喜爱，特别是对于希望通过网络传输音频 CD 的朋友来说，APE 可以帮助他们节约大量的资源。

（7）RealAudio 格式

RealAudio（即时播音系统）是 Progressive Networks 公司所开发的软体系统。是一种新型流式音频（Streaming Audio）文件格式。它包含在 RealMedia 中，主要用于在低速的广域网上实时传输音频信息。有了 RealAudio 这套系统，一般使用者只要自备多媒体个人电脑、14.4 kbps 数据机（它最低只占用 14.4 kbps 的网络频宽）和 PPP 拨接账号，就可以线上点播转播站或是聆听站台所提供的即时播音。

（8）VQF 格式

VQF 格式是由 YAMAHA 和 NTT 共同开发的一种音频压缩技术，它的压缩率能够达到 1:18，因此相同情况下压缩后 VQF 的文件体积比 MP3 小 30% ~ 50%，更利于网上传播，同时音质极佳，接近 CD 音质（16 位 44.1 kHz 立体声）。但 VQF 未公开技术标准，至今未能流行开来。

3. 音频软件简介

数字音频可以从 CD、VCD 等光盘上获得，也可以从 Internet 上获得，也可以自己动手从 Windows 自带的录制机录制或用专业的数字声音处理软件获得。例如音频处理软件 Cool Edit Pro 就能从光盘中抓取乐曲中的片段，录制来自麦克风、声卡自身等播放的音频，甚至可以在多轨窗口中插入并播放 MIDI 乐曲，再录制成波形文件。

比较好的软件有 Cool Edit Pro、Gold Wave、Cakewalk、Sound Forge、Sound Edit、Adobe Audition 等。这些音频编辑软件的功能包括录音、存储声编辑声音（如剪切、复制、粘贴）、加入特殊效果、合成声音等。

Cool Edit Pro 软件是美国 Syntrillium 公司于 1997 年出产的一款集录音、混音、编辑于一体的多轨录音和音频处理软件，它功能强大、效果出色，不仅适合专业人员，也适合普通音乐者。Cool Edit Pro 可以在普通声卡上同时处理多达 128 轨的音频信号，具有极其丰富的音频处理效果，它还能进行实时不限长度的音频预听和多轨音频的混缩合成。只要拥有一台配备了声卡的计算机，它就可以在 Windows 平台下高质量地完成录音、编辑、合成等任务。

任务 2　初识 Cool Edit Pro 2.0

1. 初识 Cool Edit Pro

Cool Edit Pro 是一个音频编辑兼多轨音频混音软件，为 Syntrillum 出品的多音轨编辑工具，支持 128 条音轨、多种音频特效、多种音频格式，可以很方便地对音频文件进行修改、合并。后被 Adobe 收购，改名为 Adobe Audition，Adobe Audition v1.5 可以理解为是 cool Edit Pro 的升级，这个版本是 Adobe 公司接手后第一次对这个软件进行的较大升级，增加了一些功能，值得关注。Adobe 称为满足专业用家的要求，Adobe Audition 第四版在 2011 年 4 月于 Adobe Creative Suite 5.5 中替代 Soundbooth。2012 年 4 月，Adobe 发布了包含在 Creative Suite 6 中的 Adobe Audition CS6 最新版本。新版本较之旧版本都有一定的增强的功能，作为一款最常用的音频编辑软件，其基本功能足以满足普通用户的日常编辑需求。

可以把 Cool Edit 形容为音频“绘画”程序。用声音来“绘”制音调、歌曲的一部分、声音、弦乐、颤音、噪音或是调整静音。而且它还提供有多种特效为作品增色：放大、降低噪音、压缩、扩展、回声、失真、延迟等。同时处理多个文件，轻松地在几个文件中进行剪切、粘贴、合并、重叠声音操作。

2. Cool Edit Pro 的工作界面

Cool Edit Pro 的工作界面主要由标题栏、工具栏、菜单栏、属性栏、状态栏和编辑区等部分组成，熟练掌握各组成部分的功能，才能快速的对图形图像进行处理和修改。Cool Edit Pro 有两个工作界面，一个是多轨界面，主要进行多个声音文件的混音处理，如图 7–12 所示。

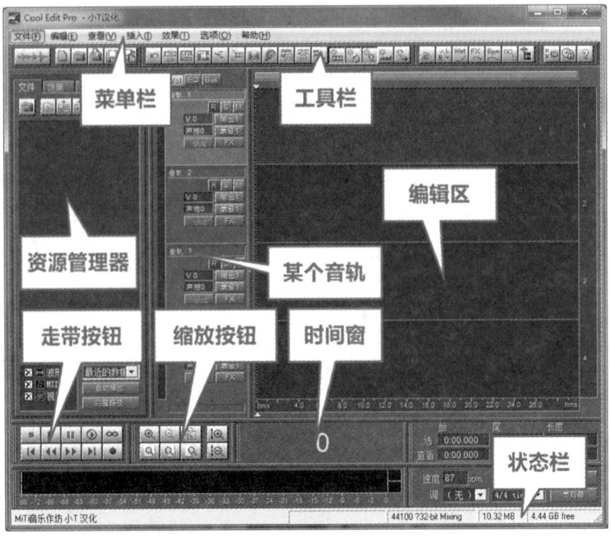

图 7–12　Cool Edit Pro 多轨界面

① 标题栏：位于整个界面的顶端，显示了当前应用程序的名称、相应功能的快速图标、相应功能对应工作区的快速设置，以及控制文件窗口的最小化、最大化、关闭等几个快捷按钮。

② 菜单栏：Cool Edit Pro 将所有命令集合分类后，放在菜单栏中，利用下拉菜单命令的方式可以完成大部分音频编辑处理的工作。

③ 工具栏：工具栏中由常用工具组成，只要单击该工具图标即可在音频处理中使用。

④ 资源管理器：所有的音频资源和工程文件都放在其中，使用时选中或者双击即可对其进行编辑。

⑤ 走带按钮：可对当前选中的音频或者工程进行播放、暂停、停止、录音等多种控制。

⑥ 缩放按钮：通常对音轨上的音频波形等进行放大或者缩小的显示，即时间刻度的放大和缩小，可用于观察整体音频或者细节波形，利于我们对全局和局部之间的把握。

⑦ 音轨编辑区：对于多轨编辑界面，默认看到四个音轨，可同时放置四个音频文件进行混音处理，通过左侧的滚动条可添加 128 个音频文件。对于单轨编辑界面，则直接对单个音频文件的波形进行编辑处理。

⑧ 时间窗：音频文件播放进度时间点的显示。

⑨ 状态栏：显示当前文件的基本信息，例如采样格式、文档存储大小、音频文件时间长短等内容。

任务 3　Cool Edit Pro 实例操作

1. 剪辑制作手机铃声

（1）实例任务

通过 Cool Edit 的剪辑功能可以快速制作手机铃声。

实例最终效果：将“素材 01”的歌曲间奏部分的音乐剪辑下来作为铃声使用。

（2）操作演示

使用 Cool Edit Pro 软件剪辑制作手机铃声的操作详见微视频 7–16。

2. 制作卡拉 OK 伴奏带

（1）实例任务

MP3 歌曲一般有两种格式：一种是伴奏和人声分离开来，分别存放在不同的左右声道中，只要通过 Cool Edit 将其中人声的那个声道的声音关掉，即可轻松还原伴奏的音乐；还有一种是伴奏与人声混合在一起的，左右声道中的声音完全一样，通过 Cool Edit 将歌曲音频中的人声波形进行处理才能够消除。下面以“素材 02”音频文件的实例对第二种伴奏与人声混合在一起的音频处理进行详细介绍。

实例最终效果：将“素材 02. mp3”音频文件的波形进行处理，去除人声，并增强低频效果，达到伴奏带的效果。

（2）操作演示

制作卡拉 OK 伴奏带操作详见微视频 7–17。

3. 录制音乐专辑

（1）实例任务

Cool Edit 可以通过麦克或者话筒录制自唱歌曲，下面以“素材 03.mp3”作为伴奏带录制的实例进行详细介绍。

实例最终效果：将两个不同音轨上的自唱录音和伴奏带合成，完成录制自唱音乐专辑。

（2）操作演示

录制音乐专辑操作详见微视频 7–18。

视频资源

微视频7–16 制作手机铃声

微视频7–17 制作卡拉OK伴奏带

微视频7–18 录制音乐专辑

实训 1　制作手机铃声

一、实训目的

① 掌握 Cool Edit Pro 的启动和退出方法。

② 熟悉 Cool Edit Pro 多轨界面和波形编辑界面。

③ 掌握 Cool Edit Pro 音频工程的创建及保存方法。

④ 熟练掌握导入音频素材的方法。

⑤ 熟练掌握波形编辑界面下音频波形的放大缩小查看。

⑥ 掌握波形编辑街面下音频波形的剪辑技术。

⑦ 熟练掌握多轨界面下音轨的剪辑技术。

⑧ 掌握多轨界面下音频的淡入淡出效果处理。

⑨ 掌握 Cool Edit Pro 混缩为常用音频格式文档的方法。

二、实训任务

① 创建空白工程文件并保存，将其命名为“手机铃声 .ses”。

② 导入音频素材“音频素材 1.mp3”到资源管理器。

③ 波形编辑界面下选择音频前奏部分，复制为新的音频素材。

④ 多轨界面将该前奏音频拖入音轨 1，选中高亮显示最后 3 秒左右时间的波形，设置淡出效果为“正弦”。

⑤ 混缩另存为 mp3 格式的音频。

三、实训提示

① 单击菜单栏“文件”下的“新建工程”命令，弹出对话框设置采样率为“44100”，新建音频工程文件，菜单栏“文件”下的“另存为”，保存为 ses 格式的音频工程文件，以便后面修改。

② 在软件界面的资源管理器中选择“打开”，将音频素材导入其中。

③ 双击该音频文件名称，或者单击多轨界面 / 波形编辑界面切换按钮，进入波形编辑模式。

④ 单击选中高亮显示音频波形从 0 秒到 26 秒 44 的这段波形，在波形上右击，弹出对话框，选择“复制为新的”命令，将选中音频截取为新音频素材。

⑤ 回到多轨界面，将新生成的这段音频文件拖动到音轨 1，按下鼠标右键拖动该波形到开始位置。

⑥ 单击选中高亮显示该音频最后 3 秒左右时间的波形，右击选择“淡入淡出”→“正弦”（或菜单栏“编辑”下的“交叉淡化”→“正弦”命令），设置淡出效果为“正弦”波形。

⑦ 菜单栏“文件”下的“混缩另存为”命令将该铃声音频导出为 MP3 格式的手机铃声文件。

四、拓展思考与练习

① 波形编辑界面和多轨界面的不同。

② 是否可以用 Cool Edit Pro 软件直接打开视频文件，对其中的声音进行处理。

③ 两种界面下如何进行音频波形剪裁。

④ 淡入淡出不同设置的效果。

⑤ 练习在多轨界面下两段不同音频文件的剪辑和合成为一个音频的方法。

实训 2　制作音乐伴奏带

一、实训目的

① 掌握声道重混缩命令的使用和原理。

② 熟悉参数滤波器的使用和原理。

二、实训任务

① 打开 Cool Edit Pro 软件，新建“伴奏带 .ses”工程文件。

② 导入音频素材“音频素材 2.mp3”到资源管理器。

③ 设置音频声道重混缩的“Vocal cut”效果，去除人声。

④ 将取出人声的音频添加到多轨界面的音轨 1，原音的音频文件添加到音轨 2。

⑤ 原音的“音频素材 2”波形编辑界面下调整其参数滤波器，取出低频部分作为去除人声时候衰减的增益。

⑥ 混缩导出 MP3 伴奏带音频文件。

三、实训提示

① 波形编辑界面下编辑“音频素材 2.mp3”文件。

② 双击左右声道交界处，选中所有音频波形高亮显示。

③ 设置菜单栏“效果”下“波形振幅”→“声道重混缩”命令，预置模板中选“Vocal cut”以去除人声。

④ 选择菜单栏“效果”下拉菜单中“滤波器”→“参数均衡器”命令，按照教材中“制作卡拉 ok 伴奏带”中的参数均衡器的设置来调整参数，作为低频部分的补偿。

⑤ 返回多轨界面，将两段音轨混缩另存为 MP3 格式音频文件，完成伴奏带的制作。

四、拓展思考与练习

① Vocal cut 工具去除人声的原理。

② 为什么要用参数均衡器来补偿去除人声后的音频？

③ 为什么有的音频去除人声效果好，有的效果一般？

实训 3　制作配乐诗朗诵

一、实训目的

① 掌握在录制声音前的硬件准备。

② 掌握多轨界面下录制声音，同时不让声音失真的方法。

③ 熟练掌握噪声采样的方法，降噪器的使用和噪音采样的保存、加载方法。

二、实训任务

① 打开 Cool Edit Pro 软件，新建“配乐诗歌朗诵 .ses”工程文件。

② 添加“音频素材 3.mp3”到多轨界面音轨 1。

③ 插入麦克风到电脑声卡 MIC 口。

④ 在音轨 2 上录制人声。

⑤ 伴随音轨 1 中的背景音乐，按照“诗歌朗诵素材 .doc”文档中的素材朗诵。

⑥ 音轨 2 波形编辑界面，选区噪声采样波形，通过降噪器功能设置噪音采样样本。

⑦ 将噪音采样样本加载到音轨 2 中的音频以去除噪音干扰。

⑧ 混缩另存为 MP3 格式的配乐诗朗诵音频文件。

三、实训提示

① 选中音轨 2，单击该音轨左侧红色 R 按钮表示要在该音轨上录音。

② 单击走带按钮组中的红色录音按钮，开始播放音轨 1 中的音频，同时在音轨 2 录制由人发出的朗诵的声音。

③ 接入麦克风后要试着录，然后播放看看声音大小是否合适，反复调整，以免录制声音过大造成声音失真。

④ 波形编辑界面鼠标拖动波形图中无声的部分，右击对话框中选择“复制为新的”命令。

⑤ 多轨界面下选中新生成的音轨，菜单栏中“效果”下“噪音消除”→“降噪器”，在对话框中单击“噪音采样”按钮来进行噪音采样，然后单击“保存采样”。

⑥ 进入音轨 2 的波形编辑界面，加载菜单栏“效果”下“噪音消除”→“降噪器”，单击“加载采样”按钮，对诗朗诵的人声进行降噪处理。

⑦ 选择“混缩另存为”命令保存成 MP3 格式的配乐诗朗诵音频。

四、拓展思考与练习

① 为什么要做降噪处理?

② 录制人声时如何避免太大噪音的干扰?

③ 选区噪音样本有什么原则?

④ 录制声音干涩应该怎么调整?

⑤ 练习制作男女生二重唱或诗朗诵，思考其中男女生声音如何同步，如果不同步，如何调整。

单元 4 视频处理技术

任务 1 了解数字视频基础知识

视频信号与其他的媒体形式相比较，具有确切、直观和生动的特点。随着视频处理技术的不断发展与计算机处理能力的不断进步，视频技术和产品成为多媒体计算机不可缺少的重要组成部分，并广泛应用于商业展示、教育技术、家庭娱乐等各个方面。

1. 视频信息的数字化处理

视频影像的数字化是指在一段时间内以一定的速度对模拟视频影像信号进行捕捉并加以采样后形成数字化数据的处理过程。通常的视频影像信号都是模拟的，在进入多媒体计算机前必须进行数字化处理，即 A/D 转换和彩色空间变换等。视频影像信号数字化是对视频影像信号进行采样捕获，其采样深度可以是 8 位、16 位或 24 位等。数字视频影像信号从帧存储区内到编码之前还要由窗口控制器进行比例裁剪，再经过 D/A 变换和模拟彩色空间变换，但通常将这一系列工作统称为编码。采样深度是经采样后每帧所包含的颜色位，然后将采样后所得到的数据保存起来，以便对它进行编辑、处理和播放。

视频影像信号的采集就是将模拟视频影像信号经硬件数字化后，再将数字化数据加以存储。在使用时，将数字化数据从存储介质中读出，并还原成图像信号加以输出。对视频影像信号进行数字化采样后，则可以对数字视频影像进行编辑。比如复制、删除、特技变换和改变视频格式等。

（1）视频信号

视频是其内容随时间变化的一组动态图像，即一组内容上有联系的运动着的图像，所以视频又称活动图像或运动图像。它是一种信息量最丰富、直观、生动、具体的承载信息的载体。

视频与图像是两个既有联系又有区别的概念。静止的图片称为图像，运动的图像称为视频。也就是说，视频信号实际上是由许多幅单一的图像画面构成的。每一幅画面称为帧，每一帧画面都是一幅图像。

图像与视频的输入设备也不同：图像的输入要靠扫描仪、数字照相机或摄像机等设备，视频的输入只能用摄像机、录像机、影碟机以及电视接收机等可以处理连续图像信号的设备。虽然利用摄像机也可以输入静止图像，但是图像的质量却赶不上扫描仪。

视频信号具有下述特点：

① 内容随时间的变化而变化。

② 一般情况下，视频信息还同时播放音频数据，即视频信息伴随有与画面同步的声音。

视频信号数字化以后，有着再现性好、便于编辑处理、适合于网络应用等模拟信号无可比拟的优点。

（2）视频信息的数字化

按照处理方式的不同，视频分为模拟视频和数字视频两类。模拟视频是一种传输图像与声音都随时间连续变化的电信号。传统的视频信号（例如摄像机输出的信号、电视机的信号等）的记录、存储和传输都采用模拟的方式，视频图像和声音是以模拟信号的形式被处理的。要使计算机能对视频进行处理，就必须先将模拟视频信号转换为数字视频信号。

与音频信号数字化类似，视频的数字化过程也包括采样、量化和编码 3 个基本过程。

① 采样。

视频信号的采样只在一定的时间内以一定的速度连续地对视频信号进行采集与捕捉，即将连续的模拟视频信号分离定格为一幅幅的单帧图像画面。

② 量化。

采样是把模拟信号变成时间上连续的信号，而量化则是进行幅度上的离散化处理。视频信息是活动的图像，量化是对每一帧的图像进行的。

在多媒体系统中，视频信号的采样与量化是通过视频卡对输入的画面进行采集与捕捉，并在相应软件的支持下实现的。画面的采集分为单画面采集和多幅动态画面的连续采集。通常，视频信息还伴有同步的声音信息，所以视频信息采集的同时必须还要采集同步播放的音频数据，并要将视频和音频有机地结合起来，形成一个统一体。

③ 编码与压缩。

采样、量化后的信号要转换成数字信号才能传输，就是编码的过程。经过数字化后的视频信号如果不加以压缩，数据量是非常大的。例如，要在计算机上连续显示分辨率为 1 280 像素 ×1 024 像素的 24 位真彩色质量的电视图像，按每秒 30 帧计算，显示 1 分钟，则需要空间 1 280（列）×1 024（行）×24（位）×30（帧）×60（s）≈ 6.6 GB。

一张 650 MB 的光盘只能存放 6s 左右的电视图像，所以视频图像数字化后必须要采用有效的途径对其进行压缩处理，从时间、空间两方面去除冗余的信息，减小数据量。

视频编码技术主要有 MPEG 与 H.261 标准。MPEG 标准是面向运动图像压缩的一个系列标准，包括 MPEG 视频、MPEG 音频和 MPEG 系统（视频、音频和同步）3 个部分。H.261 标准化方案即“64kbps 视声服务用视像编码方式”，又称为 P×64 kbps 视频编码标准，是国际电话电报咨询委员会（CCITT）制定的一个针对电视电话和电视会议的图像编码标准。

2. 视频文件的生成

在多媒体计算机系统中，视频处理一般是借助于一些相关的硬件和软件，在计算机上对输入的视频信号进行接收、采集、传输、压缩、存储、编辑、显示、回放等多种处理。而数字视频素材可以通过视频采集卡将模拟数字信号转换为数字视频信号，也可以从光盘及网络上直接获取数字视频素材。

（1）使用视频采集卡获取数字视频素材

视频采集系统需要包括视频信号源设备、视频采集设备、大容量存储设备以及配置有相应视频处理软件的高性能计算机系统。提供模拟视频的信号源设备有录像机、电视机、影碟机等；对模拟视频信号的采集、量化和编码由视频采集卡来完成；最后由计算机接收和记录编码后的数字视频数据。在这一过程中起主要作用的是视频采集卡，是它把模拟信号转换成数字数据。

大多数视频采集卡都具有压缩的功能，在采集视频信号时，先将视频信号压缩，再通过接口把压缩的视频数据传送到主机上。视频采集卡可采用帧内压缩的算法把数字化的视频存储成 AVI 文件，高性能的视频采集卡还能直接把采集到的数字视频数据实时压缩成 MPEG 格式的文件。

（2）从光盘及网络上直接获取数字视频素材

VCD、DVD 是重要的视频素材来源，利用视频转换工具软件可获取这些视频并将其转换为所需的文件格式进行存储和编辑，有些视频播放器也具有视频获取存储功能。例如，超级解霸可以从此类格式的视频文件中截取视频片断并将其转换为 AVI 或 MPG 格式。

此外，也可以从 Internet 上下载所需的视频文件，从数码摄像机拍摄的 DV（Digital Video，数字视频）中通过特定的软件提取相关的视频素材等。

3. 视频文件的格式

数字视频文件格式可分为两类：普通视频文件格式和网络流媒体视频文件格式。

（1）普通视频文件格式

- AVI 格式。

AVI（Audio Video Interleaved）是微软公司开发的数字音频与视频文件格式，它允许视频和音频交错在一起同步播放，支持 256 色彩色，数据量巨大。AVI 文件主要用在多媒体光盘上保存电影、影视等各种影像信息。

- MPG/MPEG 格式。

MPG/MPEG 格式是按照 MPEG（Moving Picture Expert Group）标准压缩的全屏视频的标准文件，很多视频处理软件都支持这种格式的文件。

MPEG 是 1988 年成立的一个动态图像专家组。MPEG 是运动图像压缩算法的国际标准，包括 MPEG-1，MPEG-2，MPEG-4、MPEG-7 和 MPEG-21 五个具体标准，它采用有损压缩方法减少运动图像中的冗余信息，平均压缩比为 50:1，最高可达 200:1。不但压缩效率高，数据的损失小，质量好，而且在计算机上有统一的标准格式，兼容性相当好。MPEG 格式的文件扩展名具体格式可以是 .mpeg、.mpg 或 .dat 等。

- MOV 格式。

MOV（Movie Digital Video Technology）是美国 Apple 公司开发的一种视频文件格式，默认的播放器是 Quick Time Player，现在已经移植到 Windows 平台，利用它可以合成视频、音频、动画、静止图像等素材，具有较高的压缩比和较好的视频清晰度，并且可以跨平台使用。

- FLC、FLI 格式。

包含视频图像所有帧的单个文件，采用无损压缩，画面效果清晰，但其本身不能储存同步声音，不适合用来表达课程教学内容中的真实场景。

- DAT 文件。

DAT 是 Video CD 或 Karaoke CD（市场上流行的另一种 CD 标准）数据文件的扩展名，这种文件的结构与. MPG 文件格式基本相同，播放时需要一定的硬件条件支持。标准 VCD 的分辨率只有 350 × 240，与 AVI 或 MOV 格式的视频影像文件不相上下。由于 VCD 的帧频要高得多，加上 CD 音质，所以整体的观看效果比较好。

（2）流媒体视频文件格式

流媒体（Streaming Media）最先出现在 Internet 上，是指采用流式传输的方式在 Internet 播放的媒体格式。流媒体又叫流式媒体，它是指商家用一个视频传送服务器把节目当成数据包发出，传送到网络上。用户通过解压设备对这些数据进行解压后，节目就会像发送前那样显示出来。

在网络上传输音频、视频、动画等多媒体信息，主要有下载传输和流式传输两种方案。下载传输是把全部文件从服务器上传输到客户端的计算机上保存，当全部文件下载完后才可以在客户机上播放。由于文件一般都较大，需要的存储容量也较大；同时由于网络带宽的限制，下载常常要几十分钟甚至数小时的时间。流式传输采用边传边播的方法，先从服务器上下载一部分视频文件，形成视频流缓冲区后实时播放，同时继续下载，为接下来的播放做好准备。流式传输采用实时传送，用户不必等到整个文件全部下载完毕，而只需经过几秒或十数秒的启动延时即可进行观看。当视频、声音等媒体在客户机上播放时，文件的剩余部分将在后台从服务器内继续下载。流式传输避免了用户必须等待整个文件全部从 Internet 上下载才能观看的缺点，而且不需要太大的缓存容量。

- ASF 格式。

ASF（Advanced Streaming Format）是微软公司推出的流媒体格式，可以在 Internet 上实时传播多媒体信息，实现流式多媒体内容的发布。ASF 采用 MPEG-4 压缩算法，并可以使用任何一种底层网络传输协议，具有很强的灵活性。

- WMV 格式。

WMV（Windows Media Video）格式也是微软公司推出的采用独立编码方式的在 Internet 上实时传播多媒体信息的视频文件格式，通过 Windows Media Player 播放，是应用较广泛的流媒体视频格式之一。

- RM 格式。

RM 是 Real Networks 公司开发的一种流媒体文件格式，是目前主流的网络视频文件格式之一。Real Networks 所制定的音频、视频压缩规范称为 Real Media，包括 RA（Real Audio）、RM（Real Video）、RF（Real Flash）3 类文件格式，RA 用来传输接近 CD 音质的音频数据；RM 是一种流式视频文件格式，主要用于在网络上传输活动视频图像；RF 是一种高压缩比的动画格式。

任务 2 了解数字视频处理软件

视频处理软件一般包括视频播放软件与视频编辑制作软件两大类。

1. 视频播放软件

视频播放软件又称视频播放器，主要用于播放、观看视频文件。由于视频信息数据量庞大，几乎所有的视频信息都是以压缩格式的形式存放在磁盘或光盘上，这就要求在播放视频信息时，计算机上有足够的处理能力来进行动态实时解压播放。常用的视频播放软件非常多，比较著名的有暴风网际公司推出的暴风影音、豪杰公司出产的超级解霸、微软公司的 Windows Media Player、RealWork 公司的 Real Player 播放器等。这些视频播放软件界面操作简单易用，功能强大，支持大多数的音视频文件格式。其中大家比较熟悉的是 Windows Media Player 的工作界面，这是一款 Windows 自带的免费播放器，使用 Windows Media Player 可以播放 MP3、WMA、WAV 等格式的音频文件，也可以播放 AVI、MPEG、DVD 等格式的视频文件。

2. 视频编辑制作软件

使用视频编辑制作软件，可以对初期拍摄到的视频素材通过采集、编辑合成等过程处理，最后刻录成 VCD 或 DVD 等，所以视频编辑制作软件一般都具有采集、编辑、压缩、刻录 4 种功能。

常用的数字视频编辑制作软件有 Movie maker、Adobe Premiere、Video For Windows、Digital Video Productor 等，他们可以配合硬件进行视频的捕获和输出，能对视频、声音、动画、图片、文本进行编辑加工，并最终生成电影文件，被广泛应用于电视台、广告制作、电影剪辑等领域。

（1）Movie Maker

Movie Maker 是 Windows Vista 及以上版本附带的一个影视剪辑小软件，功能比较简单，可以组合镜头，声音，加入镜头切换的特效，只要将镜头片段拖入就行，很简单，适合家用摄像后的一些小规模的处理。通过 Windows Movie Maker Live（影音制作），可以简单明了地将一堆家庭视频和照片转变为感人的家庭电影、音频剪辑或商业广告。剪裁视频，添加配乐和一些照片，然后只需单击一下就可以添加主题，从而为你的电影添加匹配的过渡和片头。

（2）Adobe Premiere 软件

一款常用的视频编辑软件，由 Adobe 公司推出。现在常用的有 CS4、CS5、CS6 等版本。是一款编辑画面质量比较好的软件，有较好的兼容性，且可以与 Adobe 公司推出的其他软件相互协作。这款软件被广泛应用于广告制作和电视节目制作中。 其最新版本为 Adobe Premiere Pro CC。此软件可以用于影音素材的转换和压缩、视频 / 音频捕捉和剪辑、视频编辑功能、丰富的过渡效果、添加运动效果、对于 Internet 的支持等。

任务 3　使用 Movie Maker

1. 初识 Movie Maker

Movie Maker 是 Windows 操作系统中的一款多媒体编辑软件。该软件可以以简单的操作制作视频文件。它功能比较简单，可以组合镜头，声音，加入镜头切换的特效，只要将镜头片段拖入就行，很简单，适合家用摄像后的一些小规模的处理。通过 Movie Maker，你可以简单明了地将一堆家庭视频和照片转变为感人的家庭电影、音频剪辑或商业广告。剪裁视频，添加配乐和一些照片，然后只需单击一下就可以添加主题，从而为电影添加匹配的过渡和片头。

2. Movie Maker 的工作界面

Movie Maker 的工作界面主要由标题栏、菜单栏、工具栏、预览窗、任务窗格、内容窗格和情节提要（可切换时间线）等部分组成，熟练掌握各组成部分的功能，才能快速地对视频文件进行处理和修改。Movie Maker 的工作界面如图 7–13 所示。

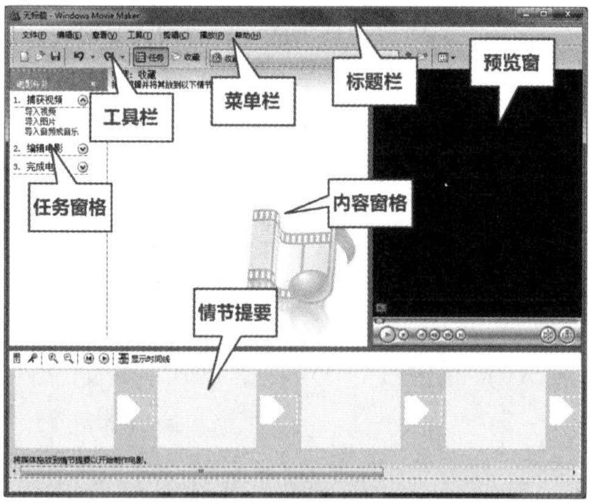

图 7–13　Movie Maker 工作界面

① 标题栏：位于整个界面的顶端，显示了当前文档的名称、应用程序的名称，以及控制文件窗口的最小化、最大化、关闭等几个快捷按钮。

② 菜单栏：Movie Maker 将所有命令集合分类后，放在菜单栏中，利用下拉菜单命令的方式可以完成大部分视频编辑处理的工作。

③ 工具栏：由常用工具组成，只要单击该工具图标即可在视频处理中使用。

④ 预览窗：呈现为播放器窗口的方式，在其底部有一组按钮，能够控制视频剪辑的播放。利用底部的“拆分剪辑”按钮，能以当前播放位置为准，分隔视频剪辑。

⑤ 任务窗格：罗列出了制作视频所需的常见命令，反映了制作视频文件的一般流程。

⑥ 情节提要（可切换时间线）：情节提要的显示方式用于排列素材，清晰直观地反映素材画面，以时间线方式显示能够直观的呈现各个素材的播放时间，便于设置各种效果的时间长度。

3. 剪辑视频文件

（1）实例任务

通过 Movie Maker 的剪辑功能快速剪辑视频，提取所需要的部分。

实例最终效果：将“视频 01”的舞蹈部分的视频剪辑下来单独做成视频文件。

（2）操作演示

视频剪辑操作详见微视频 7–19。

4. 编辑合成视频剪辑

（1）实例任务

下面以“视频 01.avi”和“视频 02.avi”视频文件的实例对视频的编辑合成剪辑处理技术进行详细介绍。

实例最终效果：将“视频 01.avi”和“视频 02.avi”视频文件的进行处理，对其亮度方面进行调整，并添加两段视频之间的过渡效果，添加片头和片尾。

（2）操作演示

视频编辑与合成操作详见微视频 7–20。

视频资源

微视频7–19 视频剪辑

微视频7–20 视频编辑与合成

任务 4 屏幕录制与编辑——Camtasia Studio 的使用

屏幕录制就是将幕演示内容或操作过程录制为视频或动画的过程。为了制作多媒体程序，常需要将使用软件或课件演示的操作过程和内容录制下来，生成一个视频文件或动画文件，以备在制作多媒体程序时使用。另外，也可以生成一个 EXE 格式的可执行视频文件，直接执行该文件来演示操作过程。常用的录屏软件有“Camtasia Studio”“录屏大师”SnagIt“屏幕录像专家”等。

1. 认识 Camtasia Studio

Camtasia Studio 是一款捕捉屏幕影音的工具软件，其作用就是将屏幕动作（包括屏幕中的影像、音效、鼠标轨迹、讲解旁白等）录制下来并对录制的视频文件进行编辑处理，进而生成一个视频文件。

本书以 Camtasia Studio 9.3 版本为例简要介绍该软件的功能和使用方法。启动软件后，其工作界面如图 7–14 所示。

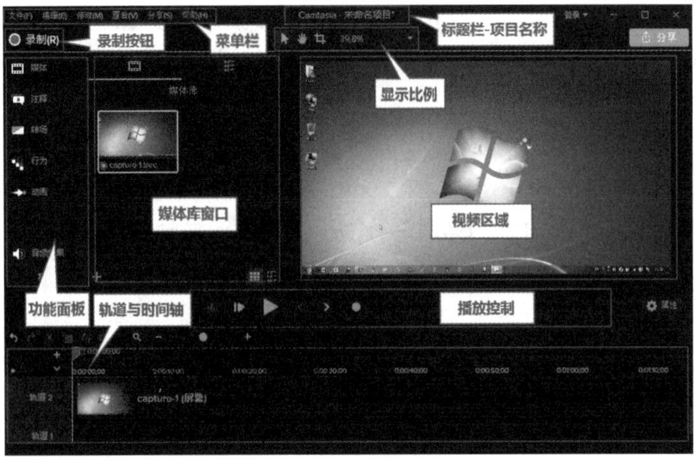

图 7–14 Camtasia Studio 工作界面

2. 使用 Camtasia Studio 进行录屏

（1）基本操作步骤

使用该软件进行录屏的基本过程如图 7–15 所示。

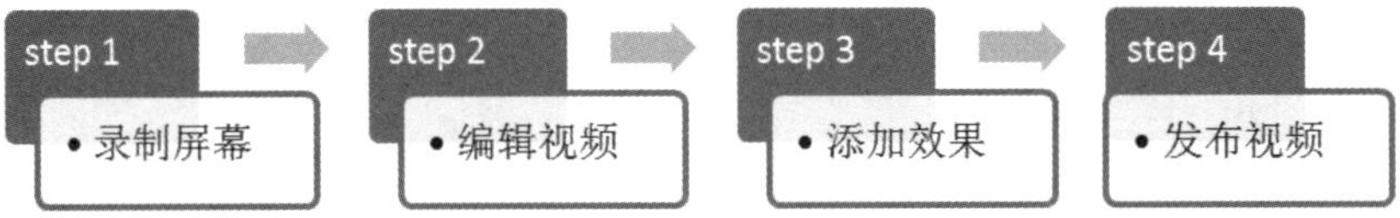

图 7–15 录屏过程

① 录制屏幕：涉及的内容包括：设置录制区域、设置录制音量和摄像头、设置鼠标指针、设置屏幕区域热键、使用快捷键【F9】和【F10】控制录制过程等。

② 编辑视频：涉及的操作包含导入媒体素材、放置素材于时间轴、调整素材属性、剪辑素材等。

③ 添加效果：涉及的主要操作有放大与缩小、转场效果、片头片尾、添加字幕等。

④ 发布视频：根据需要，将视频生成为特定的格式。

（2）操作演示

使用 Camtasia 进行录屏的操作详见微视频 7–21~ 微视频 7–25。

视频资源

微视频7–21 认识Camtasia Studio

微视频7–22 录制屏幕

微视频7–23 编辑视频

微视频7–24 添加效果

微视频7–25 生成视频

任务 5　视频格式转换——格式工厂的使用

1. 视频格式转换技术

当前视频信息的压缩与编码算法种类繁多，不同格式、不同编码方案的视频文档也形态各异，呈现出各自的优势和特点。但在实际使用中，由于经常会遇到播放器无法解码的问题，给使用者带来不少困惑。因此针对视频文档进行格式转换就显得非常重要。

视频格式转换是指通过一些软件，将视频的格式互相转化，使其达到用户的需求。其基本过程是，导入原始视频素材到转化软件中，设置转化参数后开始转化，最后保存为或发布为其他类型的视频文档即可。

目前，视频转化的软件工具非常多，各自呈现出一定的特点，比较突出的软件软件工具有：格式工厂、DVD 转化专家等。

2. “格式工厂”软件的使用

格式工厂（Format Factory）是一款多功能的多媒体格式转换软件，适用于 Windows，可以实现大多数视频、音频以及图像不同格式之间的转换。

（1）基本操作

该软件的基本操作步骤如图 7–16 所示。

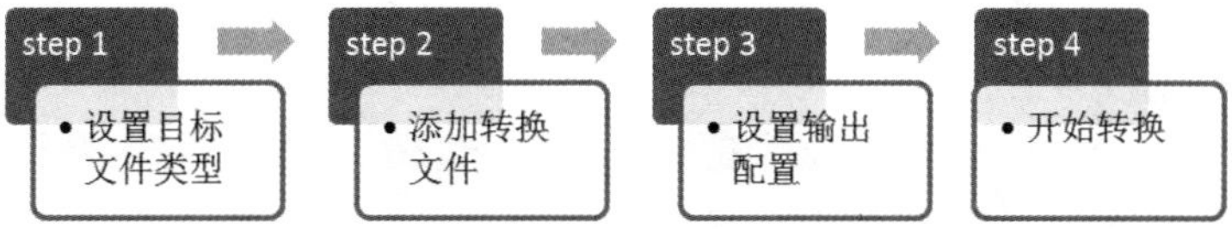

图 7–16　格式工厂的基本操作步骤

（2）操作演示

格式工厂软件的下载、安装以及转换视频的操作详见微视频 7–26、微视频 7–27。

视频资源

微视频7–26
格式工厂下载与安装

微视频7–27
使用格式工厂转换视频

实训 1　制作配乐配旁白图片展示视频

一、实训目的

① 掌握 Movie Maker 的启动和退出方法。

② 掌握 Movie Maker 音频工程的创建及保存方法。

③ 熟练掌握导入素材的方法，包括视频素材、音频素材和图片素材。

④ 熟练掌握将素材加入时间线的方法。

⑤ 掌握时间线和情节提要之间的不同和切换方法。

⑥ 熟练掌握情节提要界面中插入过渡效果的方法。

⑦ 掌握插入片头和片尾的方法。

⑧ 掌握插入背景音乐的方法。

⑨ 掌握录制旁白的方法。

⑩ 熟练掌握如何保存成电影文件。

二、实训任务

① 导入图片素材“图片 1.jpg”至“图片 14.jpg”共 14 张图片素材内容窗格。

② 将图片素材按照顺序添加到时间线。

③ 添加片头文字“校园风光”“制作人 ***”，设置字体为“微软雅黑”，文字背景为蓝色，文字颜色为白色，居中显示，片头动画为“淡化，淡入淡出”。

④ 添加片尾文字“特别鸣谢”“中央民族大学”“2014 年 7 月”，设置字体为“微软雅黑”，文字背景为蓝色，文字颜色为白色，居中显示，片尾动画为“片尾：滚动，向上堆叠”。

⑤ 视频过渡效果分别插入不同的过渡效果。

⑥ 导入“背景音乐 .mp3”到时间线“音频 / 音乐”上。

⑦ 将文件保存为电影，新建视频文件，并将该电影导入到软件中。

⑧ 接入麦克风，录制旁边。

⑨ 导出生成电影文件。

三、实训提示

① 任务窗格中单击“1. 播放视频”下的“导入图片”按钮，将 14 张图片素材导入内容窗格，单击“导入音频或音乐”按钮将背景音乐 .mp3 导入。

② 选中 14 张图片，拖动到时间线上视频线。

③ 单击“2. 编辑电影”下的“制作片头或片尾”，分别设置“在电影开头添加片头”“在电影结尾添加片尾”，输入文字，设置字体、颜色、背景颜色和动画效果。

④ 单击时间线上方“显示情节提要”的切换按钮切换到情节提要界面，单击“2. 编辑电影”下的“查看视频过渡效果”，分别拖动不同的过渡效果到情节提要界面中的图片之间的方格内。

⑤ 切换显示时间线界面，拖动背景音乐素材到“音频 / 音乐”，鼠标左键拖动音频到起始位置。

⑥ 选择菜单栏“文件”下“保存电影文件”，将该配乐图片视频保存为 WMV 视频文件。

⑦ 新建视频工程文件，将生成的 WMV 视频文件导入到时间线。

⑧ 插入麦克风，调整其音量大小。

⑨ 选择菜单栏“工具”下的“旁白时间线”，单击“开始旁白”，伴随着视频中的背景音乐和图片切换，朗读实验提供的文本素材“简介文字 .doc”，反复测试朗读速度，控制时间。

⑩ 录制旁白完成后，单击“停止旁白”按钮，弹出对话框中选择旁白保存路径和旁白名称（该文件为 WMA 格式音频文件）。

⑪ 播放试听，有不满意的重新录制旁白。

⑫ 选择菜单栏“文件”下“保存电影文件”，将该配乐旁白视频保存为 WMV 视频文件。

四、拓展思考与练习

① Movie Maker 中保存的工程文件是什么格式，保存的电影文件时什么格式？

② 两张图片切换时间是多少？

③ 背景音乐时间如何保证和图片切换时间一致？

④ Movie Maker 中调节音量和录制旁白要单击哪两个按钮？

⑤ 为什么不能在导入背景音乐的同时，录制旁白？

实训 2　录制屏幕并编辑生成微课视频

一、实训目的

① 掌握 Camtasia Studio 的基本使用方法。

② 掌握录屏时的属性设置和控制方法。

③ 掌握视频编辑的基本方法。

④ 掌握视频效果的基本设置方法。

⑤ 掌握生成视频的过程和方法。

二、实训任务

① 根据本人兴趣，选择某一主题设计制作一份用于录制的演示文稿。

② 使用录屏软件录制该演示文稿，根据内容分割为 2~3 段录制。录制时可直接配音或录取本人头像画面（需要配置摄像头和麦克风）。

③ 进入编辑器对录制的视频片段进行编辑，按照先后顺序放置于时间轴。

④ 设置视频片段的切换效果和画面缩放等效果。

⑤ 加注相关标注和旁白。

⑥ 生成特定格式的视频文件。

三、实训提示

① 启动 Camtasia Studio 后，打开录制工具。

② 设置录制属性：屏幕大小、音频和视频。

③ 录制过程注意使用【F9】和【F10】键进行控制。

④ 将视频片段按先后顺序放置于时间轴上，并对视频进行编辑处理。

⑤ 添加切换效果并设置局部视频的缩放效果。

⑥ 添加片头和片尾。

⑦ 生成特定格式的视频文件。

⑧ 使用视频播放器播放视频文件，查看效果。

四、拓展思考与练习

① 录制屏幕时可实时添加标注信息，如何处理呢？

② 如何在多个视频片段的衔接处实现视频的叠加效果？

③ 如果要在视频中添加图片、音乐等其他媒体信息，该如何处理？

参考文献

[1] 林旺，李潜．大学计算机应用基础教程 [M]．北京：中国铁道出版社，2017.
[2] 林旺，李潜．大学计算机基础教程 [M]．北京：高等教育出版社，2014.
[3] 杜春涛．新编大学计算机基础教程：慕课版 [M]．北京：中国铁道出版社，2018.
[4] 郑婵娟，贺琳，李蓉．办公软件高级应用与实践：Office 2016[M]．北京：中国铁道出版社．2018.
[5] FAULKNER A，CHAVEZ C．Adobe Photoshop CC 2019 经典教程 [M]．北京：人民邮电出版社，2019.
[6] 龚沛曾，杨志强．大学计算机 [M]．7 版．北京：高等教育出版社，2017.
[7] 龚沛曾，杨志强．大学计算机上机实验指导与测试 [M].7 版．北京：高等教育出版社，2017.
[8] PARSONS JJ．计算机文化：英文版 [M]．20 版．北京：清华大学出版社，2019.
[9] 高万萍，王德俊．计算机应用基础教程：Windows 10，Office 2016[M]．北京：清华大学出版社，2019.
[10] 高万萍，王德俊．计算机应用基础实训指导：Windows 10，Office 2016[M]．北京：清华大学出版社，2019.